AF638261

Ferdinand Ringdorfer, Armin Deutz und Johann Gasteiner

Schafhaltung heute

Rassen, Zucht, Vermarktung

Leopold Stocker Verlag
Graz – Stuttgart

Umschlaggestaltung: Werbeagentur Rypka GmbH, A-8143 Dobl-Zwaring, www.rypka.at
Titelbild: Archiv Landwirt Agrarmedien GmbH

Bildnachweis:
Die Bilder im Textteil wurden freundlicherweise von den Autoren zur Verfügung gestellt.

Der Inhalt des Buches wurde vom Verlag und von den Autoren nach bestem Wissen geprüft, eine Garantie kann jedoch nicht übernommen werden. Die juristische Haftung ist daher ausgeschlossen.

Bibliographische Information der Deutschen Nationalbibliothek
Die Deutsche Nationalbibliothek verzeichnet diese Publikation in der Deutschen Nationalbibliographie; detaillierte bibliographische Daten sind im Internet über http://dnb.d-nb.de abrufbar.

Hinweis:
Dieses Buch wurde auf chlorfrei gebleichtem Papier gedruckt. Die zum Schutz vor Verschmutzung verwendete Einschweißfolie ist aus Polyethylen chlor- und schwefelfrei hergestellt. Diese umweltfreundliche Folie verhält sich grundwasserneutral, ist voll recyclingfähig und verbrennt in Müllverbrennungsanlagen völlig ungiftig.

Auf Wunsch senden wir Ihnen gern kostenlos unser Verlagsverzeichnis zu:
Leopold Stocker Verlag GmbH
Hofgasse 5 / Postfach 438
A-8011 Graz
Tel.: +43 (0)316/82 16 36
Fax: +43 (0)316/83 56 12
E-Mail: stocker-verlag@stocker-verlag.com
www.stocker-verlag.com

ISBN 978-3-7020-1894-8
Alle Rechte der Verbreitung, auch durch Film, Funk und Fernsehen, fotomechanische Wiedergabe, Tonträger jeder Art, auszugsweisen Nachdruck oder Einspeicherung und Rückgewinnung in Datenverarbeitungsanlagen aller Art, sind vorbehalten.

© Copyright by Leopold Stocker Verlag, Graz 2021

Satz: Werbeagentur Rypka GmbH, A-8143 Dobl-Zwaring, www.rypka.at

INHALT

(© Ferdinand Ringdorfer)

EINLEITUNG

Die Domestikation des Schafes liegt bereits mehr als 10.000 Jahre zurück. Bis heute hat sich eine Unzahl von verschiedenen Rassen gebildet. Schafe kommen in allen Gebieten der Erde vor, von der Wüste bis ins Hochgebirge. Diese große Verbreitung verdanken diese Tiere ihrer besonderen Anpassungsfähigkeit an die verschiedensten Umweltbedingungen. Vielfach hört man, dass Schafe anspruchslos und genügsam sind. Dies kommt daher, dass sie auch in Gebieten leben können, in denen eine sehr karge Vegetation vorkommt. Das Schaf kann im Vergleich zum Rind einen sehr niedrigen Pflanzenaufwuchs nutzen. Es ist auch die Rede vom „giftigen Zahn“ des Schafes. Für das Wachstum der Wolle, für deren Nutzung die Schafe früher hauptsächlich gehalten wurden, ist ein vergleichsweise geringer Nährstoffaufwand notwendig. Außerdem verdeckt die Wolle oft einen körperlich schlechten Zustand. Für die heutige Nutzung als Fleisch- und Milchlieferant ist jedoch mit einer kargen Vegetation keine befriedigende Leistung zu erzielen.

„Biene, Fisch und Schaf
Verdienen dem Herrn das Geld im Schlaf.
Schlafe er aber nicht zu lang,
sonst wird ihm angst und bang!“

Dieses englische Sprichwort spiegelt wider, was viele Schafhalter glauben, nämlich, dass man mit Schafen wenig Arbeit hat und dass die Tiere genügsam sind. Im zweiten Absatz kommt jedoch deutlich zum Ausdruck, dass eine wirtschaftliche Schafhaltung unter diesem Gesichtspunkt nicht betrieben werden kann. Diente früher die Schafhaltung hauptsächlich zur Erzeugung von Wolle als einer der wichtigsten Fasern zur Herstellung von gewebter Bekleidung, so liegt der Schwerpunkt der Schafhaltung heute in der Erzeugung von Lammfleisch oder Schafmilch. Die Anforderungen an die Qualität dieser Produkte sind hoch, und dementsprechend hoch sind auch die Anforderungen an Zucht, Fütterung und Haltung der Schafe. Weniger anspruchsvoll ist die Haltung von Schafen zur Landschaftspflege, hierbei geht es vorwiegend darum, Grünlandflächen als solche zu erhalten und nicht verwildern zu lassen. Nicht genutztes Grünland kann im alpinen Raum Ursache für Lawinen- und Murenabgänge sein, dürres, nicht genutztes Grünland kann aber auch Ausgangsort von Bränden sein.

Die Schafhaltung ist vor allem im Grünlandgebiet eine sehr gute Alternative zur Rinderhaltung. Bedingt durch die Rassenvielfalt, die verschiedenen Produktionsrichtungen und die unterschiedlichsten Haltungsformen ist es nicht immer einfach, sich bei einem Neueinstieg in diese Form der landwirtschaftlichen Produktion für eine Rasse bzw. für eine Richtung zu entscheiden. Es stellt sich die Frage, ob ich Fleisch erzeugen oder in die Milchproduktion einsteigen möchte. Möchte ich Züchter sein oder Produzent? Möchte ich vielleicht nur Landschaftspflege betreiben? Eines kann jedoch schon am Anfang klar gesagt werden, und das sollte jeder, der sich mit Schafen beschäftigt, wissen: Wenn die Schafhaltung nicht nur reines Hobby sein soll, dann sind neben der Liebe zu den Tieren vor allem Know-how, Arbeitseinsatz und Engagement notwendig.

Die Möglichkeiten sind also sehr vielfältig, und je nach den persönlichen Neigungen und Fähigkeiten, aber auch den betrieblichen Voraussetzungen wird die Entscheidung für eine Rasse bzw. für eine Produktionsrichtung fallen.

In diesem Buch soll der interessierte Neueinsteiger wichtige Informationen über die verschiedenen Möglichkeiten finden, um sich leichter für eine Variante entscheiden zu können. Aber auch der erfahrene Schafhalter kann sich Anregungen holen und seinen Betrieb optimieren.

In den alpinen Grünlandgebieten leistet die Schafhaltung einen wesentlichen Beitrag zur Erhaltung der Kulturlandschaft. (© Ferdinand Ringdorfer)

SCHAFBESTÄNDE UND BEDEUTUNG DER SCHAFHALTUNG

SCHAFBESTÄNDE

In Österreich beispielsweise wurden vor rund 150 Jahren an die 1,5 Millionen Schafe gehalten. Im Jahr 1972 ist der Schafbestand dann mit 112.000 Tieren auf einem absoluten Tiefpunkt angelangt. Langsam wurde die Bedeutung der Schafhaltung wiedererkannt, und so ist der Bestand im Jahr 2019 auf über 400.000 Tiere angestiegen. In den letzten fünf bis zehn Jahren hat sich die Anzahl der Schafe mehr oder weniger auf einem Niveau von rund 350.000 eingependelt (siehe dazu Grafik 1). Verglichen mit anderen Ländern der Europäischen Union ist Österreich sicherlich ein „Zwerg", was die Anzahl der Schafe und Schafhalter betrifft.

Mit dem Verfall des Wollpreises ist auch in Ländern wie z. B. Polen die Anzahl der Schafe von mehreren Millionen auf ein paar Hunderttausend gesunken. Auch in vielen anderen europäischen Ländern ist ein Rückgang der Schafhaltung zu verzeichnen (vergleiche dazu Tabelle 1).

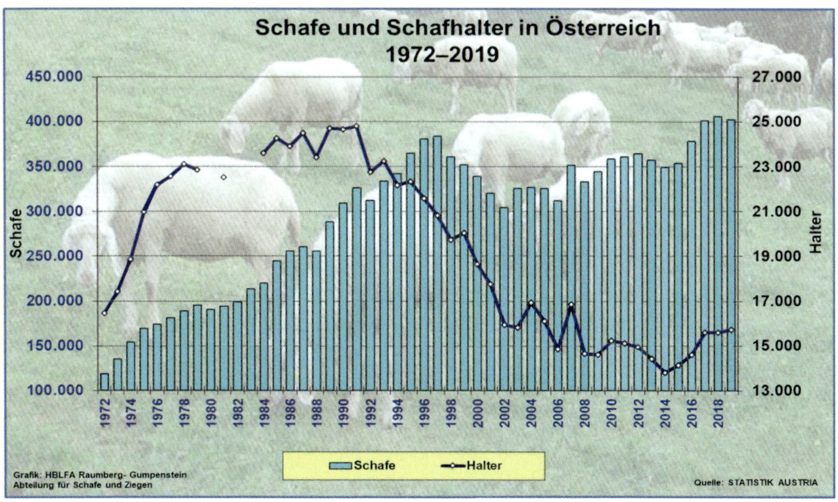

Grafik 1: Entwicklung des Schafbestandes und der Schafhalter in Österreich.

Tabelle 1: Entwicklung des Schafbestandes in der Europäischen Union (in Tausend).

Land	1990	1995	2000	2005	2010	2015	2017
Großbritannien	43.828	43.304	42.264	35.253	31.084	33.337	34.832
Rumänien	15.435	10.897	8121	7425	9142	9518	9876
Spanien	22.739	23.058	23.965	22.749	18.552	16.523	15.963
Frankreich	11.209	10.320	9578	9097	7962	7065	6935
Bulgarien	8130	3398	2549	1693	1400	1335	1360
Italien	10.848	10.682	11.017	8106	8013	7149	7215
Griechenland	8723	8802	8951	8827	8931	8746	8593
Portugal	3347	3475	3584	3541	2226	2043	2225
Polen	4158	713	362	316	261	228	261
Deutschland	4135	2990	2743	2714	2089	1580	1580
Ungarn	2069	947	934	1397	1223	1185	1141
Irland	5714	5775	5319	6392	4745	5139	5197
Niederlande	1702	1674	1308	1363	1130	1032	799
Schweden	406	462	432	456	565	595	606
Zypern	310	255	233	279	329	297	312
Österreich	287	342	352	327	345	349	378
Luxemburg	174	161	8	10	9	9	8
Finnland	61	80	100	90	126	155	156
Dänemark	159	145	145	173	160	144	154
Malta	16	16	12	14	12	11	12
Belgien	0	0	126	152	120	101	85
Estland	0	62	28	38	77	85	86
Lettland	0	86	29	39	71	93	107
Litauen	0	40	14	22	53	124	164
Slowenien	0	29	73	119	138	114	120
Slowakei	0	397	337	321	377	391	367
Tschechische Rep.	0	165	84	140	197	232	217

Quelle: © FAO Statistics Division 2019

Der weltweite Schafbestand (siehe Tabelle 2) ist ebenfalls gekennzeichnet durch einen Anstieg seit dem Jahr 2000. Vor allem im asiatischen Raum hat die Schafanzahl im Zeitraum von 2000 bis 2017 mit über 22 % deutlich zugenommen. Mit über 500 Millionen Schafen ist Asien die schafreichste Region. In Europa hingegen verzeichnet im gleichen Zeitraum der Schafbestand einen Rückgang von beinahe 10 % und liegt bei knapp 132 Millionen.

Tabelle 2: Entwicklung des Schafbestandes weltweit sowie in den geografischen Regionen.

	1990	1995	2000	2005	2010	2017
Welt	1.207.119.507	1.071.367.362	1.051.661.413	1.094.585.763	1.076.358.273	1.202.430.935
Afrika	205.098.593	208.629.379	237.425.558	276.815.226	311.644.743	381.229.566
Amerika	126.339.849	102.935.871	92.480.273	90.666.507	89.130.245	81.307.871
Asien	352.302.882	411.788.753	414.242.800	448.537.464	444.778.072	508.068.793
Europa	295.222.015	178.320.867	146.684.442	137.547.128	130.136.097	132.168.743
Ozeanien	228.156.168	169.692.492	160.828.340	141.019.438	100.669.116	99.685.963

Quelle: © FAO Statistics Division 2019

BEDEUTUNG DER SCHAFHALTUNG IM ALPENRAUM

Schafe werden in erster Linie zur Erzeugung von Fleisch, Milch, Wolle und Fellen gehalten. Aber auch die landschaftspflegerischen Leistungen durch die Schafhaltung gewinnen immer mehr an Bedeutung.

Vor allem steile Grünlandflächen, welche maschinell nur sehr schwer oder mit teuren Maschinen bewirtschaftet werden können, werden bald nicht mehr genutzt. Liegen solche Flächen erst einmal ein paar Jahre brach, werden sie früher oder später von Sträuchern und Bäumen besiedelt und sind letztlich als Grünlandflächen verloren. Das abwechslungsreiche Landschaftsbild, wo sich Wiesen, Weiden und Wälder befinden, geht verloren, und es entstehen durchgehende Waldgebiete. Hier kann eine Beweidung mit Schafen helfen, den bestehenden Landschaftscharakter zu erhalten.

Die Landwirtschaft in den Bergregionen der Alpen nutzt seit jeher die Bergweiden als zusätzliche Futterflächen in der Weideperiode. Dies steigert einerseits das Gesamtfutterpotenzial der Betriebe, andererseits werden dadurch im Sommer Arbeitskräfte frei, die für andere Produktionszweige verwendet werden können. Die Intensivierung der Landwirtschaft (Steigerung der Produktivität bei zunehmender Betriebsgröße und sinkender Anzahl von Arbeitskräften) weitete sich im Laufe der letzten Jahrzehnte auch auf das Berggebiet aus und gefährdet seither die traditionellen Wirtschaftsweisen der landwirtschaftlichen Betriebe. Der Zukauf von Getreide hat dazu beigetragen, dass immer mehr Grünland- und Almflächen nicht mehr bewirtschaftet wurden. Erst die aktuellen gesellschaftlichen Forderungen nach hoher Biodiversität der Natur und einer Erhaltung der Kulturlandschaft sowie die gestiegenen Getreidepreise steigern heute wieder die Bedeutung alpiner Weideflächen.

Hier können Schafe zwei Bereiche optimal abdecken. Erstens wird durch sie jene Lücke in der regionalen Lebensmittelproduktion gefüllt, die durch die Abnahme der Rinderbestände entstand. Zweitens sind gerade Schafe hervorragend für die Nutzung extensiver Weideflächen in den Alpen geeignet. Durch ihr geringes Körpergewicht verursachen sie keine Schädigung der Grasnarbe, im Gegenteil, sie verdichten den Boden und schützen ihn so vor Murenabgängen. Das Schaf ist bekannt für seine „goldene Klaue“.

Aber nicht nur die Nutzung der alpinen Weideflächen durch Schafe ist von Bedeu-

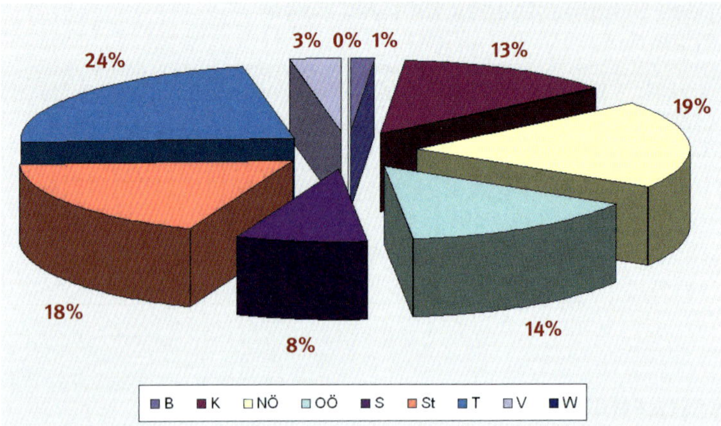

Grafik 2: Beispiel Österreich: prozentuelle Verteilung der Schafbestände auf die einzelnen Bundesländer. (© Ferdinand Ringdorfer)

tung, auch Nutzung und Pflege von Naturschutzgebieten können sehr gut mit Schafen durchgeführt werden. Hierbei muss allerdings ein gezieltes Weidemanagement betrieben werden, damit die erhaltenswürdige, vielfältige Vegetation auch tatsächlich erhalten bleibt. Die Beweidungsdauer und die Besatzdichte sind an die jeweiligen Gegebenheiten genau anzupassen.

Nicht zuletzt hat die Schafhaltung auch einen touristischen Nutzen. Nicht nur im Winter, auch im Sommer sind in den Bergen viele Wanderer unterwegs. Es gibt sicherlich nicht viel Schöneres, als auf einer Almwanderung plötzlich mitten in einer Herde Schafe zu stehen. Den Schafen beim Grasen zuzusehen, hat eine sehr entspannende Wirkung auf den Menschen. So kann eine Wanderung in der Natur erst zu einem wirklich perfekten Erlebnis werden.

Die Beweidung in den alpinen Regionen ist jedoch durch die Rückkehr der großen Beutegreifer in Gefahr. Im unwegsamen Gelände ist Herdenschutz praktisch nicht durchführbar und im Falle der Anwesenheit von Wolf oder Bär werden die Schafe lieber von den Almen abgetrieben. Meistens hören die kleinen Betriebe dann mit der Schafhaltung auf.

SCHAFRASSEN

Wer beginnt, sich mit der Schafhaltung zu beschäftigen, stellt immer zuerst die Frage nach der besten Rasse. Eine einfache Antwort auf diese Frage gibt es nicht. Die Vielzahl an Rassen, die unterschiedlichsten Produktionsbedingungen, die verschiedenen Neigungen und Fähigkeiten des Betriebsleiters, die Produktionsrichtung, die Absatzmöglichkeiten – all das muss berücksichtigt werden, wenn es darum geht, für den eigenen Betrieb die beste Rasse auszuwählen. Die Produktionsrichtung ist dabei sicherlich das wichtigste Kriterium.

Die große Vielfalt an Schafrassen rührt daher, dass Schafe sehr anpassungsfähig an die verschiedensten Umweltbedingungen sind. Es gibt praktisch für jede Region, ob Trockengebiet, Feuchtgebiet, Moor- oder Heideflächen, intensive Grünlandflächen bis hin zu alpinen Hochgebirgslagen, eine geeignete Rasse. Eine „beste“ Rasse gibt es nicht. Es gibt Rassen, die für einen Standort besser geeignet sind als andere, bzw. gibt es auch Rassen, die für einen bestimmten Standort überhaupt nicht geeignet sind. Entscheidend dafür, wie gut eine Rasse sich auf einem Standort bewährt, ist, wie gut sie gehalten wird. Es kann die beste Rasse nichts bringen, wenn die Umweltbedingungen nicht stimmen.

Die Einteilung der Schafe in Rassengruppen erfolgt vielfach nach ihrem Wolltyp. Demnach unterscheidet man zwischen feinwolligen, halbfeinwolligen und grobwolligen Rassen sowie Haarschafen. In diesem Buch hingegen erfolgt die Einteilung der Schafe nach Nutzungsrichtung in Bergschafrassen, Landschafrassen, Fleischrassen und Milchrassen.

BERGSCHAFRASSEN

Das Ziel der Zucht von Bergschafrassen liegt in erster Linie darin, diese für die Haltung in alpinen Regionen geeignet zu halten. Es handelt sich um besonders robuste Tiere, die an die harten Bedingungen alpiner Weiden und Almen besonders gut angepasst sind. Der wirtschaftliche Nutzen kommt aber von der Erzeugung von Lämmern für die Fleischerzeugung, wodurch vor allem auf die Fruchtbarkeit ein besonderes Augenmerk gelegt wird.

Zu den Bergschafrassen zählen das Tiroler Bergschaf, das Braune Bergschaf, das Tiroler Steinschaf, das Juraschaf, das Weiße Alpenschaf, das Walliser Schwarznasenschaf und das Bergamasker Schaf.

Tiroler Bergschaf (TB)

Das Tiroler Bergschaf in seiner heutigen Form geht auf das Zaupel- bzw. Steinschaf sowie insbesondere auf das norditalienische Bergamasker Schaf zurück. Ursprünglich gab es verschiedene Schläge, die in den 1930er-Jahren zusammengefasst und vereinheitlicht wurden.

Das Tiroler Bergschaf ist ein mittelgroßes bis großes Schaf. Es hat einen schmalen, geramsten, auf der Stirn bewollten, hornlosen Kopf mit langen, flachen Hängeohren. Das Schaf hat einen tiefen Rumpf mit gut gewölbter Rippe, einen langen, geraden Rücken, eine kompakte Schulter sowie ein leicht fallendes Becken. Die korrekte Beinstellung mit straffer Fessel und geschlossener Klaue ist für die Haltung im Hochgebirge besonders wichtig. Durch seine Steig- und Trittsicherheit ist es besonders alptüchtig. Es hat weiße, schlichte bis gewellte Wolle von mittlerer Feinheit und einer Länge von 4–7 cm bei zweimaliger Schur. Die Rasse wird reinweiß gezüchtet und darf keine Pigmente oder Birkaugen aufweisen. Das Schaf hat einen asaisonalen Brunstzyklus, eine sehr gute Fruchtbarkeit und Säugeleistung sowie einen ausgeprägten Mutterinstinkt. Das Bergschaf ist bestens geeignet als Muttergrundlage in der Kreuzung mit Fleischrassen zur ganzjährigen Lämmererzeugung.

Tiroler Bergschafe auf der Alm. (© Ferdinand Ringdorfer)

LEISTUNGSDATEN – Tiroler Bergschaf

Fruchtbarkeit: 1,8–2,5 Lämmer pro Jahr
Erstablammalter: 18 Monate
Jährlingsgewicht Widder: 70 kg
Jährlingsgewicht Schafe: 60 kg
Altwidder: 130 kg
Schafe: 90 kg
Wolle Widder: 3,0–5,0 kg
Wolle Schafe: 2,5–4,0 kg

Zuchtziel: Angestrebt wird ein feiner, glatter, ausdrucksvoller Typ (Adel), frei von Erbfehlern. In der Selektion ist im Besonderen auf eine ausgeprägte Vitalität und Fitness, eine entsprechende Weidetüchtigkeit und Widerstandsfähigkeit für die Bewirtschaftung von Almen und Restflächen zu achten. Eine Verbesserung der Fleischleistung darf nicht auf Kosten der Fruchtbarkeit gehen.

Braunes Bergschaf (BB)

Beim Tiroler Bergschaf kamen schon früher immer wieder braune Tiere vor. Durch die Nachfrage nach ungefärbter dunkler Wolle war ein stärkerer Bedarf an Zuchttieren gegeben. Im Jahre 1977 erfolgten die Rassenanerkennung und die vorherdebuchmäßige Bearbeitung der Tiere. Das Braune Bergschaf zählt heute zu den hochgefährdeten Rassen.

Das Braune Bergschaf ist ein mittelgroßes, etwas leichteres Schaf mit stark geramstem, schmalem Kopf mit langen breiten Hängeohren. Beide Geschlechter sind unbehornt. Die cognacfarbene bis braune Schlichtwolle hat einen seidigen Glanz. Das Schaf zeichnet sich durch einen asaisonalen Brunstzyklus bei durchschnittlicher Fruchtbarkeit aus. Es ist widerstandsfähig und gut an das raue Hochgebirgsklima angepasst.

Als Lämmer sind die Braunen Bergschafe fast schwarz. (© Ferdinand Ringdorfer)

LEISTUNGSDATEN – Braunes Bergschaf

Fruchtbarkeit: 1,8–2,1 Lämmer
Erstlammalter: 18 Monate
Jährlingsgewicht Widder: 65 kg
Jährlingsgewicht Schafe: 55 kg
Altwidder: 80 kg
Schafe: 70 kg
Wolle Widder: 6,0–7,0 kg
Wolle Schafe: 4,0–5,0 kg
Zuchtziel: Erhaltung des Phänotyps, Verbesserung der Fruchtbarkeit, Verbreiterung der Linienvielfalt.

Tiroler Steinschaf (TS)

Es ist dies die älteste Tiroler Schafrasse, die jedoch heute zu den gefährdeten Rassen gezählt wird. Das Steinschaf wurde in das Tiroler Bergschaf eingekreuzt und gab diesem seine hervorragende Fruchtbarkeit weiter. Ab 1974 erfolgten der Aufbau einer Zuchtorganisation und herdebuchmäßige Betreuung. Durch eine entsprechende Selektion wurde ein rascher Anstieg der Körpergewichte erreicht.

Das Tiroler Steinschaf ist heute ein großrahmiges Schaf mit geramstem Kopf. Es kommen reinweiße und graue Tiere mit schwarzem Kopf und schwarzen Beinen sowie rein schwarze Tiere vor.

Tiroler Steinschafe gibt es in den verschiedensten Farbvariationen. (© Ferdinand Ringdorfer)

Die seidig glänzende Schlichtwolle hat ein langes, etwas gröberes Überhaar und ein feines Unterhaar. Die Stirn ist bewollt. Es hat abstehende, spitze, mittelbreite Ohren.

Die männlichen Tiere tragen ein gleichmäßig geschwungenes Horn, weibliche Tiere sind hornlos. Das kräftige Fundament, eine ausgezeichnete Trittsicherheit sowie eine gute Anpassungsfähigkeit machen diese Rasse besonders geeignet für die rauen Verhältnisse des Hochalpengebietes. Das Schaf hat einen asaisonalen Brunstzyklus und eine sehr gute Fruchtbarkeit und Milchleistung.

LEISTUNGSDATEN – Tiroler Steinschaf

Fruchtbarkeit: 2–2,5 Lämmer pro Jahr
Erstablammalter: 18 Monate
Jährlingsgewicht Widder: 70 kg
Jährlingsgewicht Schafe: 60 kg
Altwidder: 90 kg
Schafe: 75 kg
Wolle Widder: 3,0–4,0 kg
Wolle Schafe: 2,5–3,5 kg
Zuchtziel: Beibehaltung des bisherigen Phänotyps bei einer Verbesserung der Fleischleistung.

Juraschaf (JU)

Die zunächst als „schwarzbraunes Gebirgsschaf" bezeichnete Rasse ging aus den Schlägen Frutig-, Jura-, Saanen- und Simmentaler Schaf hervor. Anfang des 19. Jahrhunderts wurden „Flämische Schafe" und spanische Merinos eingekreuzt.

Das Juraschaf ist ein mittelgroßes Schaf, tief und breit gewachsen. Man unterscheidet zwei Schläge, einen dunkel- bis rötlichbraunen und einen hellbraunen, „elb" genannten. Sie sind als eine gemeinsame Rasse anerkannt.

Es ist ein asaisonales, frühreifes und fruchtbares Schaf mit hohem Anteil an Mehrlingsgeburten und sehr gutem Mutterinstinkt. Es hat eine robuste, kräftige Konstitution, ist widerstandsfähig, alptüchtig und standorttreu.

Kopf und Beine sind glänzend schwarz bzw. braun behaart. Der Kopf ist hornlos, unbewollt, mit gerader Nasenlinie und breitem Maul. Die Ohren sind mittellang und getragen. Die Brust ist lang, breit, tief, mit

Das Juraschaf kann hell- oder dunkelbraun sein.
(© Ferdinand Ringdorfer)

guter Rippenwölbung. Rücken, Lende und Keule sind gut bemuskelt. Die Gliedmaßen sind trocken, kräftig, eher fein und korrekt gestellt.

Das Wollvlies ist dicht, ausgeglichen, geschlossen und gut gestapelt. Farbe einheitlich schwarz, braun oder elb (beige).

LEISTUNGSDATEN – Juraschaf

Fruchtbarkeit: 1,8–2,5 Lämmer pro Jahr
Erstablammalter: 18 Monate
Jährlingsgewicht Widder: 70 kg
Jährlingsgewicht Schafe: 60 kg
Altwidder: 125 kg
Schafe: 85 kg
Wolle Widder: 3,0–4,0 kg
Wolle Schafe: 2,5–3,0 kg
Zuchtziel: Widerstandsfähigkeit, Robustheit, Freiheit von Erbfehlern, Frühreife, Wüchsigkeit, Mastfähigkeit, gute Muttereigenschaften und hohe Milchleistung.

Weißes Alpenschaf (WAS)

Die Ostschweiz importierte ab 1929 vor allem Württemberger Böcke sowie Île-de-France-Tiere zur Kreuzung mit heimischen weißen Landschlägen. Durch die Württemberger Böcke wurden vor allem Rahmen, Gewicht und Wollfeinheit verbessert, die Île-de-France-Böcke verbesserten die Fleischigkeit, vor allem die der Keulen. Ab 1938 wurden diese Tiere als Weißes Alpenschaf züchterisch geführt.

Das Weiße Alpenschaf ist ein weißes, ungehörntes, in Bezug auf die Mastleistung mittelfrühreifes Schaf. Das asaisonale Brunstverhalten ermöglicht drei Ablammungen in zwei Jahren. Das Tier bringt bei der Stallhaltung, Koppelhaltung und Alpung sehr gute Gewichtszunahmen. Das ansonsten gesunde und robuste Schaf ist bei vernachlässigter Klauenpflege anfällig für die Moderhinke.

Der Körper ist harmonisch, robust, tief, mit gutem Wuchs und ausgeprägten Geschlechtsmerkmalen. Der Hals ist voll bemuskelt und mit Schulter und Widerrist gut verbunden. Die Ohren sind halblang und getragen. Die Brust ist lang, breit, tief, mit guter Rippenwölbung. Die Gliedmaßen sind sehnig, kräftig und gut gestellt mit korrekter Winkelung.

Weißes Alpenschaf. (© Ferdinand Ringdorfer)

Der Körper ist gleichmäßig bewollt. Das Vlies ist dicht, ausgeglichen und darf keine toten Haare aufweisen. Die Wolle ist reinweiß, gekräuselt, fein bis mittelfein und gut gestapelt.

LEISTUNGSDATEN – Weißes Alpenschaf

Fruchtbarkeit: 1,2–1,8 Lämmer pro Jahr
Erstablammalter: 18 Monate
Jährlingsgewicht Widder: 80 kg
Jährlingsgewicht Schafe: 70 kg
Altwidder: 140 kg
Schafe: 90 kg
Wolle Widder: 3,0–5,0 kg
Wolle Schafe: 2,5–4,0 kg
Zuchtziel: Ziel ist die Verbesserung der Fruchtbarkeit durch Zuchtverwendung von Mehrlingsgeborenen und Berücksichtigung der Asaisonalität.

Walliser Schwarznasenschaf (WSN)

Diese Schweizer Schafrasse geht im Wesentlichen auf das im Oberwallis beheimatete Vispertaler Schaf zurück, welches ein ähnliches Aussehen hatte und auch gehörnt war. Um 1877 wurden Cotswold-Böcke aus England eingeführt und mit dem Vispertaler Schaf gekreuzt. 1962 wurde der Rassenstandard beschrieben und die Rasse in den Schweizer Schafzuchtverband aufgenommen.

Die Schwarznasenschafe sind eine gehörnte Rasse (schraubenförmig-spiralig) und dank ihrer Genügsamkeit sehr gut an die harten Bedingungen des Gebirges angepasst. Der Körper ist harmonisch, robust, tief, mit gutem Wuchs und gut ausgeprägten Geschlechtsmerkmalen. Die Nase bis Kopfmitte und die Ohren sind tiefschwarz, ebenso die Beine.

Die Tiere sind am ganzen Körper von der Augenlinie bis zum Vorfuß und den Sprunggelenken gleichmäßig bewollt. Das lange Vlies ist ausgeglichen und einheitlich weiß. Der Kopf ist mittellang, eher leicht, mit breitem Maul und mittellang getragenen Ohren. Die

Walliser Schwarznasenschaf mit Lamm.
(© Archiv Ringdorfer)

Beine sind mittelfein bis kräftig, haben eine straffe Fesselung und harte Klauen.

Die Tiere haben ein lebhaftes Temperament, zeigen eine hervorragende Weide- und Alptüchtigkeit mit ausgezeichneter Trittsicherheit, Widerstands- und Anpassungsfähigkeit. Die Schafe haben einen asaisonalen Brunstzyklus und gute Muttereigenschaften.

LEISTUNGSDATEN – Walliser Schwarznasenschaf

Fruchtbarkeit: 1,4–2,2 Lämmer pro Jahr
Erstablammalter: 18 Monate
Jährlingsgewicht Widder: 60 kg
Jährlingsgewicht Schafe: 50 kg
Altwidder: 90 kg
Schafe: 70 kg
Wolle Widder: 3,5–4,5 kg
Wolle Schafe: 3,0–4,0 kg

Zuchtziel: Widerstandsfähigkeit, Robustheit, Erhaltung des Phänotyps und der Linienvielfalt sind vorrangige Ziele. Angestrebt wird auch eine Verbesserung der Fruchtbarkeit (Zwillingsgeburten erwünscht), wobei die gute Milchleistung der Muttertiere das hervorragende Jugendwachstum zur Geltung bringen soll.

Bergamasker Schaf (BM)

Die Herkunft der Rasse ist nicht ganz geklärt, alte Spuren führen bis in den Sudan. Das großrahmige Bergamasker Schaf entwickelte sich in der Provinz Belluno und in den anderen Gebirgszonen Norditaliens zu einer sehr bedeutenden Rasse und wurde bevorzugt in andere Rassen eingekreuzt. Seit dem Jahr 1973 besteht in Italien ein Herdebuch für diese Rasse.

Das charakteristische Merkmal des Bergamasker Schafes ist eine stark gewölbte Profillinie des Kopfes und der Nase (Ramsnase). Die Tiere sind großrahmig und schwer, die Ohren sind lang und hängend. Sowohl Böcke wie auch Muttertiere sind hornlos. Die Wolle ist reinweiß. Die Rasse ist dem Klima im Hochgebirge sehr gut angepasst.

Bergamasker Schaf. (© Archiv Ringdorfer)

LEISTUNGSDATEN – Bergamasker Schaf

Fruchtbarkeit: 1,5–2,1 Lämmer
Erstablammalter: 18 Monate
Jährlingsgewicht Widder: 75 kg
Jährlingsgewicht Schafe: 65 kg
Altwidder: 130 kg
Schafe: 90 kg
Wolle Widder: 3,0–5,0 kg
Wolle Schafe: 2,5–4,0 kg
Zuchtziel: Erhaltung des Phänotyps bei weiterer Verbesserung der Fleischleistung für die Lämmerproduktion.

LANDSCHAFRASSEN

In dieser Gruppe werden Rassen zusammengefasst, die speziell an bestimmte Landschaften angepasst sind. Sie stellen die vielfältigste Gruppe aller Rassen dar und unterscheiden sich untereinander mitunter stark, sowohl im Erscheinungsbild als auch in ihrer Eignung für bestimmte Nutzungsrichtungen. In ganz Europa findet man für nahezu jede Landschaft eine speziell angepasste Landschafrasse. In Österreich etwa findet man in dieser Gruppe zahlreiche Rassen, die ursprünglich aus den umliegenden Nachbarländern stammen, vom ungarischen Zackelschaf bis hin zur besonders an Moorgebiete angepassten Heidschnucke. Die Landschafe gibt es von kleinrahmig bis großgewachsen, sie sind mitunter spektakulär gehörnt und tragen die verschiedensten Wollkleider in allen möglichen Farbschlägen. Sowohl für intensivere Produktion als auch für Nischenprodukte und Spezialistentum gibt es bei den Landschafen die geeignete Rasse.

Merinolandschaf (ML)

Mitte des 18. Jahrhunderts kamen Feinwollschafe aus Spanien nach Deutschland. Schafe dieses Typs wurden Ende des 18. Jahrhunderts in Süddeutschland (hauptsächlich in Württemberg) zur Veredelung von Landschafrassen verwendet. Die

„Württemberger“ wurden in zahlreiche andere Rassen eingekreuzt. Das Merinolandschaf ist aus dem süddeutschen Raum nach Österreich gebracht worden.

Es ist ein mittelgroßes, rahmiges Schaf mit keilförmigem, langem Kopf mit typischem Wollschopf auf der Stirn und breiten, leicht hängenden Ohren. Die Brust ist breit und genügend vorgeschoben. Es hat einen langen und breiten Rücken mit guter Rippenwölbung. Die Hinterhand hat ein breites Becken und gut bemuskelte Außen- und Innenkeulen.

Die weiße Wolle hat Merinocharakter. Diese Schafe haben einen asaisonalen Brunstzyklus und eine sehr gute Fruchtbarkeit und Säugeleistung.

Merinolandschaf. (© Ferdinand Ringdorfer)

Hautfalten sind grundsätzlich nicht erwünscht, im Halsbereich werden sie bedingt toleriert.

LEISTUNGSDATEN – Merinolandschaf

Fruchtbarkeit: 1,8–2,5 Lämmer pro Jahr
Erstablammalter: 18 Monate
Jährlingsgewicht Widder: 80 kg
Jährlingsgewicht Schafe: 60 kg
Altwidder: 140 kg
Schafe: 80–100 kg
Wolle Widder: 4,0–5,5 kg
Wolle Schafe: 3,5–5,0 kg

Zuchtziel: Angestrebt wird ein bestens bemuskeltes Tier mit bester Ausprägung der wertbestimmenden Teilstücke, eine hohe Fruchtbarkeit (2–2,5 Lämmer pro Jahr) bei kurzer Zwischenlammzeit (240–270 Tage) sowie korrektes, trockenes Fundament.

Alpines Steinschaf (AS)

Das Alpine Steinschaf ist eine der ältesten, nur mehr in Restbeständen vorhandene österreichische Schafrasse, die sich von den Bayerischen Alpen über Salzburg, Tirol und Kärnten bis Slowenien erstreckt. Aus dem ursprünglichen Zaupelschaf entstand in jahrhundertelanger Auslese durch besonders widrige Umweltbedingungen eine kleine, aber überaus fruchtbare Gebirgsrasse. Das geringe Gewicht (35–50 kg) veranlasst seit 30 Jahren die meisten Züchter, auf größere und fleischbetonte Rassen umzusteigen. Der Verfall der Wollpreise, vor

Alpines Steinschaf. (© Archiv Ringdorfer)

allem der schlichtwolligen Wolle, tat sein Weiteres dazu.

Das Alpine Steinschaf ist ein kleines bis mittelgroßes Gebirgsschaf, bei dem alle Woll- und Farbzeichen auftreten. Der unbewollte Kopf ist gerade, das Nasenbein ist leicht gebogen, die kurzen spitzen Ohren stehen waagrecht ab. Die Tiere sind feingliedrig mit sehr harter Klaue, haben einen breiten und tiefen Körper und sind sowohl gehörnt als auch ungehörnt. Typisch für die alten Rassen ist die grobe Mischwolle.

LEISTUNGSDATEN – Alpines Steinschaf

Fruchtbarkeit: 1,8–2,2 Lämmer pro Jahr
Erstablammalter: 18 Monate
Jährlingsgewicht Widder: 50 kg
Jährlingsgewicht Schafe: 40 kg
Altwidder: 60 kg
Schafe: 55 kg
Wolle Widder: 3,5 kg
Wolle Schafe: 3,0 kg
Zuchtziel: Erhaltung des Phänotyps bei gleichzeitiger Stabilisierung der genetischen Varianz.

Kärntner Brillenschaf (BS)

Das Kärntner Brillenschaf ging aus der Kreuzung alter Landschafe mit dem Bergamasker Schaf und insbesondere dem Paduaner Seidenschaf hervor und war früher über weite Teile Österreichs und über das bayrische Alpen- und Voralpengebiet verbreitet.

Es ist ein kräftiges, mittelgroßes weißes Schaf mit stark geramstem, unbewolltem Kopf und mit mittellangen, hängenden bis leicht abstehenden Ohren. Besonderes Kennzeichen sind die schwarzen Flecken (Brillen) um die Augen sowie die in der äußeren Hälfte bis zu 2/3 schwarzen Ohren, fallweise auch schwarze Flecken an den Lippen. Die Schafe sind hornlos und haben einen schwach ausgeprägten asaisonalen Brunstzyklus.

Kärntner Brillenschaf. (© Archiv Ringdorfer)

LEISTUNGSDATEN – Kärntner Brillenschaf

Fruchtbarkeit: 1,6–2,0 Lämmer pro Jahr
Erstablammalter: 18 Monate
Jährlingsgewicht Widder: 60 kg
Jährlingsgewicht Schafe: 50 kg
Altwidder: 80 kg
Schafe: 65 kg
Wolle Widder: 4,5–5,5 kg
Wolle Schafe: 4,0–5,0 kg
Zuchtziel: Erhaltung der genetischen Vielfalt bei einer Verbesserung der Aufzuchtleistung mit kurzen Zwischenlammzeiten und einer Verbesserung der Wollqualität.

Krainer Steinschaf (KS)

Das Krainer Steinschaf ist ein Schlag des früher im gesamten Alpenraumes verbreiteten und vom Zaupelschaf abstammenden Steinschafes. Das Krainer Steinschaf wurde über Jahrhunderte entsprechend der Milchgewinnungstradition in den Julischen Alpen speziell als Milchschaf gezogen. Letzte Reste dieser Rasse wurden in Slowenien im Triglav-Nationalpark erhalten, wo es heute noch zur Milchproduktion gehalten wird.

Krainer Steinschaf mit Lämmern.
(© Ferdinand Ringdorfer)

Das Krainer Steinschaf ist ein feingliedriges, kleinrahmiges Schaf mit kurzen, nicht hängenden Ohren, zierlichem, unbewolltem, hornlosem oder gehörntem Kopf, der nicht geramst ist. Die Wolle ist mischwollig, häufig weiß, es kommen aber auch schwarze, braune und gescheckte Tiere vor. Die Tiere besitzen eine außerordentlich gute Anpassungs- und Widerstandsfähigkeit bei einer ausgezeichneten Milchleistung. Die Brunst ist asaisonal, eine zweimalige Lammung pro Jahr ist möglich.

LEISTUNGSDATEN – Krainer Steinschaf

Fruchtbarkeit: 1,5–2,0 Lämmer pro Jahr
Erstablammalter: 18 Monate
Jährlingsgewicht Widder: 50 kg
Jährlingsgewicht Schafe: 45 kg
Altwidder: 60 kg
Schafe: 50 kg
Wolle Widder: 3,0–3,5 kg
Wolle Schafe: 2,5–3,0 kg
Zuchtziel: Züchtung eines anpassungsfähigen, widerstandsfähigen, robusten Schafes für die rauen Lagen des Hochgebirges, beste Muttereigenschaften mit hoher Fruchtbarkeit.

Montafoner Steinschaf (MO)

Diese Rasse repräsentiert neben dem Krainer und Alpinen Steinschaf den „alten mischwolligen" asaisonalen Steinschafschlag mit wenig Bergamasker-Einkreuzung. Autochthone Rasse aus dem Montafon (Vorarlberg).

Es ist ein kleinrahmiges, feingliedriges Schaf mit gutem trockenen Fundament. Die kurzen, spitz zulaufenden Ohren stehen waagrecht bis leicht hängend ab. Der lange bewollte Schwanz reicht bis zum Sprung-

Montafoner Steinschaf. (© Archiv Ringdorfer)

gelenk. Bei beiden Geschlechtern kommen behornte und unbehornte Tiere vor. Typisch ist die grobe Mischwolle in den verschiedenen Farbschlägen.

LEISTUNGSDATEN – Montafoner Steinschaf

Fruchtbarkeit: 1,8–2,2 Lämmer pro Jahr
Erstablammalter: 18 Monate
Jährlingsgewicht Widder: 55 kg
Jährlingsgewicht Schafe: 45 kg
Altwidder: 60 kg
Schafe: 55 kg
Wolle Widder: 3,5–4,5 kg
Wolle Schafe: 3,0–3,5 kg
Zuchtziel: Verbreiterung der genetischen Basis unter Beibehaltung des ursprünglichen Phänotyps.

Waldschaf (WS)

Das Waldschaf ist eine bodenständige Rasse der Region Böhmerwald, Bayerischer Wald, Mühl- und Waldviertel und ist in seinen genetischen Grundlagen auf das Zaupelschaf zurückzuführen.

Es ist ein kleines bis mittelgroßes, vorwiegend weißes Schaf. Es kommen aber auch schwarze, braune oder gescheckte Tiere vor. An den unbewollten Stellen, besonders am Kopf, treten bei weißen Tieren oft dunkle Pigmentflecken auf. Der Kopf mit bewollter Stirn (Schaupe) ist meist gerade und bei den Widdern fallweise leicht geramst. Die Tiere tragen kleine Ohren, die beinahe waagrecht abstehen. Beide Geschlechter können sowohl behornt als auch unbehornt sein, sind feingliedrig und haben einen langen bewollten Schwanz.

Waldschaf. (© Ferdinand Ringdorfer)

Die Mischwolle besteht aus dem eher groben Kurzhaar, dem Lang- oder Grannenhaar und den sehr feinen Wollfasern, die den Hauptanteil bilden. Waldschafe sind asaisonal und besitzen eine gute Fruchtbarkeit.

LEISTUNGSDATEN – Waldschaf

Fruchtbarkeit: 1,8–2,0 Lämmer pro Jahr
Erstablammalter: 18 Monate
Jährlingsgewicht Widder: 40 kg
Jährlingsgewicht Schafe: 35 kg
Altwidder: 55–85 kg
Schafe: 35–60 kg
Wolle Widder: 3,5–4,5 kg
Wolle Schafe: 3,0–3,5 kg
Zuchtziel: Verbreiterung der genetischen Basis unter Beibehaltung des ursprünglichen Phänotyps. Im Besonderen gilt es, die guten Muttereigenschaften, Leichtlammigkeit, Anspruchslosigkeit, beste Grundfutterverwertung, Eignung zur Landschafts- und Biotoppflege, Krankheits- und Parasitenunempfindlichkeit entsprechend zu erhalten.

Zackelschaf (ZS)

Es wird allgemein angenommen, dass die Ungarn diese Rasse bereits mitbrachten, als sie vor 1100 Jahren ihren jetzigen Lebensraum einnahmen. Es war bis zum 18. Jahrhundert die häufigste Schafrasse in Ungarn.

Das Zackelschaf ist ein kleines bis mittelgroßes, lebhaftes und scheues Schaf und kommt in zwei Farbschlägen (weiß oder schwarz) vor, die nicht vermischt werden sollen. Das Vlies weist eine grobe, lockige Mischwolle auf und soll grundsätzlich einfärbig sein. Der Bauch ist normalerweise unbewollt. Der Kopf mit bewollter Stirn (Schaupe) ist länglich. Die kleinen Ohren werden waagrecht abstehend getragen und bei Gefahr aufgerichtet.

Beide Geschlechter weisen korkenzieherartig gedrehte, aufwärts gerichtete Hörner auf, die bei weiblichen Tieren kürzer und kleiner sind. Zackelschafe haben einen streng saisonalen Zyklus mit einmaliger Ablammung (Jänner, Februar). Der Anteil der Zwillingsgeburten liegt bei 5–15 %.

Zackelschaf. (© Ferdinand Ringdorfer)

Die Tiere sind anspruchslos und zeichnen sich durch Robustheit, Winterhärte, Leichtlammigkeit und Krankheitsunanfälligkeit aus.

LEISTUNGSDATEN – Zackelschaf

Fruchtbarkeit: 1,2–1,5 Lämmer pro Jahr
Erstablammalter: 18 Monate
Jährlingsgewicht Widder: 50 kg
Jährlingsgewicht Schafe: 40 kg
Altwidder: 60 kg
Schafe: 45 kg
Wolle Widder: 3,0–4,0 kg
Wolle Schafe: 2,0–3,0 kg
Zuchtziel: Verbreiterung der genetischen Basis unter Beibehaltung des ursprünglichen Phänotyps.

Coburger Fuchsschaf (CF)

Landschafe mit Fuchsfärbung wurden in mehreren Gegenden in Deutschland seit Jahrhunderten gehalten. Durch Verdrängungszucht waren diese Tiere Anfang des 20. Jahrhunderts fast verschwunden. Seit 1966 ist das Coburger Fuchsschaf als Rasse anerkannt.

Das Coburger Fuchsschaf ist ein mittelgroßes bis großrahmiges Schaf, die behaarten Körperteile sind hell- bis rotbraun. Das

Coburger Fuchsschaf. (© Archiv Ringdorfer)

Vlies hat im Inneren einen rötlichen Schimmer (goldenes Vlies). Das Schaf hat einen schmalen, wenig geramsten Kopf mit breiten, leicht hängenden Ohren. Der Kopf ist bis hinter die Ohren unbewollt, ebenso die Extremitäten.

Es ist eine hornlose, anspruchslose und widerstandsfähige Rasse mit saisonaler Brunst.

LEISTUNGSDATEN – Coburger Fuchsschaf

Fruchtbarkeit: 1,8–2,0 Lämmer pro Jahr
Erstablammalter: 18 Monate
Jährlingsgewicht Widder: 60 kg
Jährlingsgewicht Schafe: 50 kg
Altwidder: 80 kg
Schafe: 65 kg
Wolle Widder: 4,5–5,5 kg
Wolle Schafe: 3,5–4,5 kg
Zuchtziel: Es wird eine Verbesserung der Zuwachsleistung angestrebt.

Heidschnucke (HS)

Seit Anfang des 19. Jahrhunderts, vermutlich aber schön früher, hat es im Großherzogtum Oldenburg gemischte Herden von weißen gehörnten, hornlosen und grauen Heidschnucken gegeben. Heidschnucken haben sich über Jahrhunderte hinweg ohne fremdes Blut als urwüchsige Rasse erhalten.

Es ist ein kleines, mischwolliges Landschaf, weiß ohne Abzeichen. Der lange keilförmige Kopf trägt bei den Böcken schneckenförmige und bei den Müttern sichelförmig nach hinten gebogene Hörner. Die Tiere haben einen gut gewölbten Brustkorb, eine eindrucksvolle Rumpftiefe und ein feines Fundament. Sie sind genügsam, widerstandsfähig und besonders geeignet

Grauer gehörnter Heidschnuckenwidder.
(© Archiv Ringdorfer)

für die Pflege von Heideflächen. Das Fleisch ist sehr zart und von wildbretartigem Geschmack.

LEISTUNGSDATEN – Heidschnucke

Fruchtbarkeit: 1,0–1,5 Lämmer pro Jahr
Erstablammalter: 18 Monate
Jährlingsgewicht Widder: 50 kg
Jährlingsgewicht Schafe: 40 kg
Altwidder: 65 kg
Schafe: 45 kg
Wolle Widder: 2,5–3,5 kg
Wolle Schafe: 1,5–2,5 kg
Zuchtziel: Erhaltung des Genotyps.

Jakobschaf (JS)

Die Rasse ist aus einer Herde entstanden, die im 18. Jahrhundert in England in einem Park gehalten wurde. 1969 wurde eine Züchtergemeinschaft gegründet, 1975 gab es bereits mehr als 3000 Tiere. Mit der Vierhörnigkeit kann genetisch eine Spaltung des Oberlids verbunden sein. Diese Abnormität führt im Extremfall zur Erblindung des Tieres.

Das schlanke, mittelgroße Schaf ist besonders auffallend durch seine vier oder gar sechs Hörner, aber es gibt auch zweihörnige und sogar hornlose Tiere. In der Regel sind die Tiere in den Farben Schwarz, Weiß und Braun gescheckt, doch kommen auch vollständig gefärbte Tiere mit weißen Abzeichen vor. Es sind robuste, genügsame Schafe mit guten Muttereigenschaften.

Vierhörniges Jakobschaf. (© Ferdinand Ringdorfer)

LEISTUNGSDATEN – Jakobschaf

Fruchtbarkeit: 1,5–2,0 Lämmer pro Jahr
Erstablammalter: 18 Monate
Jährlingsgewicht Widder: 60 kg
Jährlingsgewicht Schafe: 50 kg
Altwidder: 80 kg
Schafe: 60 kg
Wolle Widder: 2,0–3,0 kg
Wolle Schafe: 1,5–2,5 kg
Zuchtziel: Genetische Vielhörnigkeit, interessante Fellfärbung.

Karakul (KA)

Diese Rasse ist ursprünglich in Westturkestan beheimatet, wo sie seit mindestens 900 Jahren gezüchtet wird. Nach Afghanistan kamen sie erst 1877. Um 1900 kamen die ersten Tiere nach Deutschland, und mit diesen Tieren wurde eine Zucht in Namibia aufgebaut, von wo aus sie in viele andere Länder exportiert wurden.

Das Karakul ist ein hageres Steppenschaf von mittlerer Größe. Die Färbung umfasst schmutzig braune, hell- bis dunkelgraue, blaugraue und schwarzbraune Töne. Die Beine sind schwarz. Die Lämmer werden schwarz, grau, braun, goldfarben oder

Karakulschaf. (© Archiv Ringdorfer)

rosa geboren. Der längliche, schmale, etwas ramsnasige Kopf trägt meist breite, lange Hängeohren und ist bei den Böcken gehörnt, die Mütter sind hornlos. Die Tiere gehören zu den Fettschwanzschafen. Der Geschmack des Fleisches ist wildähnlich.

Das Karakul ist ein anspruchsloses, widerstandsfähiges und gut an Steppen und Halbwüsten angepasstes Schaf. Es ist die bedeutendste Pelzschafrasse der Welt. Die Felle der im Alter von wenigen Tagen geschlachteten Lämmer ergeben den Persianer.

LEISTUNGSDATEN – Karakul

Fruchtbarkeit: 1,0–1,5 Lämmer pro Jahr
Erstablammalter: 18 Monate
Jährlingsgewicht Widder: 50 kg
Jährlingsgewicht Schafe: 40 kg
Altwidder: 70 kg
Schafe: 50 kg
Wolle Widder: 2,5–3,5 kg
Wolle Schafe: 1,5–2,5 kg
Zuchtziel: Beibehaltung der Woll- und Fellqualität.

Romanov (RO)

Romanovschafe stammen ursprünglich aus dem Bezirk Tutajew an der Wolga (Russland). Sie entstanden gegen Ende des 17. Jahrhunderts aus bodenständigen Rassen durch Auswahl der in Bezug auf Fruchtbarkeit und Fellqualität wertvollsten Tiere. 1964 wurden Tiere nach Frankreich exportiert.

Es ist ein relativ kleinrahmiges Schaf, welches durch eine Mischung von schwarzen und weißen Haaren graublau in verschiedenen Schattierungen erscheint. Bei Böcken tritt an Hals und Rücken Mähnenbildung auf. Abzeichen an Kopf und Beinen.

Die Tiere haben eine hohe Fruchtbarkeit (asaisonal) mit sehr guter Milchleistung. Sie sind anspruchslos und widerstandsfähig und ertragen Kälte und große Temperaturschwankungen.

Romanov. (© Archiv Ringdorfer)

LEISTUNGSDATEN – Romanov

Fruchtbarkeit: 2,5–3,0 Lämmer pro Jahr
Erstablammalter: 18 Monate
Jährlingsgewicht Widder: 55 kg
Jährlingsgewicht Schafe: 45 kg
Altwidder: 80 kg
Schafe: 65 kg
Wolle Widder: 3,0–4,0 kg
Wolle Schafe: 2,0–3,0 kg
Zuchtziel: Erhaltung der hohen Fruchtbarkeit mit einer hohen Aufzuchtleistung.

Shropshire (SH)

Die Geschichte der Shropshire-Schafe beginnt im 19. Jahrhundert in den englischen Grafschaften Shropshire und Staffordshire. Die Rasse Shropshire wurde damals durch Einkreuzung von Southdown in Lokalrassen herausgezüchtet. In geringem Umfang wurden auch die beiden Rassen Cotswold und Leicester verwendet. Im Jahr 1845 wurde das Shropshire erstmals auf der „Royal Show" in England ausgestellt.

Shropshire. (© FRAUKOEPPL)

Shropshire-Schafe haben ein von Natur aus weiches, sauberes, schwarzes Gesicht mit Wollbedeckung auf dem Hinterkopf. Böcke sind durch einen kräftig muskulösen Kopf gekennzeichnet. Sie besitzen einen langen, symmetrischen Körper mit viel Fleisch und einen breiten, geraden Rücken.

Shropshire-Schafe zählen zu den robustesten Schafrassen und können sich unter den verschiedensten Haltungsbedingungen behaupten. Shropshire-Mutterschafe sind ausgezeichnete Mütter, haben einen guten Milchvorrat, neigen zu Zwillingsgeburten und erzeugen Lämmer über viele Jahre hinweg.

Sehr bedeutend ist auch die Eigenschaft, dass Shropshire-Schafe in Christbaumkulturen und Obstgärten für die Graswuchspflege eingesetzt werden können. Bei richtiger Weidetechnik und guter Gesundheit der Tiere werden weder Triebe verbissen noch die Stämme geschält oder angebissen.

LEISTUNGSDATEN – Shropshire

Fruchtbarkeit: 1,5–1,7 Lämmer pro Jahr
Erstablammalter: 18 Monate
Jährlingsgewicht Widder: 60 kg
Jährlingsgewicht Schafe: 50 kg
Altwidder: 120 kg
Schafe: 85 kg
Wolle Widder: 3,0–4,0 kg
Wolle Schafe: 2,5–3,5 kg
Zuchtziel: Züchtung eines alpenländischen Typs mit möglichst guter Grasverwertung und Beibehaltung bzw. Verbesserung der Verbissfestigkeit.

Ouessantschaf (OUS)

Die kleinste Schafrasse der Welt („Bretonisches Zwergschaf") ist in Frankreich und den Niederlanden weit verbreitet und stammt von der Insel Ouessant, einer Insel vor der Westküste der Bretagne. Das karge Futterangebot und das raue Klima der Insel führten zum Zwergwuchs.

Diese harte und anspruchslose Rasse ist sehr temperamentvoll und stellt geringe Futteransprüche. Sie hat einen saisonalen

Ouessant. (© Archiv Ringdorfer)

Brunstzyklus (Oktober bis Anfang Februar). Es werden fast ausschließlich Einlinge geboren, die sehr vital sind.

Die Vliesfarbe ist einheitlich schwarz, braun oder weiß, die lange Wolle hat eine sehr dichte Unterwolle. Stirn, Wangen und der obere Teil der Beine sind bewollt. Die Böcke tragen ausgeprägte Schneckenhörner.

LEISTUNGSDATEN – Ouessantschaf

Fruchtbarkeit: 1 Lamm
Erstablammalter: 18 Monate
Jährlingsgewicht Widder: 15 kg
Jährlingsgewicht Schafe: 12 kg
Altwidder: 20 kg
Schafe: 16 kg
Wolle Widder: 1,2–1,8 kg
Wolle Schafe: 1,0–1,5 kg
Zuchtziel: Erhaltung des Geno- und Phänotyps bei gleichzeitiger Förderung der Widerstandsfähigkeit.‹

Scottish Blackface (SB)

Dies ist eine uralte Landrasse, die vermutlich ursprünglich aus den Bergen Nordenglands stammt und von dort nach Schottland eingeführt wurde. Die Rasse wurde schon Anfang des 16. Jahrhunderts erwähnt. Es gibt kein zentrales Herdebuch, die Zuchtarbeit liegt in den Händen der Züchter. Diese mittelgroße Rasse hat einen starken Knochenbau, einen breiten ramsnasigen Kopf, einen langen Rumpf, ein breites Becken sowie einen gut bemuskelten Rücken und fleischige Keulen. Die Wolle ist weiß. Kopf und Beine sind weiß mit schwarzen Flecken (wobei das Schwarz überwiegen kann).

Scottish Blackface. (© Ferdinand Ringdorfer)

LEISTUNGSDATEN – Scottish Blackface

Fruchtbarkeit: 1 Lamm
Erstablammalter: 18 Monate
Widder: 70–80 kg
Schafe: 50–55 kg
Wolle: 2,0–3,0 kg
Zuchtziel: Erhaltung des Genotyps.

FLEISCHRASSEN

Wie der Name bereits zum Ausdruck bringt, werden Fleischrassen für die Erzeugung von Lammfleisch gezüchtet. Besonderes Augenmerk wird dabei auf eine gute Ausprägung der wertvollen Teilstücke gelegt sowie auf Frohwüchsigkeit. Zu den Fleischrassen zählen Suffolk, Schwarzköpfiges Fleischschaf, Texel, Charollais, Île de France, Dorperschaf und Rouge de l'Ouest.

Suffolk (SU)

Diese Rasse ist im Südosten Englands durch Kreuzung von Norfolk und Southdown entstanden und wird häufig zur Verbesserung schwarzköpfiger Rassen verwendet. Das Suffolk ist heute eine weltweit verbreitete Fleischrasse.

Das mittelgroße bis große Schaf hat einen tiefschwarzen, unbewollten, hornlosen Kopf und leicht abstehende schwarze Ohren. Die Beine sind ebenfalls schwarz und unbewollt. Es hat eine tiefe, vorgezogene Brust mit langem, breitem, gut bemuskeltem Rücken. Das Becken ist breit und die Innen- und Außenkeulen sind sehr gut ausgeprägt. Die weiße Wolle hat einen dichten, geschlossenen Stapel.

Die Schafe zeigen einen saisonalen Brunstzyklus mit langer Brunstsaison, männliche Tiere sind das ganze Jahr paarungsfähig und somit sehr gut als Kreuzungspartner zur Qualitätslämmererzeugung geeignet.

Suffolkschaf. (© Ferdinand Ringdorfer)

LEISTUNGSDATEN – Suffolk

Fruchtbarkeit: 1,4–2 Lämmer pro Jahr
Erstablammalter: 18 Monate
Jährlingsgewicht Widder: 75–80 kg
Jährlingsgewicht Schafe: 60 kg
Altwidder: 130 kg
Schafe: 85 kg
Wolle Widder: 4,0–5,0 kg
Wolle Schafe: 2,5–4,0 kg
Zuchtziel: beste Ausprägung der wertbestimmenden Körperpartien, wie Schulter, Rücken und Keule.

Schwarzköpfiges Fleischschaf (SK)

Das schwarzköpfige Fleischschaf wurde über Deutschland nach Österreich gebracht. In Deutschland hat sich diese Rasse aus der Einkreuzung der englischen Rassen Hampshire und Oxford in Landschafrassen entwickelt. Vom Hampshire stammen die gute Keule, der tiefe Rumpf, das starke Fundament und das ausgeglichene Vlies. Der große Körper und die volle Rippe kamen vom Oxford.

Das Schwarzköpfige Fleischschaf ist ein mittelgroßes, starkwüchsiges Schaf mit ausgeprägten Körperformen. Es hat eine tiefe, breite Brust mit langem Rücken und tiefem, breitem Rumpf. Das Becken ist lang und die Innen- und Außenkeulen sind voll bemuskelt. Der Kopf ist dunkelbraun bis schwarz bewollt, mit seitlich abstehenden, kräftigen Ohren. Die Beine sind bewollt, dunkelbraun bis schwarz. Das Wollvlies ist weiß und dicht.

Schwarzköpfiges Fleischschaf. (© Ferdinand Ringdorfer)

Die Schafe zeigen einen saisonalen Brunstzyklus mit langer Brunstsaison, männliche Tiere sind das ganze Jahr paarungsfähig und somit sehr gut als Kreuzungspartner zur Qualitätslämmererzeugung geeignet.

LEISTUNGSDATEN – Schwarzköpfiges Fleischschaf

Fruchtbarkeit: 1,2–2 Lämmer pro Jahr
Erstablammalter: 18 Monate
Jährlingsgewicht Widder: 75–80 kg
Jährlingsgewicht Schafe: 60 kg
Altwidder: 130 kg
Schafe: 85 kg
Wolle Widder: 4,0–6,0 kg
Wolle Schafe: 2,5–4,0 kg
Zuchtziel: beste Ausprägung der wertbestimmenden Körperpartien, wie Schulter, Rücken und Keule.

Texel (TE)

Das Texelschaf hat seinen Namen von der Nordseeinsel Texel, wo es seit alten Zeiten gezüchtet wurde. Von da aus haben sich, vor allem auch aufgrund der Einkreuzung mit den englischen Rassen Leicester und Lincoln sowie dem deutschen Weißkopfschaf, verschiedene Typen entwickelt.

Texelschaf. (© Archiv Ringdorfer)

Das Texel ist ein mittelgroßes Fleischschaf mit einem mittelbreiten, hornlosen, flachen Kopf und einem kurzen, stark bemuskelten Hals. Der Rücken ist breit mit guter Rippenwölbung und breiter Nierenpartie. Die Innen- und Außenkeulen sind voll bemuskelt. Diese extreme Keulenbemuskelung ist auch ein typisches Merkmal für das Texelschaf. Der Kopf und die Extremitäten sind unbewollt. Das Schaf ist weiß, mit Ausnahme der pigmentierten Schleimhäute der Augen, der Nase und der Lippen sowie Pigmentflecken am Kopf und an den kleinen bis mittelgroßen, abstehenden Ohren.

Das Schaf hat einen streng saisonalen Brunstzyklus, ist frühreif und zeigt eine gute Fruchtbarkeit. Die Schlachtkörper der Lämmer sind von bester Fleischigkeit bei geringer Verfettung. Die männlichen Tiere sind besonders geeignet als Kreuzungspartner zur Qualitätslämmererzeugung.

LEISTUNGSDATEN – Texel

Fruchtbarkeit: 1,2–2 Lämmer pro Jahr
Erstablammalter: 18 Monate
Jährlingsgewicht Widder: 70 kg
Jährlingsgewicht Schafe: 50 kg
Altwidder: 120 kg
Schafe: 80 kg
Wolle Widder: 4,0–6,0 kg
Wolle Schafe: 2,5–4,0 kg
Zuchtziel: beste Ausprägung der wertbestimmenden Körperpartien, wie Schulter, Rücken und Keule.

Charollaisschaf (CS)

Die Entstehung der Rasse wird auf Anfang des 19. Jahrhunderts in den Departements Charollais, Morvan und Nivernais in Mittelfrankreich festgelegt. Um 1825 erfolgte eine Einkreuzung mit englischen Dishley-Schafen. Erst 1963 erfolgte die Gründung des Charollais-Schafzuchtverbandes mit rund 1000 Müttern in 24 Herden. Nach der offiziellen Anerkennung im Jahre 1974 konnte bereits ein Bestand von rund 7000 Tieren nachgewiesen werden.

Das mittel- bis großwüchsige Schaf hat einen unbewollten Kopf, oft mit Stichelhaaren bedeckt, von rosa bis grauer Färbung. Es hat einen langen Rumpf mit gut bemuskeltem Rücken.

Charollais. (© Archiv Ringdorfer)

Die Mutterschafe zeichnen sich durch eine sehr gute Säugeleistung aus, wodurch die Lämmer rasch wachsen.

LEISTUNGSDATEN – Charollaisschaf

Fruchtbarkeit: 1,5–1,8 Lämmer
Erstablammalter: 18 Monate
Altwidder: 100–140 kg
Schafe: 75–95 kg
Wolle Widder: 5,0–6,0 kg
Wolle Schafe: 3,0–4,0 kg
Zuchtziel: Erhaltung der guten Fruchtbarkeit bei einer ausgezeichneten Fleischleistung.

Berrichon du Cher

Das Berrichon-du-Cher-Schaf ist ein mittelrahmiges, reinweißes Fleischschaf, das aus Zentralfrankreich stammt. Der Kopf ist breit, die Profillinie gerade bzw. leicht gewölbt. Ältere Tiere können einen Wollschopf tragen, ansonsten ist der Kopf unbewollt. Der Hals ist kurz und kräftig. Die Tiere haben einen tiefen, breiten Rumpf mit gut gewölbter Brust und ausgeprägten Keulen. Die Gliedmaßen sind fein und von mittlerer Länge. Der Bauch ist häufig nur teilweise bewollt.

Berrichon du Cher. (© FRAUKOEPPL)

LEISTUNGSDATEN – Berrichon du Cher

Fruchtbarkeit: 1,8–2 Lämmer
Erstablammalter: 18 Monate
Altwidder: 110–150 kg
Schafe: 70–100 kg
Wolle Widder: 4,0–5,5 kg
Wolle Schafe: 4,0–4,5 kg

Zuchtziel: Züchtung eines anpassungsfähigen Fleischschafes mit breitem Rücken und muskulösen Keulen, welches sich sowohl für die Reinzucht als auch für die Gebrauchskreuzung mit anderen Fleischrassen zur Erzeugung von Qualitätslämmern eignet.

Île de France (IF)

Die Rasse ist das Ergebnis der Kreuzung von Dishley, Leicester und Rambouillet Anfang des 19. Jahrhunderts, später auch von Manchamp Merino. Der Ursprung der Zucht lag in Alfort. Ab 1900 fand keine Einkreuzung mehr statt, 1922 wurde ein Herdebuch mit Leistungsprüfung angelegt.

Das Île de France ist ein spätreifes, schweres Schaf. Die Wolle und behaarte Körperteîle sind weiß. Es hat einen breiten, kurzen Kopf mit gerader Profillinie. Bei alten Böcken quer verlaufende Hautfalte über dem Nasenrücken. Die Schafe sind hornlos und haben Stehohren. Der Hals ist kurz und dick, der Rücken breit, die Schenkel sind gut bemuskelt, das Fundament ist kräftig.

Île de France. (© Archiv Ringdorfer)

LEISTUNGSDATEN – Île de France

Fruchtbarkeit: 1,5–1,7 Lämmer
Erstablammalter: 18 Monate
Altwidder: 70 kg
Schafe: 80 kg
Wolle Widder: 6,0–7,0 kg
Wolle Schafe: 4,0 kg

Zuchtziel: Verbesserung der Widerstandsfähigkeit und Fruchtbarkeit bei hoher Fleischleistung.

Dorperschaf (DO)

Grundlage dieser Rasse bildete das „Blackheaded Persian". Nach Kreuzungsversuchen mit verschiedenen Rassen Mitte des 20. Jahrhunderts erwies sich das „Dorset Horn" als beste Kombination. Das Dorset Horn ist eine kurzwollige Fleischrasse. Man wollte die Anspruchslosigkeit des Blackheaded Persian mit mehr Fleischwüchsigkeit kombinieren. In geringem Ausmaß ist die südafrikanische Lokalrasse Ronderib Afrikaner beteiligt. Der Name setzt sich jeweils aus den drei ersten Anfangsbuchstaben der Ausgangsrassen zusammen.

Das Dorperschaf ist eine mittelgroße Schafrasse. Kopf und Hals sind schwarz, die übrigen Körperteile sind weiß. Kopf, Bauch und Beine sind behaart. Die obere Hälfte des Rumpfes ist mit einer Mischwolle bedeckt, die im Sommer abgeworfen wird.

Dorper. (© Ferdinand Ringdorfer)

Das Schaf ist hornlos, hat einen langen und breiten Rücken, eine tiefe Brust, eine starke Keulenausbildung und einen Fettsteiß. Es ist ein sehr widerstandsfähiges und anspruchsloses Schaf mit saisonalem Brunstzyklus.

LEISTUNGSDATEN – Dorperschaf

Fruchtbarkeit: 1,6–2 Lämmer pro Jahr
Erstablammalter: 18 Monate
Jährlingsgewicht Widder: 70 kg
Jährlingsgewicht Schafe: 60 kg
Altwidder: 135 kg
Schafe: 80 kg
Zuchtziel: Erhaltung der Widerstandsfähigkeit und der guten Fleischqualität.

Rouge de l'Ouest

Die Rasse Rouge de l'Ouest ist eine französische Fleischrasse mit einem gedrungenen Körperbau. Durch Importe von reinrassigen Tieren aus Frankreich wurde eine Schweizer Population aufgebaut. Die Eintragung ins Schweizer Herdebuch erfolgte im Jahre 1998. Von dort aus erfolgten Importe nach Vorarlberg.

Es handelt sich um eine ausgesprochene Fleischrasse mit gedrungenem Körperbau, guten Muttereigenschaften, hoher Milch- und Fleischleistung und eher feinem Fundament.

Rouge de l'Ouest. (© Archiv Ringdorfer)

Der Kopf ist mittellang mit breitem Maul, die mittellangen Ohren werden waagrecht getragen. Der Kopf und die Gliedmaßen sind unbewollt und von roter bis rosaroter Farbe. Das Vlies ist reinfarbig weiß mit kurzem Stapel.

LEISTUNGSDATEN – Rouge de l'Ouest

Fruchtbarkeit: 1,5 Lämmer pro Jahr
Erstablammalter: 18 Monate
Jährlingsgewicht Widder: 80 kg
Jährlingsgewicht Schafe: 60 kg
Altwidder: 95 kg
Schafe: 65 kg
Wolle Widder: 4,0–6,0 kg
Wolle Schafe: 2,5–4,0 kg
Zuchtziel: beste Ausprägung der wertbestimmenden Körperpartien, wie Schulter, Rücken und Keule.

MILCHRASSEN

Die zwei im deutschsprachigen Raum am weitesten verbreiteten Schafrassen für die Milcherzeugung sind das Ostfriesische Milchschaf und das Lacaune. In der Zucht geht es vor allem um die Milchmenge und Milchinhaltsstoffe, aber auch um die Vitalität und Widerstandsfähigkeit der Tiere.

Ostfriesisches Milchschaf (OM)

Diese Rasse wurde bereits im 16. Jahrhundert wegen ihrer hervorragenden Fruchtbarkeit erwähnt und war ursprünglich in Ostfriesland beheimatet. Dieses Schaf wurde speziell auf hohe Milchleistung gezüchtet. Es ist ein mittelschweres, rahmiges, frohwüchsiges und geschlechtsfrühreifes Tier. Der Kopf ist länglich, mit edlem Ausdruck, leicht geramst, hornlos und unbewollt. Die Ohren sind lang, dünn und nach vorne gerichtet. Es hat eine tiefe, breite Brust und einen langen Rücken. Die Gliedmaßen sind fein mit straffer Fessel. Typisches Kennzeichen ist der dünne, lange und unbewollte Schwanz. Die Wolle ist weiß, braun oder schwarz, hat einen gleichmäßig geschlossenen Stapel von mittlerer Feinheit. Das Euter ist breit angesetzt und hat kräftige, seitlich nach unten abstehende Zitzen.

Das Schaf hat einen saisonalen Brunstzyklus mit sehr hoher Fruchtbarkeit.

Ostfriesisches Milchschaf. (© Ferdinand Ringdorfer)

LEISTUNGSDATEN – Ostfriesisches Milchschaf

Fruchtbarkeit: 2 Lämmer pro Jahr
Erstablammalter: 18 Monate
Jährlingsgewicht Widder: 70 kg
Jährlingsgewicht Schafe: 55 kg
Altwidder: 100 kg
Schafe: 70 kg
Wolle Widder: 4,0–6,0 kg
Wolle Schafe: 3,0–4,5 kg
Milchleistung in der 2. Laktation: 450–650 kg bei 55 kg Fett
Zuchtziel: Verbesserung der Milchleistung, der Widerstandsfähigkeit, der Euterform sowie der Melkbarkeit.

Lacaune (LA)

Es ist dies eine bodenständige Rasse aus den Bergen von Lacaune im Südosten des Departements Tarn in Frankreich. Durch entsprechende Selektion wurde die Milchleistung seit 1870 stark verbessert. Das Zuchtbuch wurde 1928 gegründet, Milchleistungskontrollen finden seit 1945 statt.

Das Lacaune-Milchschaf ist ein mittelschweres bis schweres Schaf. Der Kopf ist lang und schlank mit geradem oder leicht ramsigem Profil. Die Stirn ist leicht gewölbt, breit und mit kurzem Ansatz. Der Kopf ist mit feinem, silbrig glänzendem Haar bedeckt. Die Augen sind groß und von schwach hellgelber Farbe. Die Ohren sind lang und horizontal abstehend. Der Rumpf ist lang und voluminös mit breitem Rücken und deutlicher Rippenwölbung. Die Rückenlinie soll von der Halsbasis bis zum Schwanzansatz gerade sein. Der Schwanz ist lang, zur Gänze bewollt und nahezu zylindrisch geformt. Die Haut ist weiß.

Lacaune. (© Ferdinand Ringdorfer)

Das Lacaune-Milchschaf ist gleichmäßig bewollt, der Bauch jedoch etwas weniger. Kopf und Genick sind unbewollt. Es ist eine saisonale Rasse, weist allerdings eine lange Brunstsaison auf.

LEISTUNGSDATEN – Lacaune

Fruchtbarkeit: 2 Lämmer pro Jahr
Erstablammalter: 18 Monate
Jährlingsgewicht Widder: 70 kg
Jährlingsgewicht Schafe: 55 kg
Altwidder: 100 kg
Schafe: 70 kg
Wolle Widder: 4,0–6,0 kg
Wolle Schafe: 3,0–4,5 kg
Zuchtziel: Verbesserung der Milchleistung, der Widerstandsfähigkeit, der Euterform sowie der Melkbarkeit.

ZUCHT DER SCHAFE

Die Bedeutung der Zucht liegt in einer gezielten Veränderung der Leistungen zwischen den Generationen. Als Zuchtziel wird meist eine Verbesserung der Fruchtbarkeits-, Fleisch-, Milch- und Wollleistung angegeben. Aber auch die Erhaltung von rassentypischen Eigenschaften des Phänotyps sowie die körperliche Fitness und Langlebigkeit sind bedeutende Ziele, die durch die Zuchtmaßnahmen entsprechend gefördert werden müssen. Dies gilt vor allem für vom Aussterben bedrohte oder gefährdete Schafrassen, die erhalten werden sollen. Eine wichtige Voraussetzung für die Auswahl der Paarungspartner ist deren Leistungspotenzial. Erst durch das Anpaaren von Tieren mit überdurchschnittlichen Leistungen kann erwartet werden, dass die Nachkommen dem Zuchtziel einen Schritt näher sind als die Elterntiere.

Von der Zucht unterscheidet sich die Vermehrung. Hier werden einfach männliche mit weiblichen Tieren gepaart, um Nachkommen zu erhalten. Leistungsmerkmale, Zuchtfortschritt, Erreichung des Zuchtzieles sind nebensächlich. Eine reine Vermehrung ist auch mit ungekörten Widdern möglich, die Zucht hingegen kann nur mit gekörten Widdern durchgeführt werden.

Eine erfolgreiche Zucht kann nur mit leistungsbetonten Tieren aus einem Zuchtbetrieb durchgeführt werden. (© Ferdinand Ringdorfer)

AUSWAHL VON SCHAFEN

Beim Einstieg in die Schafhaltung bzw. bei einer eventuellen Aufstockung des Bestandes ist die Überlegung anzustellen, wo ich die Schafe kaufe und welche Schafe ich kaufe. In vielen Fällen wird dabei der Fehler begangen, dass nach möglichst billigen Tieren Ausschau gehalten wird. Dabei wird beim Ankauf von Tieren für den Aufbau der Herde der Grundstein für den späteren Erfolg oder Misserfolg gelegt.

Eine gute Basis für eine erfolgreiche Schafhaltung ist der Ankauf von Tieren aus Zuchtbetrieben. Nur solche Tiere verfügen über eine ausreichende Leistungsangabe, und es kann davon ausgegangen werden, dass es sich auch um gesunde Tiere handelt, da ein Zuchtbetrieb eine regelmäßige Kontrolle des Gesundheitszustandes seiner Schafe durchführt. Er muss sich an bestimmten Gesundheitsprogrammen beteiligen und regelmäßige Untersuchungen seines Bestandes durchführen.

Ein gesunder Bestand ist auch ein leistungsbereiter Bestand. Es ist daher nicht unbedingt anzuraten, Schafe zu kaufen, zu denen es keine Informationen über die Abstammung, die Leistung sowie über den Gesundheitszustand gibt.

Um überhaupt einen Zuchtfortschritt zu erreichen, ist es wichtig, dass mit den besten Tieren für die Erzeugung von Nachkommen gearbeitet wird. Die Ansprüche müssen dabei umso höher gestellt sein, je weniger Tiere für die Bestandsergänzung gebraucht werden und umso mehr Nachkommen zu erwarten sind. Bei männlichen Tieren kann viel strenger selektiert werden. Man spricht dabei von der Selektionsschärfe oder der Selektionsintensität. Neben der Selektionsintensität hängt der Zuchtfortschritt aber auch sehr stark davon ab, wie gut die Leistungen der Tiere beurteilt werden.

KÖRUNG

Mit der Körung, die meist von einem Organ der Zuchtorganisation durchgeführt wird, entscheidet sich, ob ein Tier für die Zucht tauglich ist oder nicht bzw. ob es in das Herdebuch aufgenommen werden kann. Wer also Zuchttiere verkaufen möchte, muss gekörte Schafe und Widder einsetzen. Damit ist gesichert, dass die Tiere in den Leistungen und im äußeren Erscheinungsbild dem Zuchtziel bzw. dem Rassentyp entsprechen. Nur Nachkommen von gekörten Tieren können auch wieder als Zuchttiere verkauft werden.

HERITABILITÄT UND SELEKTION

Der sichtbare Erfolg der Zucht auf ein bestimmtes Merkmal hin hängt von der Selektionsintensität und dem Grad der Erblichkeit (Heritabilität) ab. Der Heritabilitätskoeffizient gibt Auskunft über den prozentuellen Anteil des erblich bedingten Unterschiedes zwischen den Leistungen zweier Tiere einer Paarungsgemeinschaft (siehe Tabelle 3). Wenn sich z. B. zwei leistungsgeprüfte Widder in den täglichen Zunahmen um 200 Gramm unterscheiden, dann beträgt bei einer Heritabilität von 0,6 (= 60 %) der zu verbessernde Anteil in der Reinzucht 120 Gramm. Je höher der Heritabilitätskoeffizient ist, desto weniger kann das betreffende Leistungsmerkmal durch Veränderung der Umweltverhältnisse beeinflusst werden. Umgekehrt spielen Umwelteinflüsse für Merkmale mit sehr niedriger Heritabilität eine große Rolle.

Tabelle 3: Heritabilitätskoeffizienten (h^2) verschiedener Leistungsmerkmale.

Merkmal	h^2
Wurfgröße	0,10–0,20
Ablammprozent	0,00–0,10
Milchertrag	0,10–0,20
Geburtsgewicht	0,10–0,40
Zunahme	0,14–0,63
Fleisch-Fett-Verhältnis	0,69
Muskel-/Fettdicke	20–25

Eine gleichzeitige Zucht auf mehrere Merkmale hin verringert den Erfolg jedes einzelnen Merkmales.

Es gibt auch markante Merkmale, die durch andere Merkmale negativ beeinflusst werden. Solche Merkmalsantagonismen liegen z. B. bei der Zucht auf Fruchtbarkeit und Fleischleistung vor. Die Zucht auf Fleischleistung führt aufgrund der relativ hohen Heritabilität eher zu einem brauchbaren Erfolg, bewirkt aber andererseits, dass die Fruchtbarkeit darunter leidet. In diesem Fall spricht man von einer negativen genetischen Korrelation. Eine positive genetische Korrelation besteht, wenn z. B. durch die Verbesserung der Tageszunahmen auch gleichzeitig die Futterverwertung verbessert wird.

ZUCHTWERTSCHÄTZUNG UND LEISTUNGSPRÜFUNG

Voraussetzung jeder Zuchtarbeit ist die Durchführung von Leistungsprüfungen. Erst die Beurteilung der Leistung von Einzeltieren, von ganzen Herden oder von Populationen gibt Auskunft über den Erfolg von züchterischen Maßnahmen. Weiters ist dadurch erst eine Zuchtauswahl möglich, und es können Rassenvergleiche sowie Vergleiche zwischen Betrieben angestellt werden. Wenn die Leistungen der Elterntiere nicht bekannt sind, kann auch keine gezielte Paarung durchgeführt werden und die Leistungen der Nachkommen sind reine Glückssache. Um die Leistung eines Tieres zu kennen, muss diese geprüft werden. Dabei ist die Frage zu stellen: Welche Merkmale können überhaupt geprüft werden? Die Antwort ist einfach: Es können nur Merkmale geprüft werden, die sich auch messen lassen. Im Zuchtziel kann zwar formuliert sein, dass es Ziel ist, die Widerstandsfähigkeit der Rasse zu verbessern, aber ohne konkrete Vorstellung davon, wie diese gemessen werden kann, wird dieses Zuchtziel nicht erreicht werden.

Die Leistungsprüfung kann entweder auf einer Station erfolgen oder im Feld, also in den Betrieben durchgeführt werden. Der Vorteil der Stationsprüfung ist, dass für alle Tiere die gleichen Umweltbedingungen herrschen. Die genetisch bedingten Unterschiede in den Leistungen werden dabei besser erfasst. Als Nachteil der Stationsprüfung ist der sehr hohe finanzielle Aufwand anzuführen.

Bei der sogenannten Feldprüfung besteht ein relativ geringer finanzieller Aufwand, die Leistungen unterliegen jedoch den unterschiedlichsten Umwelteinflüssen, sodass die genetischen Unterschiede nicht immer voll erkannt werden können. Dafür kann eine größere Anzahl von Schafen geprüft werden.

In der Schafzucht wird zwischen Fruchtbarkeits-, Fleisch-, Milch- und Wollleistung unterschieden. Neben diesen Produktionsmerkmalen werden in der Zuchtwertschätzung aber auch noch sogenannte Fitnessmerkmale berücksichtigt. Dazu zählen Erstlammalter, Zwischenlammzeit, Anzahl lebend geborener Lämmer und bei den Milchschafen auch noch die Zellzahl sowie die Persistenz. Daneben gibt es noch eine Exterieurbewertung nach einer Notenskala von 1 bis 9, wobei 1 sehr schlecht ist und 9 ausgezeichnet.

Die Durchführung der Leistungsprüfung obliegt den nationalen und/oder regionalen Zuchtverbänden. In Österreich beispielsweise hat jedes Bundesland einen eigenen Schafzuchtverband. Vom Schafzuchtverband wird auch das Herdebuch geführt. Im Herdebuch sind sämtliche für die Zucht geeigneten Tiere eingetragen. Die jeweiligen Anforderungen an die Züchter sind von Schafzuchtverband zu Schafzuchtverband etwas unterschiedlich, die Grundlagen unterliegen jedoch einem bundesweit einheitlichen Zuchtprogramm. Die Durchführung der Zuchtwertschätzung erfolgt von der Zucht-Data EDV-Dienstleistungen GmbH in Wien im Auftrag des Österreichischen Bundesverbandes für Schafe und Ziegen. Die Zuchtwertschätzung wird kontinuierlich (wöchentlich) durchgeführt, und zweimal jährlich gibt es einen Hauptschätztermin. Alle Relativzuchtwerte sind auf einen Mittelwert von 100 bei einer Streuung von 12 Punkten aufgrund der wahren genetischen Standardabweichung eingestellt. Werte über 100 sind aus züchterischer Sicht wünschenswert.

Das Ziel der Zuchtwertschätzung ist die Rangierung der Tiere einer Population nach ihrem züchterischen Wert. Dies soll für den Schafhalter eine Hilfe bei der gezielten Auswahl von Schafen für die weitere Zuchtverwendung sein.

Zuchtwertschätzung

Das Prinzip der Zuchtwertschätzung beruht auf zwei Tatsachen:

a. die Leistung eines Tieres wird von der genetischen Veranlagung und von den Umweltbedingungen bestimmt. Die Formel lautet Leistung = Genetik + Umwelt. Die Zuchtwertschätzung versucht, die genetischen Einflüsse von den umweltbedingten Einflüssen zu trennen.
b. über die genetische Veranlagung eines Tieres sagt nicht nur die eigene Leistung etwas aus, sondern auch die Leistungen verwandter Tiere, weil diese Tiere einen gewissen Anteil gleicher Gene haben.

Mit der Methode des BLUB-Tiermodells werden die Zuchtwerte aller Tiere unter Einbeziehung aller Verwandtschaftsinformationen geschätzt. Die Sicherheit dieser Schätzung hängt von der Anzahl und Qualität der Informationen ab. Die Angabe der

Sicherheit erfolgt üblicherweise in Prozent, wobei 100 % einen zuverlässig geschätzten Zuchtwert bedeuten. Aber auch der Erblichkeitsgrad (Heritabilität) hat einen Einfluss auf die Genauigkeit der Schätzung. Eine vollständige und exakte Meldung aller Daten kann die Heritabilität und somit die Genauigkeit und Sicherheit der Zuchtwerte erhöhen.

Fruchtbarkeitserhebung

Die Erhebung der Fruchtbarkeitsmerkmale erfolgt über die Geburtsmeldungen der Betriebe an die Zuchtorganisationen. Aufgrund dieser Daten können die für die Fruchtbarkeit maßgeblichen Parameter, wie Aufzuchtindex (AI), Erstlammalter (ELA), durchschnittliche Zwischenlammzeit (ZLZ) und Zwillingsprozente (Z%), errechnet werden. Diese Fruchtbarkeitsdaten bilden die Basis für die Zuchtwertschätzung im Bereich Fitness.

Eine Verbesserung der Fruchtbarkeitsleistung ist also mit einer Verkürzung der Zwischenlammzeit, einer Verminderung der Aufzuchtverluste und Totgeburten sowie einer Erhöhung der Lämmerzahl je Ablammung zu erreichen.

Die Fruchtbarkeit, d. h. die Anzahl der verkauften Lämmer je Mutterschaf und Jahr, ist ein wichtiges Merkmal der Wirtschaftlichkeit. (© Ferdinand Ringdorfer)

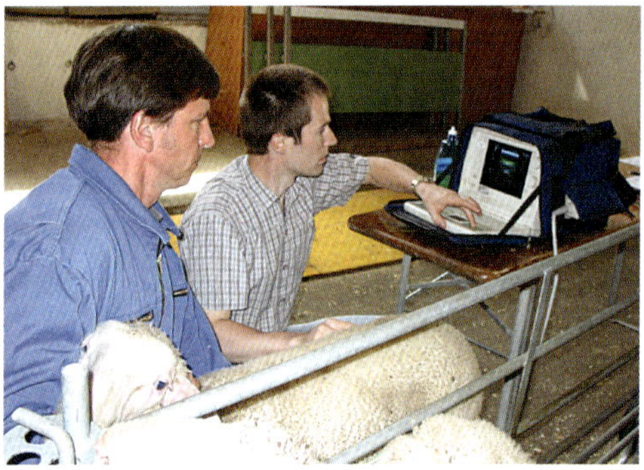

Prüfung des Fett- und Muskelanteiles mit Ultraschall am lebenden Tier. (© Ferdinand Ringdorfer)

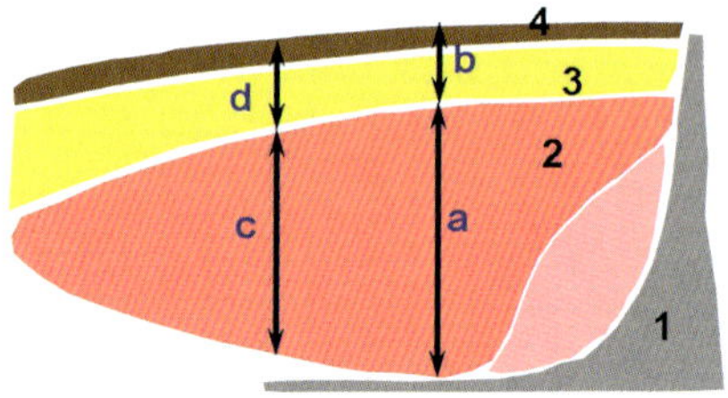

Grafik 3: Schematische Darstellung der Muskel- und Fettmessung am Ultraschallbild.
(© Archiv Autoren)

Im Zusammenhang mit der Fruchtbarkeitsleistung sind die Bezeichnungen Ablammergebnis, Aufzuchtergebnis und Produktivitätszahl zu nennen. Unter dem Ablammergebnis versteht man die Anzahl der geborenen Lämmer pro abgelammtem Mutterschaf. Das Aufzuchtergebnis ist dementsprechend die Anzahl der aufgezogenen Lämmer pro abgelammtem Schaf. Die Produktivitätszahl hingegen ist die Anzahl aufgezogener Lämmer bezogen auf die dem Widder zugeführten Schafe. Wenn alle Schafe ablammen, dann sind Aufzuchtergebnis und Produktivitätszahl gleich groß. Diese Ergebnisse werden in Prozent angegeben. So bedeutet z. B. ein Aufzuchtergebnis von 200 %, dass das Schaf zwei Lämmer aufgezogen hat.

Fleischleistungsprüfung

Die Fleischleistung ist speziell für die Lammfleischerzeugung von Bedeutung. Relevante Merkmale sind dabei die täglichen Zunahmen, die Fleischigkeit und der Verfettungsgrad der Lämmer.

In Österreich beispielsweise wird diese Bewertung anhand der Leistungsprüfungsmethode mittels Ultraschall vorgenommen. Dabei handelt es sich um eine Eigenleistungsprüfung im Feld. Das bedeutet, dass die Tiere in den Betrieben unter unterschiedlichen Bedingungen gehalten und aufgezogen werden.

Die für die Zucht vorgesehenen Tiere werden bei Erreichen eines Lebendgewichtes zwischen 30 und 45 kg geprüft. Dabei darf das Alter nicht mehr als 150 Tage betragen. Ermittelt werden die Tageszunahmen, der Fettanteil und der Fleischanteil.

Bei der Ultraschallprüfmethode wird im Bereich zwischen 3. und 4. Lendenwirbel ein Bild des Querschnittes gemacht (siehe Grafik 3). Anhand des Ultraschallbildes werden nach einem standardisierten Verfahren die Muskel- und Fettdicke erhoben, welche die Basis für die Zuchtwertschätzung im Bereich Fleisch bilden.

Milchleistungsprüfung

Obwohl die Milchleistung auch im Betriebszweig Lammfleischerzeugung von Bedeutung wäre, wird dieses Leistungsmerkmal nur in der Milchschafhaltung erhoben. Die Höhe der Milchleistung schwankt in Abhängigkeit von der genetischen Veranlagung, Fütterung und Melktechnik. Schafe werden in der Regel zweimal täglich gemolken.

Neben der täglichen Milchmenge sind vor allem die Milchinhaltsstoffe Fett und Eiweiß von Bedeutung. Aus dem prozentuellen Fett- und Eiweißgehalt sowie der Milchmenge werden die Fettmenge und die Eiweißmenge errechnet. Die Standardlaktation beträgt bei den Schafen 240 Tage. Die Laktationsleistung kann sich in einem Bereich von 450 bis 600 kg bewegen.

Die erste Kontrolle nach der Ablammung muss innerhalb von 70 Tagen erfolgen. In der Folge wird in einem Abstand von rund 35 Tagen kontrolliert. Die Kontrolle wird von einem Kontrollorgan des Landeskontrollverbandes durchgeführt, und zwar abwechselnd, einmal am Morgen und das nächste Mal am Abend. Die erhobenen Werte sind die Basis für die Zuchtwertschätzung Milch. Zusätzlich finden die in der Milchleistungsprüfung erhobene Zellzahl sowie die Persistenz der Tiere Berücksichtigung in der Zuchtwertschätzung Fitness.

Wollleistung

Aufgrund der geringen Bedeutung der Wolle hat auch die Prüfung der Wollleistung an Bedeutung verloren. Früher war die Wollleistung in vielen Ländern Grundlage der Zuchtauswahl beim Schaf. Heute beschränkt sich die Prüfung lediglich auf eine subjektive Beurteilung bei der Herdebuchaufnahme. Dabei wird in erster Linie auf Wollfeinheit und eventuelle Wollfehler geachtet.

ZUCHTMETHODEN

Grundsätzlich unterscheidet man zwischen der Reinzucht und der Kreuzung.

Eine wichtige Frage ist, wie das definierte Zuchtziel durch entsprechende Zuchtmaßnahmen erreicht werden kann. Eines muss dabei klar sein: Jede Zuchtmaßnahme kann nur so viel an Leistung bringen, wie Leistungsgene in der Ausgangspopulation vorhanden sind. Die erbrachten Leistungen werden aber nicht nur von den Genen bestimmt, auch die Umwelteinflüsse spielen eine bedeutende Rolle. Genetische Veranlagung und Umwelteinflüsse ergeben die phänotypische Leistung, also jene Leistung, die wir messen können, wie z. B. die tägliche Zunahme oder die tägliche Milchmenge.

Aufgabe der Zucht ist es, die genetische Veranlagung für ein oder mehrere Merkmale zu verbessern. Dabei ist allerdings auch auf Merkmalsantagonismen zu achten.

Gewisse Merkmale stehen in negativer Korrelation zueinander, das bedeutet, die Verbesserung in einem Merkmal kann eine Verschlechterung in einem anderen bringen. Merkmale der Fruchtbarkeit stehen in negativer Korrelation zu Merkmalen der Fleischleistung.

Reinzucht

Die Reinzucht beinhaltet die Zuchtwahl und Paarung innerhalb einer Rasse bzw. Population. Ziel ist es, eine Ausgeglichenheit in der Population in den gewünschten Leistungseigenschaften zu erzielen. Voraussetzung für den Erfolg ist eine gute Heritabilität und genetische Variation der Leistungsmerkmale. In kleinen Populationen ist darauf zu achten, dass man nicht in die Inzucht gerät, weil es dadurch wieder zu Leistungsdepressionen kommen kann. Daher ist der Einsatz von Vatertieren aus derselben Rasse, aber aus verschiedenen Zuchtgebieten erwünscht.

Die Variation der Mastleistung und des Schlachtkörperwertes ist bei den meisten Schafrassen sehr groß, sodass durch Reinzucht ein entsprechender Fortschritt erzielt werden kann. Das heißt also, dass bei den Fleischrassen die Reinzucht auf Mast- und Schlachtleistung gute Erfolge bringt.

Erst wenn in einer Population keine Anlagen für ein höheres Leistungsniveau vorhanden sind oder die genetische Variation sehr eng ist, bringt eine Selektion nur mehr einen geringen Fortschritt.

Fruchtbarkeitsmerkmale haben eine geringe Heritabilität, jedoch eine große Variation. Bei Rassen, wo die Fruchtbarkeit im Vordergrund stehen soll, ist der Erfolg der Zucht nicht so rasch sichtbar, es sollte jedoch trotzdem in Richtung Reproduktionsleistung gezüchtet werden. Es wäre sicher leichter, aus dem Bergschaf ein „Fleischschaf“ zu machen, als die Fruchtbarkeit zu verbessern.

Die Wirtschaftlichkeit der Schafhaltung und speziell der Lammfleischerzeugung hängt neben einer guten Mast- und Schlachtleistung auch sehr wesentlich von der Fruchtbarkeit ab. Beide Merkmale in einer Rasse zu vereinen, ist wegen der bereits erwähnten Merkmalsantagonismen nicht möglich.

Das Merinolandschaf ist eine Schafrasse, die über eine sehr gute Fruchtbarkeit bei asaisonalem Brunstzyklus verfügt und dabei auch noch Schlachtkörper mit sehr guter Qualität liefert. Voraussetzung ist jedoch, dass die eingesetzten Böcke leistungsgeprüft sind.

Kreuzungszucht

Ändern sich die Marktwünsche kurzfristig und ist die genetische Varianz begrenzt, so kann mit Tieren aus einer fremden Population eine „Blutauffrischung“ erfolgen. Auf die Methoden der Veredelungskreuzung (Verbesserung einiger erwünschter Leistungsmerkmale der Ausgangsrasse durch eine neue Rasse, ohne die charakteristischen Eigenschaften der Ausgangsrasse zu verändern) und der Verdrängungskreuzung (wiederholtes Einkreuzen einer Leistungsrasse in eine Ausgangsrasse, bis die Ausgangsrasse wie die Leistungsrasse ist) soll hier nicht näher eingegangen werden, sondern nur die Gebrauchskreuzung näher beschrieben werden.

Gebrauchskreuzung

Wie der Name bereits zum Ausdruck bringt, handelt es sich dabei um die Erzeugung von Nachkommen, die nicht für die weitere Zucht bestimmt sind, sondern geschlachtet werden, also für die Fleischerzeugung Verwendung finden.

Bei der Gebrauchskreuzung werden spezielle Kombinationseffekte, sogenannte Heterosiseffekte, ausgenützt. Der Heterosiseffekt ist umso größer, je unterschiedlicher die genetische Struktur der Ausgangsrassen ist.

Die einfachste Form einer Gebrauchskreuzung ist die Zweirassenkreuzung (siehe Grafik 4). Ausgangsbasis sind reinrassige Tiere verschiedener Rassen. Dabei macht man sich die hohen Fruchtbarkeitsleistungen einer Rasse und die hohen Mast- und Schlachtleistungen einer anderen Rasse zunutze. Als Beispiel ist die Kreuzung des Bergschafes als fruchtbare Mutterlinie mit Widdern einer Fleischrasse zu erwähnen. Als Fleischwidder eignen sich besonders die Rassen Suffolk oder Schwarzköpfiges Fleischschaf. Beim Einsatz des Texel ist darauf zu achten, dass dieses im Frühjahr ein schlechteres Befruchtungsergebnis erreicht.

Das Bergschaf als asaisonale Rasse kann zur Lämmererzeugung mit einer Fleischrasse gekreuzt werden, um frohwüchsige, vitale Lämmer mit guten Schlachtkörpern zu erhalten. (© Ferdinand Ringdorfer)

Grafik 4: Schematische Darstellung einer Zweirassenkreuzung. (© Archiv Autoren)

Die Kreuzungslämmer haben im Vergleich zu den reinrassigen Lämmern eine bessere tägliche Zunahme und damit verbunden auch eine bessere Futterverwertung. Eine bessere Futterverwertung bedeutet weniger Kosten beim Futteraufwand, die rasche Zunahme bedeutet eine verkürzte Mastdauer und somit weniger Arbeit, weniger Risiko und raschere Einnahmen. Weiters ist der Fleischanteil der Kreuzungslämmer höher und der Fettanteil niedriger.

Tabelle 4: Mast- und Schlachtleistungsergebnisse von reinen Bergschaflämmern im Vergleich zu Kreuzungslämmern.

Merkmal	B x B	S x B	Su x B	T x B
Tägl. Zunahme, g	305	322	343	342
Futterverwertung, MJ ME/kg Zun.	46,96	45,27	43,2	42,42
Schlachtausbeute, %	49,48	48,26	48,64	49,16
Fleisch in der Keule, %	64,42	64,74	65,06	67,39
Rückenmuskelfläche, cm²	12,73	13,03	13,25	14,39

B x B = weißes Bergschaf, S x B = Schwarzkopf mit Bergschaf, Su x B = Suffolk mit Bergschaf, T x B = Texel mit Bergschaf

Die Ergebnisse in Tabelle 4 stammen aus einem Fütterungsversuch, welcher an der HBLFA Raumberg-Gumpenstein durchgeführt wurde. Die Lämmer bekamen Kraftfutter und Grummet zur freien Aufnahme. Der Versuch erstreckte sich über einen Lebendgewichtsbereich von 20 bis 42 kg.

Von der Fleischfülle ist die Kreuzung mit Texel allen anderen Kreuzungslämmern und natürlich auch den Reinzuchtlämmern deutlich überlegen. In der Futterverwertung sind die Kreuzungslämmer den reinen Bergschaflämmern ebenfalls überlegen.

KENNZEICHNUNG DER SCHAFE

Im Zuchtbetrieb ist eine ordnungsgemäße Kennzeichnung der Schafe und Lämmer eine der wichtigsten Voraussetzungen. Die Abstammung muss über mehrere Generationen zurückreichend bekannt sein. Vor allem die richtige Zuordnung der Lämmer zu ihren Müttern kann bei einer großen Anzahl an Ablammungen zur gleichen Zeit eine Herausforderung sein.

Wurden früher die Zuchttiere durch Tätowierung einer Nummer ins Ohr gekennzeichnet, so ist heute die Kennzeichnung in der jeweiligen nationalen Tierkennzeichnungsverordnung geregelt. Gemäß der österreichischen Verordnung (TKZVO BGBl. Nr. 210/2005) muss jedes geborene Tier innerhalb einer Frist von sechs Monaten ab dem Geburtsdatum, spätestens jedoch vor dem erstmaligen Verlassen des Geburtsbetriebes gekennzeichnet werden. Die Kennzeichnung kann entweder mit zwei Ohrmarken oder mit einer Ohrmarke und einem elektronischen Transponder erfolgen.

Abweichend davon können Herdebuchbetriebe entscheiden, alle ihre Tiere mit einer Ohrmarke und einer Tätowierung zu kennzeichnen. Ohrmarken dürfen nur von der zuständigen Behörde vergeben werden. In Österreich etwa sind nur die von den zugelassenen Ohrmarkenvergabestellen (OMVs) ausgegebenen amtlichen Ohrmarken für die Kennzeichnung zulässig. Wird mittels Ohrmarke und Tätowierung (nur Herdebuchbetriebe) oder mittels Ohrmarke und Transponder gekennzeichnet, so ist dies an die OMV zu melden.

Jede Ohrmarke besteht aus einem Loch- und einem Dornteil. Der Lochteil weist den in zwei Buchstaben ausgedrückten Ländercode und einen individuellen Code aus neun Ziffern auf. Die Vergabe des neunstelligen Codes wird in Österreich zentral vom Veterinärinformationssystem verwaltet.

Bei Verlust oder Unleserlichkeit eines der beiden amtlichen Kennzeichen ist das betreffende Tier vom Tierhalter fristgerecht neuerlich zu kennzeichnen. Das Ersatzkennzeichen kann aus einer Ohrmarke oder einem elektronischen Transponder bestehen und muss von der ausgebenden Behörde sowohl dem anfordernden Betrieb als auch dem Einzeltier zugeordnet werden.

Beim Import von Schafen darf die ursprüngliche Kennzeichnung nicht entfernt werden. Zusätzlich ist jedes aus einem Drittland importierte Tier innerhalb von 14 Tagen gemäß gültiger Tierkennzeichnungsverordnung zu kennzeichnen. Der Tierhalter muss der Ohrmarkenvergabestelle sowohl das ursprüngliche Kennzeichen als auch den Kenncode der Ohrmarke, welche für das Importtier verwendet wurde, bekannt geben.

Eine ordnungsgemäße Kennzeichnung der Schafe ist Voraussetzung für die Zucht und ist auch in der Tierkennzeichnungsverordnung geregelt. (© Ferdinand Ringdorfer)

FORTPFLANZUNG DER SCHAFE

Fortpflanzung, Vermehrung und Zucht sind die Grundlagen jeder Schafhaltung. Würden sich Schafe nicht fortpflanzen, wären sie bereits ausgestorben.

Mit Beginn der Geschlechtsreife, welche bei den verschiedenen Rassen etwas früher oder später eintreten kann, beginnt die Bildung reifer Geschlechtszellen bzw. treten erste Brunsterscheinungen auf. Für die Fortpflanzung ist jedoch die Zuchtreife entscheidend. Die Zuchtreife ist abhängig von Rasse, Alter und Entwicklungszustand der Tiere.

Wir kennen frühreife Rassen, die bereits in einem Alter von 12 bis 14 Monaten das erste Mal ablammen. Frühreife Rassen sind meist saisonal, wie z. B. das Milchschaf oder das Texel.

Weiters gibt es noch mittel- bis spätreife Rassen, welche im Alter von 15 bis 18 Monaten das erste Mal ablammen. Hierbei handelt es sich meist um asaisonale Rassen, wie z. B. das Bergschaf oder das Merinolandschaf.

Allgemein kann man sagen, dass weibliche Tiere bei der ersten Anpaarung mindestens 70–75 % jenes Körpergewichtes haben sollen, welches sie im ausgewachsenen Zustand erreichen. Werden die Schafe zu früh belegt, bleiben sie in ihrer körperlichen Entwicklung zurück und können das auch später nicht mehr aufholen.

BRUNST

Die Sexualfunktion des Schafes ist gekennzeichnet durch den regelmäßig wiederkehrenden Zyklus der Brunst, auch Paarungsbereitschaft genannt. Äußerlich erkennbare Anzeichen der Brunst sind unter anderem Anschwellen und Rötung der Schamlippen, ein Ausfluss von Brunstschleim und damit auch die Absonderung von Duftstoffen, eine gewisse Unruhe, die Suche nach Nähe zum Widder und die Duldung des Aufsprunges durch den Widder.

Im Zusammenhang mit dem jahreszeitlichen Auftreten der Brunst unterscheiden wir zwischen saisonalen und asaisonalen Rassen bzw. zwischen Rassen mit verlängerter Brunstsaison.

Saisonale Rassen

Bei den saisonalen Rassen, wie z. B. Texel oder Milchschaf, beginnt die Brunst mit dem Abnehmen der Tageslänge. Die Zeit der Paarungsbereitschaft ist zeitlich begrenzt und so ausgewählt, dass die Geburt im zeitlichen Frühjahr stattfindet. Die Ablammung erfolgt somit noch im Stall, und bis die Schafe auf die Weide kommen, sind die Lämmer auch schon kräftig genug. Das Futterangebot auf der Weide und somit die Nährstoffversorgung der laktierenden Schafe ist sehr groß, und somit können die Jungen gut aufgezogen werden. Außerdem können die jungen Lämmer das frische, junge Weidegras schon sehr gut aufnehmen und verwerten.

Asaisonale Rassen

Diese Rassen, wie z. B. das Bergschaf oder das Merinolandschaf, zeigen das ganze Jahr hindurch Paarungsbereitschaft. Es ist jedoch auch bei den asaisonalen Rassen eine verstärkte Brunst in der Zeit abnehmender Tageslänge zu verzeichnen.

Mit asaisonalen Rassen kann durch den gezielten Einsatz des Widders die Ablammung mit gewissen Einschränkungen zeitlich sehr gut gesteuert werden. Dies bringt einen Vorteil für die Vermarktung der Lämmer. Es können Lämmer somit gezielt dann auf den Markt gebracht werden, wenn die Nachfrage sehr gut ist und auch ein guter Preis erzielt wird.

Aber auch im Falle der Almhaltung der Schafe ist es sinnvoll, den Widder gezielt einzusetzen, damit keine Ablammungen auf der Alm erfolgen. Ablammungen während der Almhaltungszeit sind meistens mit sehr hohen Lämmerverlusten verbunden.

Rassen mit verlängerter Brunstsaison

Hierzu gehört z. B. das Schwarzköpfige Fleischschaf, welches über einen längeren Zeitraum, vom Spätsommer bis in den Spätherbst hinein, brünstig werden kann. Einzelne Ausnahmen gibt es auch außerhalb dieser Zeit, sodass auch im Herbst hin und wieder ein Schwarzkopflamm zur Welt kommt. Die männlichen Tiere dieser Rassen zeigen meist eine ganzjährige Paarungsbereitschaft und können so als Kreuzungspartner von asaisonalen Rassen eingesetzt werden.

TRÄCHTIGKEIT

Mit der erfolgreichen Belegung (Befruchtung) beginnt die Trächtigkeit des Schafes. Typische Kennzeichen der Trächtigkeit sind das Ausbleiben der Brunst, ein ruhigeres Verhalten, die Vergrößerung des Bauchumfanges und das Wachstum und die Entwicklung der Milchdrüse (Euter). Die beiden letzten Eigenschaften sind jedoch erst ab dem 4. Trächtigkeitsmonat zu bemerken. Die erblich bedingte Dauer der Trächtigkeit unterliegt rassebedingten bzw. individuellen Unterschieden und beträgt im Durchschnitt rund 150 Tage. Bei Mehrlingsträchtigkeiten ist die Tragezeit aufgrund der Erschöpfung der Gebärmutterkapazität meist um einige Tage verkürzt.

„Der Bock ist die halbe Herde“, daher ist der Einsatz von guten, leistungsgeprüften Böcken sehr wichtig. (© Ferdinand Ringdorfer)

Trächtigkeitskontrolle

Ab dem 30.–35. Tag der Trächtigkeit empfiehlt es sich, eine Kontrolle der Trächtigkeit durchzuführen. Mit einem Ultraschallgerät – die meisten Tierärzte haben eines – kann diese Kontrolle schnell und problemlos durchgeführt werden. Als nicht trächtig erkannte Tiere können nochmals zum Widder geführt werden, um eine übermäßig lange Zwischenlammzeit zu verhindern. Aus verschiedenen Gründen kann es nach erfolgreicher Befruchtung zu einem Absterben der Föten kommen.

In Herden, wo der Widder nach der Zeit der Belegung wieder von den Schafen getrennt gehalten wird, ist eine Kontrolle der Trächtigkeit von besonderer Bedeutung. In Herden, wo der Widder das ganze Jahr bei den Schafen ist, besteht immer die Möglichkeit des Nachsprunges.

GEBURT

Die Geburt ist der Vorgang, bei dem das Muttertier nach der Trächtigkeitsdauer die herangereiften Jungtiere einschließlich der Fruchthüllen aus dem Geburtsweg austreibt.

Für die Geburt oder Ablammung sind eine Reihe von Vorbereitungen zu treffen. Im Normalfall verläuft eine Geburt ohne Komplikationen und ohne Unterstützung durch den Menschen.

Waren die Föten in der richtigen Lage und hat das Mutterschaf einen guten Mutterinstinkt, dann verläuft die Geburt vollkommen unproblematisch. (© Ferdinand Ringdorfer)

Für den Fall jedoch, dass ein Eingreifen durch den Menschen notwendig ist, muss dafür Sorge getragen werden, dass die Stallapotheke mit den notwendigen Utensilien für die Geburtshilfe ausgestattet ist. Es sind dies:

- desinfizierende Seife und saubere Handtücher,
- Desinfektionsmittel (Jodlösung, auch zur Nabeldesinfektion geeignet),
- ein sauberer Wasserkübel,
- Gleitgel (wenn ein Eingriff durchgeführt werden muss),
- Nitrilhandschuhe,
- Geburtsstricke (dünne ausgekochte Baumwollstricke),
- Vitaminpräparat (als Starthilfe für schwache Lämmer).

Aber auch die Schafe selbst sollten in den letzten Wochen der Trächtigkeit eine besondere Betreuung bekommen. Es ist darauf zu achten, dass die Klauen ordentlich gepflegt und geschnitten sind.

Bei Behandlung gegen Innenparasiten ist darauf zu achten, dass geeignete Mittel eingesetzt werden (manche Mittel können eine frühzeitige Geburt auslösen).

Beim Hantieren mit den Schafen ist vorsichtig umzugehen, kein Drängen, kein unnötiger Stress.

Ausreichende Bewegungsmöglichkeit erleichtert den folgenden Geburtsverlauf.

Saubere Einstreu und genügend Platz in der Box sind notwendig, damit sich das Schaf zur Ablammung etwas von der Herde absondern kann, wenn nicht genug Ablammboxen zur Verfügung stehen.

Ablauf der Geburt

Der Geburtsverlauf kann in drei Abschnitte unterteilt werden. Es sind dies die sogenannte Eröffnungsphase, die Austreibungsphase und die Nachgeburtsphase.

Eröffnungsphase

Der Eröffnungsphase geht eine sogenannte Vorbereitungsphase voraus. Das Schaf wird zunehmend unruhig, es hört mit dem Fressen auf, häufiges Harn- und Kotabsetzen ist zu beobachten. Wenn das Schaf noch in der Herde ist, sondert es sich von dieser ab und sucht sich einen Platz, wo es ungestört ist. Weiters sind ein Einfallen der Flanken sowie die Absonderung von Schleim zu beobachten.

In dieser und auch in den folgenden Phasen ist jeglicher Stress bzw. jede Art der Störung, wie z. B. Lärm, zu vermeiden. Das Schaf muss sich ungestört auf die Geburt vorbereiten können.

Die Vorbereitungsphase geht fließend in die Eröffnungsphase über. Das Schaf legt sich nieder, steht wieder auf, legt sich wieder nieder, steht auf, scharrt mit den Vorderbeinen im Stroh, und die ersten Anzeichen von

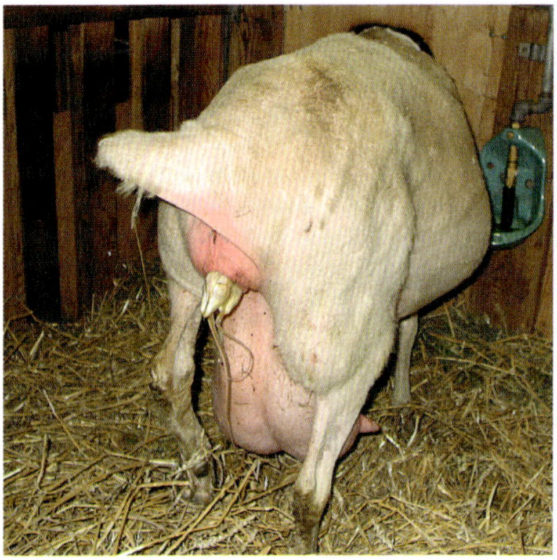

Die Vorderbeine sind bereits zu sehen. (© Ferdinand Ringdorfer)

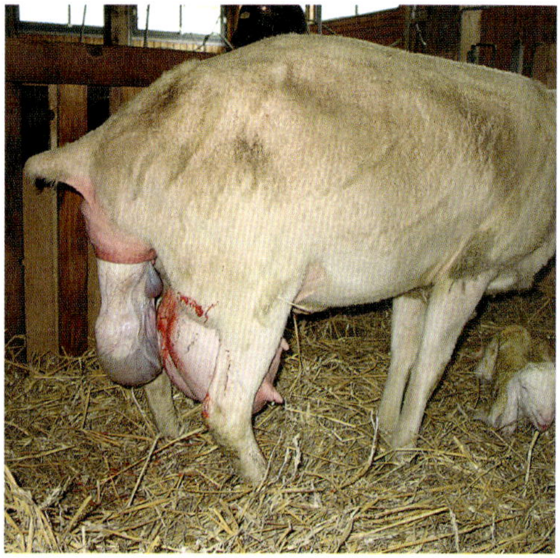

Das Lamm wird samt der Fruchthülle ausgepresst. (© Ferdinand Ringdorfer)

Wehen sind erkennbar. Gebärmutterhals und Muttermund werden zunächst ohne Wehentätigkeit geöffnet, die Föten werden in die richtige Lage gebracht. Durch das Auspressen der Fruchtblasen wird der Geburtsweg geweitet, daher darf die Fruchtblase nie geöffnet werden. Mit dem Platzen der Fruchtblasen beginnt die Austreibungsphase.

Austreibungsphase

Durch verstärktes Pressen wird das Lamm in die richtige Position gebracht und von Presswehen durch den Geburtskanal ausgetrieben. Bei normaler Vorderendlage gibt es dabei keine Probleme. Die Schafe legen sich zum Auspressen der Lämmer gewöhnlich nieder. Bei Zwillingsgeburten kommt das zweite Lamm meist 20–30 Minuten später.

Nachgeburtsphase

Nachdem die Lämmer geboren sind, setzen die Nachwehen ein, die Eihäute lösen sich von der Gebärmutter und gehen innerhalb von drei Stunden ab. Heraushängende Nachgeburtsteile dürfen nicht mit Gewalt herausgezogen werden. Wichtig ist auch, dass keine Reste in der Gebärmutter verbleiben, daher ist eine Beobachtung der Tiere nach der Geburt sehr wichtig.

Geburtshilfe

Es kommt immer wieder vor, dass das Lamm nicht in der normalen Vorderendlage liegt. In dieser Lage sind die Vorderbeine gestreckt, der Kopf liegt auf ihnen. Es kann sein, dass der Kopf unter den Vorderbeinen liegt, eines oder beide Vorderbeine abgewinkelt sind, der Kopf kann seitlich verschlagen sein, das Lamm kann auf dem Rücken liegen. In all diesen Fällen wird menschliche Hilfe notwendig sein. Dabei ist mit äußerster Vorsicht und mit größter Sauberkeit vorzugehen.

Die Hände und der Scheidenbereich des Schafes sind zu desinfizieren; am besten einen sterilen Plastikhandschuh anziehen, Gleitgel verwenden, keine langen Fingernägel tragen und mit größter Vorsicht in den

Geburtsweg eindringen. In der Wehenpause versuchen, die Lämmer in die richtige Stellung zu bringen. Dabei niemals Gewalt anwenden.

Sind die Lämmer zu stark verdreht und scheitert der Versuch, sie in die richtige Lage zu bringen, dann ist so rasch wie möglich der Tierarzt zu rufen.

Erstversorgung nach der Geburt

In den meisten Fällen geht die Geburt ohne Komplikationen und ohne Hilfe durch den Menschen vor sich. Sobald die Lämmer im Stroh liegen, beginnt die Mutter mit dem Ablecken und der erste Mutter-Lamm-Kontakt wird gebildet. Als erstes leckt das Mutterschaf das Lamm am Kopf ab, damit dieses, falls noch Fruchthäute über der Nase liegen, möglichst rasch zu atmen beginnen kann.

Sollte die Fruchthülle nicht gerissen sein, was hin und wieder vorkommen kann, und kümmert sich die Mutter nicht unmittelbar nach der Geburt um das Lamm (sei es, weil sie noch ein weiteres Lamm zur Welt bringt, oder aus mangelndem Mutterinstinkt), so ist rasch zu handeln und die Fruchthülle vom Kopf zu entfernen. Geschieht das nicht, wird das Lamm ersticken. Daher ist eine Beobachtung der Ablammungen von großer Wichtigkeit.

Kontrolle des Euters

Unmittelbar nach der Geburt ist das Euter zu kontrollieren, ob keine Euterentzündung vorliegt und der Strichkanal nicht verschlossen ist. Der Strichkanal kann durch einen dicken Fettpfropf verschlossen sein, sodass das Lamm die lebensnotwendige Biestmilch nicht aufnehmen kann. Dieser Fettpfropf muss herausgemolken werden.

Unmittelbar nach der Geburt werden die Lämmer von der Mutter abgeleckt und von den Resten der Fruchthülle befreit. (© Ferdinand Ringdorfer)

PRODUKTIONSRICHTUNG

Bevor man in die Schafhaltung einsteigt, muss man sich im Klaren darüber sein, welche Produktionsrichtung man einschlagen möchte. Mit Schafen können sehr vielfältige Produkte erzeugt werden. Dies können Fleisch, Milch oder Wolle sein, wenngleich die Wolle an Bedeutung verloren hat. Weiters kann mit Schafen auch Landschaftspflege betrieben werden. Auch diese Leistung ist als Produkt zu sehen und sollte zunehmend ökonomisch genutzt werden.

Es muss auch eine Entscheidung getroffen werden, ob man Zuchtbetrieb sein will oder sich rein auf die Herstellung von Produkten spezialisiert. Aufgrund der Rassenvielfalt und auch der unterschiedlichsten Umweltbedingungen, unter denen Schafe gehalten werden können, muss die Frage der Produktionsrichtung wohlüberlegt sein. Danach richtet sich die Auswahl der Rasse. Will man in die Fleischerzeugung einsteigen, so sind dazu ganz andere Rassen geeignet als z. B. für die Milcherzeugung.

Aber nicht nur die Rassenfrage hängt von der Produktionsrichtung ab, auch die Voraussetzungen für die Vermarktung müssen berücksichtigt werden, wenn es um die Auswahl der Produktionsrichtung geht. Der Betriebsführer muss seine Fähigkeiten und Möglichkeiten im Hinblick auf Verarbeitung und Vermarktung abschätzen und beurteilen. Es müssen die Arbeitskraftkapazitäten geprüft werden, und es muss die persönliche Vorliebe für eine Rasse bekannt sein. Jede Rasse hat ein anderes Aussehen, und es ist auch von Bedeutung, ob einem ein Schaf gefällt oder nicht. Schließlich muss man die Tiere jeden Tag im Stall oder auf der Weide betreuen und beobachten.

FLEISCHERZEUGUNG

In früherer Zeit wurde hauptsächlich das Fleisch von alten Schafen oder Hammeln gegessen. Es zeichnete sich durch einen intensiven Geschmack nach Schaf aus. Dieses sogenannte Schöpserne ist heute nicht mehr gefragt.

Heute ist die Lammfleischerzeugung die häufigste Produktionsrichtung in der Schafhaltung. In der Regel werden die Lämmer heute mit einem Lebendgewicht von rund 40 bis 45 kg geschlachtet. Dabei erreichen sie ein Alter von rund vier bis fünf Monaten. Lämmer können mit allen Rassen erzeugt werden – ob die Qualität von allen auch den Anforderungen der Konsumenten entspricht, ist eine andere Frage.

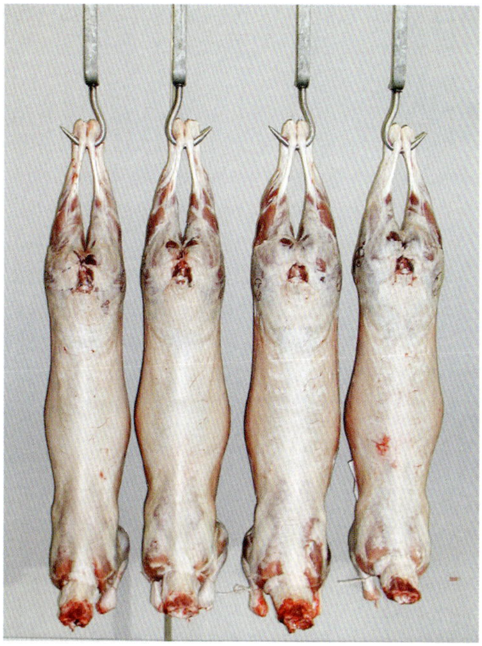

Für die Vermarktung wären einheitliche Schlachtkörper in gleicher Qualität von Vorteil, durch die unterschiedlichsten Produktionsbedingungen ist dies leider nicht immer möglich. (© Ferdinand Ringdorfer)

Die große Rassenvielfalt bringt es auch mit sich, dass das Angebot an Lämmern sehr unterschiedlich ist. Aber es ist nicht nur die Rassenvielfalt, die unterschiedlichste Qualitäten verursacht, es sind auch die vielen unterschiedlichen Produktionsbedingungen (Haltung, Fütterung), die die Erzeugung von unterschiedlichen Schlachtkörpern bewirken. Für eine geregelte Vermarktung im größeren Rahmen ist diese Vielfalt an unterschiedlichen Lämmern jedoch ein Nachteil, weil es sehr schwer ist, größere Partien von gleicher Qualität zusammenzustellen.

Lammfleischqualität

Wenn wir von Qualität sprechen, dann sollte diese näher definiert werden. Es ist natürlich nicht einfach, Qualität zu definieren. Eine ganz allgemeine, jedoch sehr zutreffende Definition ist die Folgende: „Qualität ist, wenn der Kunde wiederkommt und nicht die Ware." Das bedeutet, wenn jemand Lammfleisch kauft und damit zufrieden ist, dann wird er wiederkommen und Lammfleisch kaufen.

Damit ist jedoch noch nicht gesagt, wie das Produkt ausgesehen hat. Fleischfarbe, Zartheit, Saftigkeit und Geschmack sind die entscheidenden Eigenschaften, die die Fleischqualität bestimmen.

- Fleischfarbe: Die Farbe sollte hellrot sein. Je dunkler das Fleisch ist, desto älter war das Tier zum Zeitpunkt der Schlachtung.
- Zartheit: Diese wird einerseits vom Durchmesser der Muskelfaser bestimmt, andererseits übt der mit steigendem Alter zunehmende Bindegewebsanteil einen Einfluss auf die Zartheit aus. Die Muskelfasern von jungem Lammfleisch haben ei-

nen geringeren Durchmesser als die von Rind- oder Schweinefleisch, deshalb ist das Fleisch zarter.

- Saftigkeit: Mit zunehmendem Alter nimmt der Trockensubstanzgehalt des Fleisches zu. Für die Saftigkeit ist aber nicht nur der Trockensubstanzgehalt entscheidend, sondern vielmehr, wie viel Flüssigkeit bei der Zubereitung im Fleisch verbleibt. Es kommt also auf das Wasserbindungsvermögen an. Außerdem wirkt sich ein hoher Anteil von intramuskulärem Fett sehr positiv auf die Saftigkeit aus.
- Geschmack: Wie bereits erwähnt, ist der typische Schafgeschmack bei den Konsumenten unerwünscht. Die Intensität des Geschmackes wird vom Alter der Tiere, von der Haltung (hier vor allem vom Stallklima), von der Rasse, von der Fütterung und auch von der Schlachtung beeinflusst. Bei der Schlachtung muss besonders darauf geachtet werden, dass die Wollseite keinen Kontakt mit dem Fleisch hat und dass auch die Hände des Metzgers nicht mit dem Fleisch in Berührung kommen, wenn sie vorher die Wolle berührt haben.

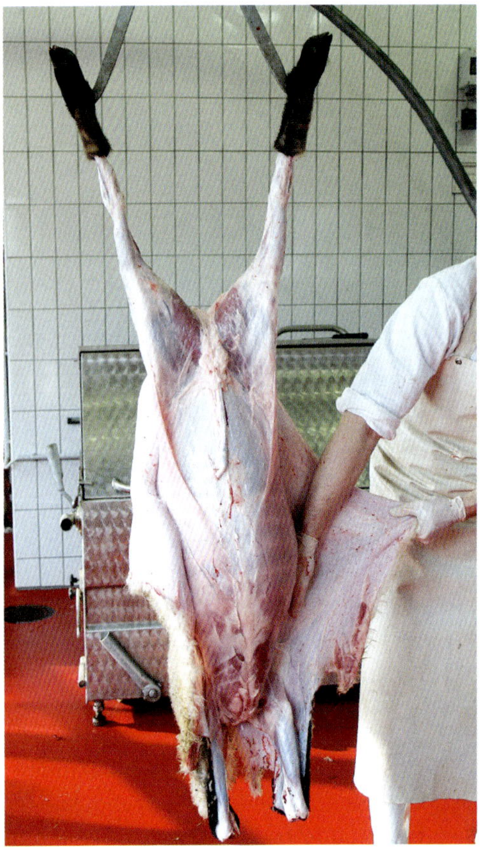

Sauberkeit beim Abziehen des Felles ist eine wichtige Voraussetzung für ein Qualitätslamm. (© Ferdinand Ringdorfer)

Qualität muss auch von zwei Seiten betrachtet werden, zum einen aus der Sicht der Konsumenten und zum anderen aus der Sicht des Produzenten. Die Vorstellungen und Anforderungen dürfen dabei jedoch nicht allzu unterschiedlich sein. Es ist wichtig, dass der Produzent das produziert, was der Konsument möchte.

Qualität aus Sicht des Konsumenten

Für den Konsumenten ist es wichtig, dass das Fleisch von jungen Lämmern stammt, weil diese noch nicht den ausgeprägten Schafgeschmack haben, den die Konsumenten nicht möchten. Weiters ist wichtig, dass der Fleischanteil des Schlachtkörpers möglichst hoch ist und der Fettanteil möglichst gering. Auch die Fettverteilung ist von Bedeutung. Dabei unterscheidet man zwischen dem Beckenhöhlen- und Nierenfett, dem Auflagefett (Fettschicht unter der Haut, daher auch subkutanes Fett genannt), dem intermuskulären (das Fett zwischen den Muskeln) und dem intramuskulären Fett (das im Muskel eingelagerte Fett). Das intramuskuläre Fett ist vor allem für den Geschmack und die Zartheit des Fleisches verantwortlich.

Eine weitere Qualitätsanforderung der Konsumenten ist die Art und Weise, wie die Lämmer gehalten werden. Naturnah und tiergerecht sind dabei die zwei entscheidenden Kriterien. Naturnah bedeutet, dass die Schafe und Lämmer vorwiegend Gras oder Heu fressen, und unter tiergerecht versteht man, dass Schafe gemeinsam mit den Lämmern auf der Weide oder in einem Stall mit genügend Platz und gutem Stallklima gehalten werden. Diese Vorstellungen sind jedoch nicht immer zur Gänze mit der tatsächlichen Produktionsmethode in Einklang zu bringen.

Qualität aus Sicht des Produzenten

Für den Schafbauern ist ein Qualitätslamm jenes, welches mit möglichst wenig Futteraufwand möglichst hohe Tageszunahmen erreicht und somit möglichst schnell schlachtreif ist. Damit ist auch die Anforderung der Konsumenten nach jungen Lämmern erfüllt. In der Totvermarktung richtet sich der Preis nach der Handelsklassifizierung.

Nach dem sogenannten EUROP-System werden die Schlachtkörper nach Fleischigkeit (E bedeutet ausgezeichnete, bestens bemuskelte Schlachtkörper, P bedeutet sehr schlechte Bemuskelung) und innerhalb der Fleischigkeitsstufen nach Fettklassen (Fettklasse 1 ist sehr mager, Fettklasse 5 bedeutet stark verfettet) bewertet. Ziel jedes Produzenten muss es sein, Schlachtkörper der Bewertung U bis R in den Fettklassen 2 bis 3 zu erzeugen. Darin stimmen die Wünsche der Konsumenten mit jenen der Produzenten überein.

Zusammensetzung eines Lammschlachtkörpers

Qualitätslammfleisch ist etwas Besonderes und somit nicht für den täglichen Konsum gedacht. Lammfleisch ist zart, saftig und

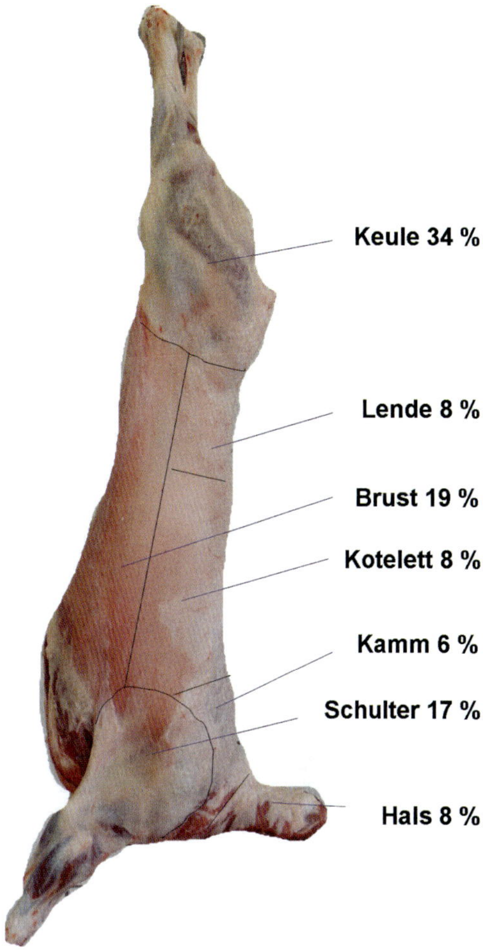

Grafik 5: Teilstücke eines Schlachtkörpers mit prozentuellem Anteil. (© Archiv Autoren)

sehr leicht bekömmlich. Vielfach wird es auch als Diätfleisch bezeichnet. Es enthält viele wichtige Vitamine und Mineralstoffe sowie viel Eiweiß und ist dabei kalorienarm.

Lammfleisch kann sehr vielfältig zubereitet werden. Es eignet sich zum Braten, Grillen, Dünsten und Kochen. Die wertvollsten Teilstücke sind der Rücken mit dem Filet, die Keulen und Schultern. Als weniger wertvoll werden Hals und Brust bewertet. Die

Lammfleisch, küchenfertig zubereitet. (© Ferdinand Ringdorfer)

wertvollen Teilstücke machen rund 70 % des Schlachtkörpers aus, 30 % sind die weniger wertvollen Teilstücke (siehe Grafik 5).

Neben dem prozentuellen Anteil der Teilstücke wird die Qualität des Schlachtkörpers vor allem durch seinen Anteil an Muskel- und Fettgewebe bestimmt. Hierbei können zwischen den einzelnen Rassen, aber auch innerhalb der Rassen sowie unter den verschiedenen Produktionsbedingungen sehr große Unterschiede auftreten. Auch das Schlachtendgewicht beeinflusst den Muskel- und Fettgewebsanteil. Es bestehen auch geschlechtsspezifische Unterschiede, weibliche Lämmer haben einen allgemein höheren Fettanteil als männliche. Der Muskelgewebsanteil eines Schlachtkörpers kann zwischen 55 und 75 % schwanken, jener des Fettgewebsanteiles zwischen 8 und 25 %. Lediglich der prozentuelle Knochenanteil liegt ziemlich konstant bei 19–22 % des Schlachtkörpers, wobei leichtere Schlachtkörper den höheren Wert haben.

Fleisch- und Fettqualität

Lammfleisch unterscheidet sich in seiner Zusammensetzung sehr deutlich vom Fleisch anderer Tiere. So hat Lammfleisch den höchsten Anteil an konjugierter Linolsäure. Diese ist in der menschlichen Ernährung sehr wichtig, weil sie vor Krebserkrankungen schützen soll. Weiters ist das Verhältnis der Omega-3-Fettsäuren im Lammfleisch sehr günstig. Der Gehalt an diesen Fettsäuren ist jedoch sehr stark von der Haltung und Fütterung der Tiere abhängig.

Lammfleisch ist auch eine ausgezeichnete Eiweißquelle, und es enthält alle für den Menschen notwendigen Aminosäuren in einem günstigen Verhältnis. Lammfleisch liefert die Hälfte unseres täglichen Eiweißbedarfes. Außerdem ist Lammfleisch leicht verdaulich und für eine fettarme Ernährung geeignet.

Lamm enthält außerdem nahezu alle essenziellen Mineralstoffe und Spurenelemente, es ist reich an Phosphor (ab 190 mg pro 100 g) und Eisen (1,4 mg pro 100 g).

Lammfleisch und insbesondere Lamminnereien sind sehr gute Vitaminlieferanten, vor allem für Vitamin A und Vitamine der B-Gruppe, etwa Thiamin, Niacin und B_{12}.

50 g Lammfleisch decken

- ca. 1/3 der empfehlenswerten täglichen Eisen- und Zinkzufuhr (Eisen ist Bestandteil des Blutfarbstoffes und sorgt somit für die Sauerstoffversorgung des Körpers),
- mehr als 100 % der empfohlenen täglichen Menge an Vitamin B12 (wichtig für die Bildung der roten Blutkörperchen),
- fast die Hälfte der empfohlenen täglichen Niacin-Zufuhr (wichtig für Nervensystem und Haut),
- etwa 1/4 der empfohlenen täglichen Menge an Vitamin B6 (spielt bei der Blutbildung eine wichtige Rolle),
- 1/5 der empfohlenen täglichen Menge der Vitamine B1 und B2.

Die Beschaffenheit und Farbe des Fettes wird durch das Alter der Tiere bestimmt. Junge Lämmer haben ein günstiges Verhältnis von ungesättigten zu gesättigten Fettsäuren. Je höher der Anteil an ungesättigten Fettsäuren ist, desto niedriger ist der Schmelzpunkt, und das Fleisch kann auch im kalten Zustand noch gegessen werden. Ein hoher Schmelzpunkt wird als negativ angesehen, weil das Fett bereits bei rund 35 °C am Teller gerinnt. Mit zunehmendem Alter steigt der Schmelzpunkt. Ein hoher Anteil an gesättigten Fettsäuren wirkt sich ungünstig auf den Geschmack aus, außerdem muss solches Fleisch sehr heiß gegessen werden.

Die Farbe des Fettes soll weiß bis leicht hellgelb sein. Bei Weidegang und mit zunehmendem Alter nimmt der Gelbton zu.

Allgemeine Zusammensetzung von Lammfleisch

100 g Lammfleisch (roh und das ganze Fett abgeschnitten) enthalten im Durchschnitt

- 58–54 g Wasser,
- 15–18 g Eiweiß,
- 17–26 g Fette,
- 230–290 kcal.

MILCHERZEUGUNG

Schafmilch ist ein sehr hochwertiges Lebensmittel. Der weitaus größte Teil der Schafmilch dient jedoch der Ernährung der Lämmer in den ersten Lebenswochen.

Für den menschlichen Konsum wird die Schafmilch zu verschiedensten Milchprodukten, wie Käse oder Joghurt, veredelt. Einer der bekanntesten Schafkäse ist der französische Roquefort, ein Blauschimmelkäse, der ursprünglich nur aus der Milch des Lacaune-Milchschafes aus der Region um Roquefort hergestellt wurde.

Die Schafmilcherzeugung spielt vor allem in Griechenland, Spanien, Frankreich, Italien, Rumänien und Bulgarien eine bedeutende Rolle (siehe Tabelle 5). In Spanien, Frankreich, Zypern, Slowakei, Tschechien, Slowenien und Österreich war von 2006 bis 2018 ein deutlicher Anstieg der Schafmilcherzeugung zu verzeichnen. Weltweit sind die Türkei und China mit über einer Million Tonnen die größten Schafmilchproduzenten.

Tabelle 5: Schafmilchproduktion (in Tonnen) in einigen europäischen Ländern und die Differenz von 2006 zu 2018 in Prozent.

	2006	2018	Diff. %
Griechenland	750.646	753.819	0,42
Rumänien	650.790	626.145	−3,94
Italien	548.299	524.717	−4,49
Spanien	403.000	544.541	25,99
Frankreich	262.776	323.758	18,84
Bulgarien	107.535	71.536	−50,32
Portugal	96.154	69.917	−37,53
Zypern	17.000	22.715	25,16
Slowakei	8674	11.411	23,99
Österreich	8153	12.690	35,75
Ungarn	2579	1604	−60,79
Malta	1804	1889	4,50
Tschechische Republik	1250	2644	52,72
Polen	628	606	−3,63
Slowenien	426	637	33,12

FAOSTAT | © FAO Statistics | 17 June 2020

Im Alpenraum spielt die Milchschafhaltung, gemessen an der Anzahl der Milchschafe, eine geringe Rolle. Die Statistik weist rund 20.000 Milchschafe aus. Obwohl die Nachfrage nach den Produkten sehr hoch ist, kann nicht mit einer Ausweitung dieses Betriebszweiges gerechnet werden. Eine Ursache dafür ist sicherlich die nicht flächendeckende Möglichkeit der Lieferung der Milch an eine Molkerei, bzw. müssen oft weite Strecken bis zur nächstgelegenen Molkerei zurückgelegt werden.

Ein weiterer Grund mag sein, dass die Milcherzeugung mit Schafen im Vergleich zur Kuhmilcherzeugung deutlich arbeitsintensiver ist. Vor allem die Anzahl der Tiere ist Ursache für den verstärkten Arbeitsanfall. Bei gleicher Futterfläche können im Vergleich zur Milchkuh sechs- bis siebenmal so viele Milchschafe gehalten werden. Milchschafe sind außerdem sehr fruchtbare Schafe, und so ist auch mit einer großen Anzahl von Lämmern zu rechnen. Viele Tiere bedeuten immer einen höheren Arbeitsaufwand.

Um die hohe Milchleistung in den ersten Laktationswochen für den Verkauf nützen zu können, werden die Lämmer vielfach schon unmittelbar nach der Geburt von der Mutter abgesetzt und mutterlos mit einem Milchaustauscher aufgezogen. Auch dafür ist ein entsprechender Arbeitszeiteinsatz notwendig, gleichzeitig sind aber auch die Schafe zweimal täglich zu melken.

Hat ein Betrieb jedoch die notwendige Arbeitskraftkapazität zur Verfügung, dann ist mit der Schafmilcherzeugung eine äußerst wirtschaftliche Flächennutzung gegeben. Der Deckungsbeitrag der Milchschafhaltung bezogen auf die Fläche liegt deutlich über allen anderen Produktionssparten (vergleiche Kapitel „Wirtschaftlichkeit“).

Zusammensetzung der Schafmilch

Die Inhaltsstoffe von Schafmilch weisen sehr große Schwankungen auf und sind einerseits abhängig von der Rasse, andererseits übt die Fütterung einen großen Einfluss auf die Zusammensetzung aus.

Schafmilch und Produkte daraus sind sehr hochwertige Nahrungsmittel. Schafmilch unterscheidet sich von der Milch anderer Tierarten vor allem durch einen höheren Anteil von Inhaltsstoffen. Besonders der Fettgehalt ist mit 6–10 % im Vergleich zur Kuhmilch sehr hoch (siehe Tabelle 6). Auch der Proteingehalt liegt mit 5–6 % deutlich höher. Weiters hat Schafmilch einen hohen Gehalt an Vitaminen, Mineralstoffen und Aminosäuren. Vor allem der Gehalt an Kalzium, Phosphor, Magnesium und Zink ist in Schafmilch deutlich höher als in Kuhmilch. Die vergleichsweise kleine Struktur der Fettkügelchen macht Schafmilch besonders geschmeidig und bekömmlich.

Schafmilch ist besonders für Allergiker gut verträglich. Im Zuge einer wissenschaftlichen Studie konnte nachgewiesen werden, dass sich der Einsatz von Schafmilch und Schafmilchprodukten bei Neurodermitis sehr positiv auswirkt.

Durch den Einsatz von Schafmilch und Schafmilchprodukten sowie einer ausgewogenen Mischkost konnte eine signifikante Verbesserung des Hautzustandes erzielt werden, sodass der Medikamenteneinsatz (vor allem cortisonhaltiger Präparate) deutlich eingeschränkt werden konnte.

Tabelle 6: Zusammensetzung der Milch verschiedener Tierarten.

Merkmal	Schaf	Ziege	Kuh
Fett %	5,6–7,8	2,8–3,9	3,8–4,2
Protein %	4,8–6,0	2,7–3,4	3,3–3,4
Casein % von Protein	4,2	2,3–2,5	2,6–2,7
Laktose %	4,4–5,0	4,4–4,7	4,6–4,8
Vitamin C mg/kg	30–60	10–30	10–24
Ca mg/kg	1620–2590	1020–2030	1100

Zellzahl

Alle Organe und Gewebe des Körpers bestehen aus Zellen. Diese Zellen erneuern sich laufend, abgestorbene und verbrauchte Zellen werden abgestoßen. Dieser Regenerationsprozess spielt sich auch im Euter ab. Erhöhte Zellzahlen treten auf durch erhöhte

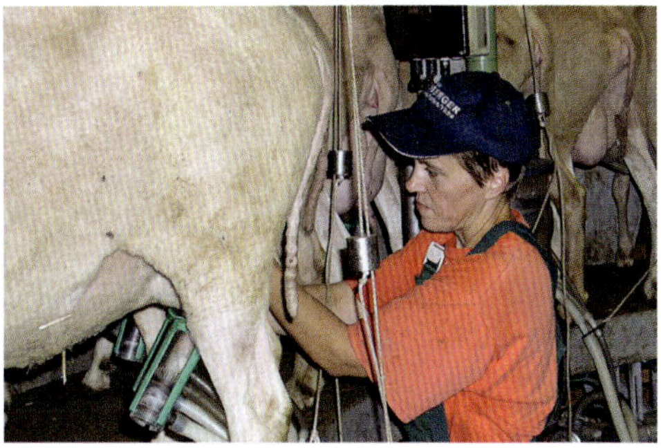

Die Milchschafhaltung ist im Hinblick auf den Erlös die beste Form der Schafhaltung. Sie ist allerdings auch mit dem höchsten Arbeitseinsatz verbunden. (© Ferdinand Ringdorfer)

mechanische Belastungen, oder wenn aufgrund von Infektionen verstärkt Abwehrreaktionen stattfinden. Die Zellzahl kann daher als ein Indikator für die Milchqualität und vor allem für die Eutergesundheit herangezogen werden.

Eine regelmäßige Überprüfung der Zellzahl (California-Mastitis-Test/Schalmtest) gibt Auskunft über den Gesundheitsstatus der Herde. Hohe Zellzahlen sind ein Hinweis auf Eutererkrankungen.

Eine Berücksichtigung der Zellzahl in der Zucht bedeutet eine Zucht auf Eutergesundheit. Zellzahlen bis 250.000 gelten als ausgezeichnet, und die Milch wird als sehr gut bewertet.

Keimzahl

Die Keimzahl oder der Keimgehalt der Milch ist ein Maß für die Sauberkeit der Milchgewinnung und der weiteren Behandlung. Normalerweise kommt die Milch bei gesunden Schafen keimfrei aus den Zitzen.

Durch Fehler bei der Gewinnung und der späteren Lagerung (vor allem Mängel in der Kühlung) kann es zu einer erhöhten Belastung mit Keimen kommen.

Eine Keimzahl bis 50.000 wird für die Bewertung der Milch als beste Qualitätsstufe toleriert.

Melken der Schafe

Milchschafe werde in der Regel zweimal am Tag gemolken. Da die Milchschafhaltung auch gekennzeichnet ist von der kleinen Herdengröße, wird ein Großteil der Milchschafe noch von Hand gemolken. Das Melken kann entweder von hinten oder von der Seite erfolgen.

In größeren Beständen werden die Schafe mit der Maschine gemolken. Je nach Betriebsgröße wird eine Standeimeranlage oder eine Rohrmelkanlage zum Einsatz kommen. Beim Melken mit der Maschine stehen die Schafe meist auf einem Melkstand und werden von hinten gemolken.

Egal, ob die Schafe von Hand oder mit der Maschine gemolken werden, vor dem Melken muss das Euter gereinigt und desinfiziert werden. Ein Anrüsten, so wie es vom Melken der Kühe bekannt ist, ist beim Melken des Schafes nicht notwendig.

Um Euterentzündungen vorzubeugen, ist darauf zu achten, dass keine Blindmelkzeiten zwischen dem Hauptmelkgang und dem Nachmelken entstehen und dass das Vakuum und die Pulsatorzahlen genau eingestellt sind.

Milchschafhaltung mit Verarbeitung der Milch am Hof und Direktvermarktung ist zwar arbeitsintensiv, bringt aber den größten Erlös. (© Ferdinand Ringdorfer)

Das Vakuum sollte in einem Bereich von 36–44 kPa liegen, die Pulsatorzahl sollte 90–120 sein, und das Verhältnis von Saug- und Entlastungsphase sollte 60:40 betragen.

Verarbeitung der Milch

Aufgrund der Tatsache, dass sich in Deutschland und Österreich – anders als z. T. in der Schweiz – nur einige wenige Molkereien mit der Verarbeitung von Schafmilch auseinandersetzen, wird in vielen Betrieben die erzeugte Schafmilch am Hof verarbeitet. Dazu ist die Einrichtung einer eigenen Hofkäserei notwendig. Oberstes Gebot dafür ist, dass die strengen Auflagen der jeweils geltenden Milchhygieneverordnung eingehalten werden. Sauberes Arbeiten in einer hygienisch einwandfreien Umgebung ist auch die Voraussetzung für das Erzeugen von qualitativ hochwertigen Käseprodukten. Die Wände und der Boden des Verarbeitungsraumes sowie des Reifungsraumes sind aus leicht zu reinigendem Material zu errichten, am besten verfliest. Sämtliche Geräte wie Kessel, Rührgerät, Spüle, Käseformen etc. müssen entweder aus Edelstahl oder aus einem molkereiresistenten Kunststoff bestehen und leicht zu reinigen sein.

WOLLPRODUKTION

Wolle ist ein hochwertiger, natürlicher, nachwachsender Rohstoff. Im deutschsprachigen Raum spielt die Erzeugung von Schafwolle keine Rolle und ist daher auch kein eigener Produktionszweig. Natürlich fällt auch bei den Schafen für die Fleisch- oder Milcherzeugung Wolle an. Schafe müssen ein- bis zweimal im Jahr geschoren werden und liefern dabei eine Menge von 3,5 bis 6 kg Rohwolle. Die Menge hängt sehr stark von der Größe der Schafe ab.

Schafe müssen ein- bis zweimal im Jahr geschoren werden. (© Ferdinand Ringdorfer)

Bei den heutigen Preisen für Rohwolle können mit dem Erlös aus dem Verkauf der Wolle oft nicht einmal die Schurkosten abgedeckt werden. Trotzdem ist es von Bedeutung, in der Zucht auf eine gewisse Wollqualität zu achten.

Rassespezifische Wolleigenschaften sind für den jeweiligen Standort von Bedeutung. Schafe mit einer gröberen, langen Wolle sind besser für einen Standort mit größeren Niederschlagsmengen geeignet, dagegen sind Rassen mit sehr feiner Wolle besser für trockene Gebiete geeignet.

Wichtige Wolleigenschaften sind die Feinheit, die Kräuselung, die Länge und die Farbe.

Mit einem Hut aus Schafwolle ist man (in diesem Fall frau) stets gut behütet. (© Ferdinand Ringdorfer)

Die Feinheit der Wolle wird vom Durchmesser des Wollhaares bestimmt. Dieser beträgt je nach Rasse 19–41 Mikrometer (1 Mikrometer = 1 µm = 1/1000 mm).

Die Kräuselung kann sehr unterschiedlich ausfallen. Sie kann von sehr flachbogig über normalbogig, hochbogig bis zu überbogig sein. Je länger die Wolle, desto flachbogiger ist sie und umgekehrt. Eine zu starke Kräuselung (hoch- oder überbogig) ist nicht erwünscht, da sie die Wolle meist spröde und brüchig macht.

Die Länge der Wolle hängt vom Alter ab. Eine Jahresschur (auch Vollschur genannt) hat ein längeres Wollhaar als eine Halbjahresschur. Die Länge des Wollhaares kann leicht gemessen werden und ist auch von der Feinheit und der Kräuselung abhängig.

Bei den meisten Schafen ist die Wollfarbe weiß, hat jedoch aufgrund des Wollfettes (Lanolin) einen cremefarbigen Ton. Daneben gibt es auch Rassen mit brauner, schwarzer oder rötlicher Wolle.

Einflussfaktoren auf die Wollqualität

Die Qualität der Wolle kann durch verschiedene Faktoren beeinflusst werden. Es sind dies züchterische Maßnahmen, durch die die Qualität verbessert werden kann. Neben den genetischen Faktoren spielen auch Umweltfaktoren eine Rolle.

Dabei kommt der Fütterung eine besondere Rolle zu. Gleichbleibende Qualität und leistungsgerechte Fütterung sind eine wichtige Voraussetzung. Futtermangel ist am Wollhaar durch einen Knick zu erkennen. Die Fütterungstechnik muss gewährleisten, dass kein Futter in das Wollvlies kommt und dieses verschmutzt. Auch müssen die Haltungsbedingungen so sein, dass die Wolle nicht durch Kot oder Harn verschmutzt wird. Auf ausreichende Einstreu ist zu achten.

Ebenso ist auf eine rechtzeitige Bekämpfung eventueller Außenparasiten zu achten, weil auch durch diese die Qualität der Wolle gemindert werde kann. Schließlich ist bei der Schur darauf zu achten, dass die Schafe trocken sind und dass die geschorene Wolle nicht in Plastiksäcke gepackt wird. Wolle braucht Luft und muss entsprechend gelagert werden, bis sie verkauft wird.

Wolle als Langzeitdünger

Organische Düngemittel mit Langzeitwirkung sind sehr gefragt. Sie versorgen die Pflanzen mit wichtigen Nährstoffen und fungieren auch als Bodenverbesserer, indem sie die Bodenstruktur auflockern und die Humusbilanz ausgleichen.

Auf der Suche nach neuen Quellen für solche Dünger ist man auf Rohwolle gestoßen. Speziell Wolle von grobwolligen Schafrassen, die nicht für die Textilindustrie geeignet ist, kann als Düngemittel sinnvoll verwertet werden. Entscheidend ist, dass die Wolle in einer streufähigen Form auf den Markt kommt, wo sie im Garten- und Landschaftsbau verwendet werden kann. Mit einem speziellen Verfahren werden Wollpellets erzeugt, die als organische

Düngemittel erfolgreich eingesetzt werden können. Diese Pellets aus ungereinigter und ungewaschener Rohwolle enthalten eine Reihe von pflanzenphysiologisch wertvollen Inhaltsstoffen. Neben hohen Gehalten an Stickstoff und Kalium enthalten sie auch Schwefel, was zu einer besseren Stickstoffausnützung führt. Das hohe Wasserspeichervermögen der Wolle ist ein weiterer Vorteil, da die Pflanzen Wasser aus einem Substrat mit Wollpellets über einen längeren Zeitraum hinweg aufnehmen können.

LANDSCHAFTSPFLEGE

Die Landschaftspflege ist in den meisten deutschsprachigen Ländern noch kein eigener Betriebszweig der Schafhaltung. Bislang wird diese Leistung praktisch gratis bei der Erzeugung von Fleisch oder Milch mitgeliefert. Da jedoch immer mehr Grünlandflächen vor allem in Gebieten mit erschwerter Bewirtschaftung nicht mehr genutzt werden, brachliegen und in kurzer Zeit verbuschen bzw. zu Wald werden, kann die Landschaftspflege mit Schafen zukünftig eine interessante Produktionssparte werden. In Deutschland betätigen sich manche Schäfereien bereits in diesem Bereich (Deiche, Heideland, Naturschutzgebiete).

Man darf nicht vergessen, dass die Landschaftspflege mit Schafen die schonendste und vielleicht auch ästhetisch wertvollste Maßnahme gegen die Verwaldung und das damit verbundene Schwinden unserer Kulturlandschaft ist.

Mit Schafen kann das völlige Zuwachsen von Almweiden durch Sträucher und Bäume verhindert werden.
(© Ferdinand Ringdorfer)

Aus arbeitstechnischen Gründen wird eine Landschaftspflege entweder mit Schafen ohne Lämmer oder mit halbjährigen Hammeln durchgeführt. Schafe ohne Lämmer deshalb, weil eine Herde mit kleinen Lämmern viel schwieriger zusammenzuhalten ist. Die Lämmer bleiben zurück, die Mütter suchen nach ihren Lämmern, und so ist immer eine gewisse Unruhe in der Herde. Beim Wechsel von einer zu pflegenden Fläche auf die nächste werden auch Straßenstücke überquert werden müssen – das geht einfacher, wenn keine Lämmer dabei sind.

Halbjährige Hammel sind jene männlichen Lämmer, die im Herbst geboren, den Winter hindurch mit vorwiegend Grundfutter gefüttert, im zeitigen Frühjahr kastriert werden und dann eine Vegetationsperiode lang Weidepflege machen. Die Hammel kommen mit rund 45 bis 50 kg auf die Weide, können also schon sehr gut Weidegras aufnehmen, und werden im Herbst, wenn die Landschaftspflege beendet ist, geschlachtet. Während der Weideperiode sollten die Hammel rund 10 bis 15 kg zunehmen.

Hammelfleisch ist derzeit noch nicht am Markt etabliert, kann aber durchaus ein interessantes Produkt werden. Das Fleisch ist dunkler als Lamm (ähnlich dem Rindfleisch), hat aber einen sehr geringen Fettanteil, und die Schlachtkörper sind sehr fleischig. Aufgrund des Produktionsverfahrens ist Hammelfleisch in der Form nur saisonal verfügbar.

ZUCHTBETRIEB

Die Produktion kann auch speziell auf die Erzeugung von Zuchttieren ausgerichtet sein. Als Zuchtbetrieb kann man sowohl im Fleisch- wie auch im Milchbereich arbeiten.

Die Anforderungen an einen Zuchtbetrieb sind deutlich höher als an einen Produktionsbetrieb.

Vor allem muss ein Zuchtbetrieb viel mehr Daten der Tiere erheben. Genaue Aufzeichnungen über Geburtsdatum, Vaternummer und Mutternummer sind wichtige Voraussetzungen für den Zuchtbetrieb. Der Zuchtbetrieb muss sich an der Leistungsprüfung beteiligen, weil nur so aktive Zuchtarbeit betrieben werden kann.

Man muss ein klares Zuchtziel vor Augen haben, welches es durch gezielte Auswahl der Tiere zu erreichen gilt.

Junges Weidegras ist immer noch das beste und billigste Futter für die Schafe. (© Ferdinand Ringdorfer)

Die Aufzeichnungen müssen regelmäßig an den Zuchtverband gemeldet werden, in welchem man als Zuchtbetrieb natürlich Mitglied sein muss. Als Zuchtbetrieb wird man sich mit seinen Tieren auch auf den verschiedenen Ausstellungen präsentieren und mit den Züchterkollegen und deren Zuchttieren vergleichen. Die Vermarktung der Zuchttiere wird in den meisten Fällen auf Versteigerungen erfolgen.

FÜTTERUNG DER SCHAFE

Schafe sind nicht, wie oft gesagt wird, anspruchslos und genügsam. Von Schafen wird eine Leistung verlangt, und dementsprechend müssen sie auch gefüttert werden. Die Futterkosten sind ein entscheidender Faktor für die Wirtschaftlichkeit und machen auch einen Großteil des Aufwandes aus. Daher kommt einer richtigen Fütterung der Schafe eine besondere Bedeutung zu. „Richtig“ heißt, die Schafe müssen leistungsgerecht, wiederkäuergerecht und ökonomisch gefüttert werden. Das bedeutet, dass für die Schafe durch die Fütterung eine dem Bedarf angepasste Zufuhr an Energie, Nähr- und Wirkstoffen gewährleistet sein muss. Eine Überversorgung sowie auch eine Unterversorgung sind dabei zu vermeiden.

Schafe brauchen bestes Grundfutter.
(© Ferdinand Ringdorfer)

FUTTERMITTEL

Als Wiederkäuer ist das Schaf in der Lage, eine Vielzahl von Futtermitteln aufzunehmen und zu verwerten. Der Großteil des Futters für Schafe kommt vom Grünland. Das wichtigste und auch kostengünstigste Futtermittel ist dabei die Weide. Junges Weidegras mit einer Aufwuchshöhe von rund 15 cm ist ideal für Schafe.

Für die Winterzeit müssen Konserven als Futtervorrat angelegt werden. Im Normalfall sind das Heu und Grassilage. Neben Futter vom Grünland können auch Futtermittel aus dem Ackerbau (Getreide, Leguminosen, Mais), Nebenprodukte aus der Zuckergewinnung (z. B. Trockenschnitte), aus der Brauerei (Biertreber), aus der Ethanolgewinnung (Trockenschlempen), aus der Ölgewinnung (z. B. Raps-, Sojabohnen-, Sonnenblumenextraktionsschrot) an Schafe verfüttert werden. Zu beachten ist dabei nur, dass die Futtermittel von einwandfreier Qualität sind und dass sie im richtigen Verhältnis zueinander eingesetzt werden. Die Auswahl der Futtermittel wird sich auch nach der jeweiligen Verfügbarkeit und nach dem Preis richten.

Zusammensetzung der Futtermittel

Die Zusammensetzung eines Futtermittels wird im Labor durch die sogenannte Weender Futtermittelanalyse festgestellt. Den Namen hat dieses Verfahren vom Ort, an dem es vor mehr als 100 Jahren entwickelt wurde, der landwirtschaftlichen Versuchsstation in Göttingen-Weende.

Grundsätzlich besteht ein Futtermittel aus Wasser und der Trockensubstanz. Das Futtermittel wird zunächst getrocknet; aus der Differenz des Gewichtes vor und nach dem Trocknen errechnet sich die Trockensubstanz. Die Trockenmasse wird in der Folge verascht, und es bleibt die Rohasche übrig. Aus der Differenz von Trockenmasse und Rohasche errechnet sich die organische Substanz.

Mit verschiedenen chemischen Verfahren werden aus der organischen Substanz der Rohprotein-, Rohfett- und Rohfasergehalt bestimmt. Der Gehalt an Kohlenhydraten wird nicht chemisch bestimmt, sondern errechnet sich wieder aus der Differenz der Rohnährstoffe (Rohfett, -protein und -faser) zur organischen Substanz. Diese Differenz wird auch als N-freie Extraktstoffe bezeichnet. Diese N-freien Extraktstoffe bestehen im Wesentlichen aus den Kohlenhydraten Stärke und Zucker sowie Zellwandbestandteilen (Zellulose, Hämizellulose).

Für die Berechnung einer leistungsorientierten Ration ist die Kenntnis über die Inhaltsstoffe der verwendeten Rationskomponenten notwendig. In Tabelle 7 sind einige häufig in der Schaffütterung eingesetzte Futtermittel und deren Inhaltsstoffe aufgelistet. Natürlich können hier nicht alle Futtermittel angeführt werden; es wird auf die jeweiligen Futterwerttabellen verwiesen. Tabellenwerte sind sehr hilfreich, wenn keine Untersuchungsergebnisse der eigenen Futtermittel vorliegen.

Tabelle 7: Nährstoffgehalt ausgewählter Futtermittel für die Schaffütterung.

Futtermittel	Trockenmasse, g/kg	Rohprotein, g/kg TM	nutzbares Rohprotein, g/kg TM	ruminale N-Bilanz, g/kg TM	umsetzbare Energie, MJ ME	Kalzium, g	Phosphor, g
Heu Dauerwiese – 1. Aufwuchs							
1) Schossen	890	132	129	0,4	10,08	8,5	3,0
2) Ähren-/Rispenschieben	891	124	124	0,0	9,56	7,7	2,8
3) Beginn Blüte	892	110	118	−1,2	9,08	6,9	2,6
4) Mitte bis Ende Blüte	892	101	112	−1,8	8,65	6,1	2,4
5) überständig	897	89	105	−2,6	8,12	5,1	2,2
Heu Dauerwiese – 2. + Folgeaufwüchse							
6) Schossen	890	156	136	3,1	9,86	10,6	3,4
7) Ähren-/Rispenschieben	888	141	129	1,9	9,49	9,4	3,2

Futtermittel	Trockenmasse, g/kg	Rohprotein, g/kg TM	nutzbares Rohprotein, g/kg TM	ruminale N-Bilanz, g/kg TM	umsetzbare Energie, MJ ME	Kalzium, g	Phosphor, g
8) Beginn Blüte	888	130	123	1,0	9,13	8,2	3,1
9) Mitte bis Ende Blüte	893	121	118	0,5	8,81	7,2	2,9
10) überständig	896	113	113	−0,1	8,49	6,0	2,8
Grassilage Dauerwiese – 1. Aufwuchs							
11) Schossen	347	164	140	3,9	10,51	8,5	3,5
12) Ähren-/Rispenschieben	353	158	135	3,7	10,11	8,0	3,3
13) Beginn Blüte	359	149	129	3,2	9,70	7,6	3,3
14) Mitte bis Ende Blüte	367	138	123	2,5	9,29	7,2	3,2
15) überständig	366	129	120	1,4	8,87	6,7	3,0
Grassilage Dauerwiese – 2. + Folgeaufwüchse							
16) Schossen	377	177	137	6,3	10,07	10,9	3,5
17) Ähren-/Rispenschieben	392	167	132	5,5	9,77	10,2	3,5
18) Beginn Blüte	413	156	127	4,6	9,45	9,5	3,5
19) Mitte bis Ende Blüte	422	148	123	4,0	9,21	8,8	3,5
20) überständig	433	141	119	3,5	8,93	8,2	3,5
Maissilage – Beginn Teigreife							
21) Kolbenanteil niedrig (30 %)	250	79	124	−7,3	10,18	2,4	1,8
22) Kolbenanteil mittel (40 %)	272	77	127	−8,0	10,52	2,3	1,9
23) Kolbenanteil hoch (50 %)	295	77	131	−8,6	10,85	2,3	1,9
Getreide und Sonstige							
Gerste (Sommer), Körner	880	119	165	−7	12,93	0,8	3,9
Hafer	880	121	140	−3	11,48	1,2	3,5
Mais, Körner	880	106	164	−9	13,29	0,4	3,2
Trockenschnitte	900	99	156	−9	11,93	9,7	1,1
Sojaextraktionsschrot	880	510	308	32	13,75	3,1	7,0

Mineralstoffe

Die Unterscheidung der Mineralstoffe in Mengen- und Spurenelemente erfolgt nach ihrem Vorkommen. Wie bereits der Name sagt, kommen Mengenelemente in größeren Mengen vor (50 mg und mehr je kg Körpermasse), Spurenelemente hingegen nur in sehr geringen Mengen.

Mengenelemente

Zu den wichtigsten Mengenelementen zählen Kalzium (Ca), Phosphor (P), Magnesium (Mg), Natrium (Na), Kalium (K), Chlor (Cl) und Schwefel (S). Mineralstoffe übernehmen im Stoffwechsel die verschiedensten Aufgaben:

- **Kalzium** wird hauptsächlich als Baustoff für den Aufbau von Knochen, Zähnen und Zellen verwendet. Es ist Bestandteil von Gewebe- und Körperflüssigkeiten, hat Stoffwechselfunktionen, ist an der Blutgerinnung beteiligt und steht in Wechselwirkung mit dem Phosphor.
- **Phosphor** ist ebenfalls Baustoff für Knochen, Zähne und Zellen. Hat Stoffwechselfunktion im Energiebereich, steht in Wechselwirkung zum Kalzium und ist Puffersubstanz im Blut.
- **Kalium** reguliert vor allem den osmotischen Druck in den Zellen, ist für die Aktivierung von Enzymen notwendig und für die Glykogenspeicherung in der Leber mitverantwortlich. Kalium steht in Wechselwirkung zum Natrium.
- **Magnesium** ist vor allem Baustoff für Knochen, Knorpel, Zähne, Muskeln und Körperflüssigkeit. Es ist beteiligt am Kalzium-Phosphor-Stoffwechsel, beeinflusst Nerven- und Muskelfunktionen und steht in Wechselwirkung zum Kalzium.
- **Natrium** reguliert mithilfe von Chlor den osmotischen Druck außerhalb der Zellen, ist Puffersystem für das Gleichgewicht von Basen und Säuren, beeinflusst Nerven- und Muskelfunktionen und wirkt an der Regulierung des Wasserhaushaltes mit. Es steht in Wechselwirkung mit dem Kalium.

Spurenelemente

Diese in sehr geringer Menge vorkommenden Elemente sind nicht minder wichtig für den tierischen Organismus als die Mengenelemente. Zu den wichtigsten Spurenelementen zählen Kupfer (Cu), Zink (Zn), Kobalt (Co), Mangan (Mn), Selen (Se) und Eisen (Fe). Die Spurenelemente sind vielfach Bestandteil von Enzymen, tragen aber auch wesentlich zur Aktivierung der Enzyme bei:

- **Eisen** ist maßgeblich am Aufbau von Hämoglobin (Farbstoff des Blutes) und Myoglobin (Farbstoff des Muskels) beteiligt.
- **Selen** steht in enger Beziehung zum Vitamin E. Bei der Weißmuskelkrankheit der Lämmer ist die Verabreichung von Vitamin E und Selen erforderlich.
- **Kupfer** ist Bestandteil verschiedener Enzyme. Gegenüber einer Überversorgung sind Schafe empfindlich, da sie Kupfer nur über die Galle ausscheiden können. Mehr als 15 mg je kg Futtertrockenmasse können bereits zu Vergiftungserscheinungen führen.
- **Mangan** wird bei der Protein- und Fettsynthese benötigt. Weiters aktiviert es zahlreiche Enzymreaktionen.

Die optimale Versorgung mit Spurenelementen aus dem Grundfutter ist oft nicht ganz einfach. Die Gehalte im Futter können sehr unterschiedlich sein, je nach Bodenverhältnissen und Pflanzenbestand. Die Zugabe von sogenannten Mineralstoffboli kann hier Abhilfe schaffen. Diese Boli beinhalten meist die Spurenelemente Zink, Selen, Jod und Kobalt. Diese Boli bleiben im Magen und geben die Spurenelemente langsam und gleichmäßig über einen Zeitraum von bis zu sechs Monaten ab.

Vitamine

Vitamine sind ebenfalls eine Gruppe von Wirkstoffen, die in kleinen Mengen vom Tier benötigt werden und für den Stoffwechsel und die Aufrechterhaltung der Körperfunktionen unbedingt benötigt werden. Der Gehalt im Futtermittel ist abhängig von der Art des Futters, von der Herkunft, von der Lagerung und der Konservierung.

Fettlösliche Vitamine

Zu dieser Gruppe der Vitamine zählen die Vitamine A, D, E und K. Schafen müssen vor allem A, D und E zugeführt werden, K wird in ausreichender Menge von den Pansenmikroben gebildet. Die Vitamine werden entweder direkt aufgenommen oder können vom Schaf selbst aus Vorstufen aufgebaut werden.

- **Vitamin A** ist von Bedeutung für das Sehvermögen. Weiters fördert es das Jugendwachstum und im Besonderen das Knochenwachstum. Es ist auch als sogenanntes Hautschutzvitamin bekannt. Vor allem die inneren, schleimabsondernden Häute können bei einer Mangelversorgung mit Vitamin A austrocknen und so das Eindringen von Krankheitserregern nicht mehr verhindern. Es ist außerdem für die Antikörperbildung verantwortlich. Vitamin A kommt in Pflanzen nicht vor, die Tiere bauen es aus den Vorstufen auf, vor allem aus dem Beta-Carotin. Weidegras enthält sehr viel Carotin, sodass es während der Weideperiode sogar zu einer Anreicherung von Vitamin A in der Leber kommt. Gegen Ende des Winters kann es zu einem Mangel an Vitamin A kommen, weil das Beta-Carotin im Futter nicht mehr vorhanden ist und auch die Reserven der Leber aufgebraucht sind.
- **Vitamin D** regelt die Stoffwechsel von Kalzium und Phosphor. Es fördert die Mineralisierung der Knochen. Unter Einwirkung von UV-Licht wird Vitamin D aus Vorstufen in der Haut des Schafes gebildet. Ebenso wird es bei der Heutrocknung und dem Anwelken der Silage unter Einwirkung von UV-Strahlung gebildet.
- **Vitamin E** hat eine antioxidative Wirkung in den Zellmembranen und schützt so vor potenziell zelltoxischen Peroxiden aus dem Fettsäureabbau. Die Vitamin-E-Versorgung steht in enger Beziehung zur Versorgung mit Selen.

Qualität der Futtermittel

Da die Qualität der Futtermittel, speziell der Futtermittel aus dem Grünland, eine sehr bedeutende Rolle spielt, soll darauf etwas näher eingegangen werden.

Der Gehalt an Nähr- und Mineralstoffen sowie an Vitaminen hängt sehr stark vom Erntezeitpunkt und der Qualität der Ernte bzw. Konservierung ab. Weiters spielt natürlich auch die Zusammensetzung des Pflanzenbestandes eine entscheidende Rolle.

Die Versorgung mit Mineralstoffen und Vitaminen kann über Lecksteine oder lose Mineralstoffmischungen erfolgen. (© Ferdinand Ringdorfer)

Ein gesunder und leistungsfähiger Pflanzenbestand besteht aus rund 50–60 % Gräsern, 10–30 % Leguminosen und ebenfalls 10–30 % Kräutern. Der Gräseranteil soll sich etwa zu je einem Drittel aus Unter- (z. B. Wiesenrispe), Mittel- (z. B. Timothe) und Obergräsern (z. B. Knaulgras) zusammensetzen.

Wir erwarten von unseren Schafen eine entsprechende Leistung, sei es eine hohe Anzahl von Lämmern oder eine hohe Milchleistung, und die Schafe erwarten von uns, dass wir sie mit ausgezeichneten Futtermitteln versorgen.

Erntezeitpunkt

Der Zeitpunkt des Mähens übt den größten Einfluss auf die Qualität des Futters aus. Natürlich muss auch das Wetter mitspielen. In Grafik 6 sind die einzelnen Vegetationsstadien der Pflanzen im zeitlichen Verlauf grafisch dargestellt. Das Wachstum beginnt mit dem Schossen, gefolgt vom Ähren- und Rispenschieben, geht weiter in die beginnende Blüte, und mit dem Ende der Blüte beginnt praktisch das Stadium, wo die Pflanzen überständig werden.

Der mengenmäßige Ertrag nimmt zwar vom Schossen bis zum Ende der Blüte ständig zu, die Qualität des Futters nimmt allerdings stark ab.

Der Qualitätsverlust ist beim ersten Aufwuchs deutlich größer als bei den folgenden Aufwüchsen. Es nehmen der Energiegehalt, der Proteingehalt und die Verdaulichkeit sehr stark ab. Gleichzeitig nimmt der Rohfasergehalt stark zu.

Ein hoher Rohfasergehalt verbunden mit einer niedrigen Verdaulichkeit bewirkt eine geringe Futteraufnahme, weil die Passagegeschwindigkeit im Verdauungstrakt sehr langsam ist. Verbunden mit einer geringen Futteraufnahme ist eine schlechte Nähr-

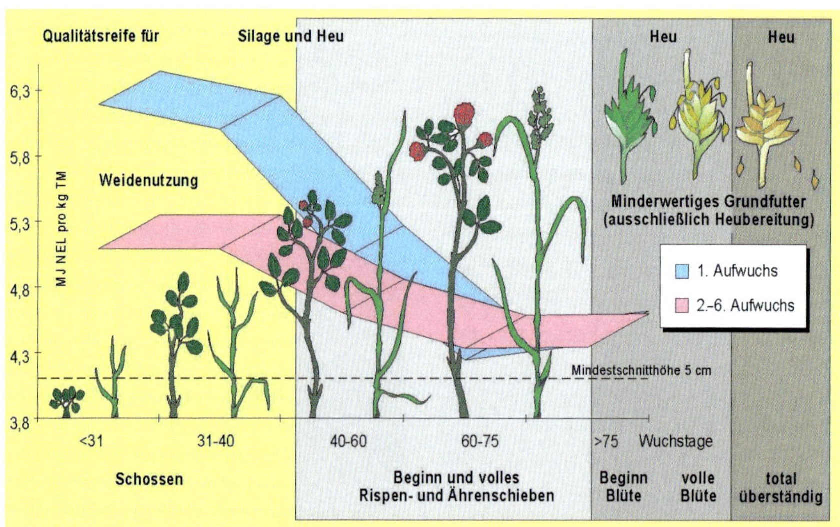

Grafik 6: Vegetationsstadien und Energiegehalt des Grünlandfutters (nach BUCHGRABER 2018).

Qualitätsheu wird zum richtigen Zeitpunkt geschnitten und schonend geerntet. (© Ferdinand Ringdorfer)

stoffversorgung, was wiederum in einer niedrigen Leistung wirksam wird.

Das Ziel muss also die Erzeugung von gutem, nährstoffreichem und schmackhaftem Futter sein, damit die Schafe viel fressen, somit optimal versorgt sind und die erwarteten Leistungen erbringen können.

Schnitthöhe und Schnittzeitpunkt

Die Einstellung der Mähwerkzeuge auf eine Schnitthöhe von 5 cm ist eine weitere Maßnahme, um die Qualität des Futters zu verbessern. Bei zu tief eingestellten Geräten wird das Futter stark verschmutzt.

Mit dem Mähen sollte man grundsätzlich so lange warten, bis die Pflanzen abgetrocknet sind. Am besten ist es, am Abend zu mähen und nicht in den Morgenstunden. Auf nassem Futter haften erdige und staubige Verschmutzungen deutlich besser als auf trockenem. Verschmutztes Heu oder verschmutzte Grassilage bergen immer die Gefahr der Erkrankung der Tiere z. B. an Listeriose. Außerdem kann es bei Silagen mit hohem Schmutzanteil zu Fehlgärungen und somit zu schlechten Silagequalitäten kommen.

Durch erdige Futterverschmutzung wird sowohl in der Silage als auch im Raufutter die Energiedichte herabgesetzt, wodurch die tierische Leistung aus dem Grundfutter massiv verschlechtert wird.

Erntetechnik

Bei der Heugewinnung hat die Art der Trocknung einen wesentlichen Einfluss auf den Energie- und Nährstoffgehalt. Die Energiekonzentration von am Boden getrocknetem Heu ist niedriger als die von Belüftungsheu. Auch eine schonende Bearbeitung (wenden, zetten) wirkt sich positiv auf den Nährstoffgehalt aus.

Von Hand gearbeitetes Heu ist in der Qualität besser als mit schweren Maschinen und Geräten bearbeitetes Heu. Die Abbröckelverluste tragen wesentlich zur Verschlechterung der Heuqualität bei.

Für die Silagegewinnung ist es wichtig, dass das Gras erst gemäht wird, wenn es schon abgetrocknet ist. Das Anwelken auf einen Trockenmassegehalt zwischen 30 und 40 % bringt aus gärungstechnischer Hinsicht große Vorteile, weil die Zuckerkonzentration erhöht wird und die Lebensbedingungen für die Milchsäurebakterien verbessert werden. Unter 28 % Trockenmasse kommt es zu einer Sickersaftbildung und erhöhten Trockenmasseverlusten bei der Vergärung, über 40 % Trockenmasse sind die Bedingungen für eine gute Milchsäuregärung bereits suboptimal und es kann leichter zu Verpilzungen durch Hefen und Schimmelspezies kommen.

Sollte die Witterung so sein, dass der Trockenmassegehalt über 40 % ansteigt, dann empfiehlt es sich, mit dem Pressen oder Einfahren zuzuwarten und dies in den späten Abendstunden zu tun, weil dadurch das Futter wieder etwas an Feuchtigkeit anzieht.

VERDAUUNG

Schafe sind Wiederkäuer und können als solche rohfaserreiche Nahrung sehr gut verwerten. Die eigentliche Verdauungsarbeit leisten die im Pansen lebenden Mikroorganismen. Das Ziel der Verdauung ist es, die im Futter enthaltenen Nährstoffe in eine Form zu bringen, in der sie durch die Darmwand in die Blutbahn gelangen können. Kurz gesagt, es müssen große Moleküle in kleine zerlegt werden. Auf dem Weg bis dorthin machen die Futtermittel verschiedene Stationen durch.

Mundhöhle und Gebiss

Die erste Station eines Futtermittels ist die Mundhöhle. Das Futter wird von den Schafen ins Maul aufgenommen und relativ unzerkaut abgeschluckt. Schafe benutzen vorwiegend die Zähne und Lippen für die Futteraufnahme und können daher auf der Weide das Gras auch sehr kurz abbeißen („giftiger Zahn").

Im Maul erfolgen eine grobe Zerkleinerung des Futters und ein Einspeicheln. Dadurch wird das Futter gleitfähig und schlüpfrig und kann leicht abgeschluckt werden. Im Speichel der Schafe sind Bikarbonate enthalten, die einem Absinken des pH-Wertes, also einer Übersäuerung des Panseninhaltes, entgegenwirken.

Der erste Weg des Weidegrases führt in der Speiseröhre bergauf. (© Ferdinand Ringdorfer)

Wird eine sehr kraftfutterreiche und raufutterarme Ration eingesetzt, die wenig Struktur besitzt, kommt es zu einer geringen Speichelbildung, und der pH-Wert sinkt. Dies wirkt sich negativ auf die Bakterienflora aus.

Schafe haben nur im Unterkiefer Schneidezähne, im Oberkiefer haben sie stattdessen eine verhornte Platte. An den Schneidezähnen der Schafe kann man auch deren Alter abschätzen. Insgesamt hat das Schaf acht Schneidezähne. Die beiden inneren werden als Zangen bezeichnet, dann folgen die inneren und äußeren Mittelzähne sowie die Eckzähne.

Das Milchgebiss ist mit zehn Monaten vollständig ausgebildet. Das Ausfallen der Milchzähne und deren Ersatz durch dauernde, breitere Zähne wird als Zahnwechsel bezeichnet. Je nach Frühreife der Schafe werden die Zangen des Milchgebisses mit 12–18 Monaten durch bleibende ersetzt. Die inneren Mittelzähne werden mit 2–2,5 Jahren ersetzt, die äußeren Mittelzähne mit 2,5–3 Jahren und die Eckzähne mit 3,5–4 Jahren. Ab vier Jahren kann das Alter nur noch in gewissem Maße aufgrund der Abnutzung der Schneidezähne geschätzt werden.

Speiseröhre und Vormägen

Das aufgenommene, kurz zerkaute und eingespeichelte Futter gelangt über die Speiseröhre in die Vormägen. Der Schluckakt ist ein komplizierter Vorgang und wird von zahlreichen Muskeln so gesteuert, dass erstens kein Futter in die Luftröhre kommt und zweitens das Futter auch gegen die Schwerkraft befördert wird. Beim Grasen haben die Schafe den Kopf am Boden, das Futter muss bergauf abgeschluckt werden.

Als Wiederkäuer haben Schafe einen mehrhöhligen Verdauungsapparat. Die Vormägen bestehen aus dem Pansen, der Haube (wird aufgrund der netzförmigen Oberflächenstruktur auch Netzmagen genannt) und dem Blättermagen (auch Psalter genannt). Danach kommt der Labmagen.

Das abgeschluckte Futter gelangt zuerst in den gemeinsamen Vorhof von Pansen und Haube, den sogenannten Schleudermagen. Aufgrund von Kontraktionen von Pansen und Haube wird das Futter hin und her bewegt, kleinere Portionen auch geschleudert. Dabei wird das Futter in flüssige und faserige Bestandteile separiert, und im Pansen bildet sich eine gewisse Schichtung: Unten ist die Flüssigkeit, darüber schwimmt der faserige Anteil, und oben ist die Gasschicht.

Beim Wiederkäuen werden Futterknäuel aus dem Schleudermagen über die Speiseröhre wieder zurück in das Maul transportiert. Ein bis zwei Stunden nach der Futteraufnahme beginnt der Akt des Wiederkäuens. Jetzt wird das Futter im Maul deutlich zerkaut und eingespeichelt und wieder abgeschluckt.

Das gleiche Futter kann mehrmals wiedergekäut werden. So lange, bis das Futter klein genug ist, um es durch die Hauben-Psalter-Öffnung in den Blättermagen zu entleeren.

Diese kleine Öffnung verschließt sich, wenn grobes Futter passieren will. Im Blättermagen wird dem Futterbrei vor allem Wasser entzogen; der Rest geht gleich weiter in den Labmagen.

Verdauung in den Vormägen

Das Futter verbleibt je nach Struktur oft viele Stunden bis Tage in Pansen und Haube. Dabei kommt es zu einer Gärung, ähnlich wie in einem Silobehälter. Ausgelöst wird dieser Gärvorgang durch die vielen im Futter vorhandenen Bakterien. Diese finden im Pansen und der Haube ideale Bedingungen für eine rasche Vermehrung: genügend Feuchtigkeit, einen pH-Wert zwischen 6 und 7, eine optimale Temperatur von rund 39 °C und ständig frische Nahrungszufuhr.

Durch die Bakterientätigkeit entstehen bestimmte organische Säuren als Gärungsprodukte. Es sind dies vor allem Essig-, Propion- und Buttersäure. Diese sogenannten niedrigmolekularen Fettsäuren werden auch als flüchtige Fettsäuren bezeichnet, weil sie bereits bei niedrigen Temperaturen in den gasförmigen Zustand übergehen und dabei einen unangenehmen stechenden oder ranzigen Geruch entwickeln. Schlechte Silagen riechen ähnlich.

Die Gestaltung der Ration und die Qualität des Futters bestimmen, welche Bakterien sich am wohlsten fühlen, sich entsprechend vermehren und damit entweder mehr Essigsäure oder mehr Propionsäure oder Buttersäure produzieren.

Die Zellulose spaltenden Bakterien bevorzugen einen höheren pH-Wert um 7 und mehr. Dieser entsteht, wenn das Futter stark eingespeichelt und dabei mit Bikarbonat angereichert wird. Starke Speichelbildung entsteht durch viel Wiederkäutätigkeit, was wiederum eine rohfaserreiche Nahrung (Heu, Gras) bedeutet. Der verdauliche Rohfaseranteil (Zellulose) wird von den Pansenmikroben zu Essigsäure abgebaut. Diese Essigsäure dient – neben der Buttersäure – im Stoffwechsel als Baustein für die Fettsäurenbildung.

Beim laktierenden (Milch gebenden) Wiederkäuer werden diese Fettsäuren in das Milchfett eingebaut.

Ein hoher Rohfasergehalt in der Futterration führt somit zu einem hohen Milchfettgehalt.

Stark überhöhte Milchfettgehalte am Anfang der Laktation (z. B. über 8 % bei Milchschafen) signalisieren dagegen die Gefahr einer Ketose (Stoffwechselstörung). Diese entsteht bei verstärktem Körperfettabbau infolge extremer Energieunterversorgung. Die aus dem Körperfett freigesetzten Fettsäuren werden verstärkt in das Milchfett eingebaut.

Besteht die Ration hingegen aus stärke- oder zuckerreichen Komponenten (viel Getreide), ist die Wiederkäutätigkeit gering, der Speichelfluss ist wenig und der pH-Wert in den Vormägen sinkt. Jetzt vermehren sich vor allem Propionsäure produzierende Bakterien. Die Essigsäure bildenden Bakterien werden weniger und das Futter der übrigen Rationskomponenten wird schlechter verwertet. Der Milchfettgehalt ist in diesem Fall sehr niedrig, die Milchmenge jedoch hoch.

Der Milchfettgehalt liefert somit ebenfalls Rückschlüsse auf die Fütterungssituation der Tiere. Sehr niedrige Fettgehalte deuten auf Rohfasermangel und somit wenig wiederkäuergerechte Fütterung hin.

Fällt der pH-Wert unter 5,5, so verändert sich die Pansenflora weiter und es kommt zu einer Milchsäureproduktion. Dies kann zu einer krankhaften Übersäuerung führen, der sogenannten Azidose.

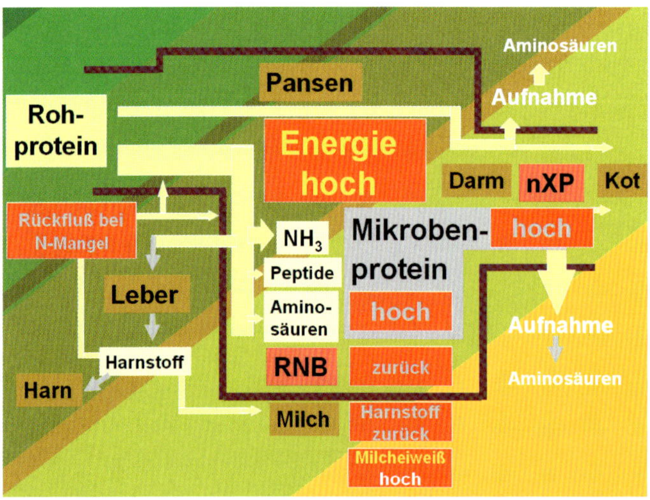

Grafik 7: Schematische Darstellung der Proteinumsetzung im Pansen. (© Archiv Autoren)

Proteinstoffwechsel

Um die physiologischen Vorgänge bei der Verdauung im Pansen des Schafes besser verstehen zu können und daraus Rückschlüsse auf die Fütterung zu ziehen, wird der Proteinstoffwechsel etwas ausführlicher beschrieben und dargestellt.

Die im Pansen lebenden Bakterien bauen wie alle Lebewesen ihre Zellen aus Aminosäuren auf. Diese entnehmen sie zum Teil aus den Eiweißverbindungen des Futters. Das Futterrohprotein wird in unterschiedlichem Maße von den Bakterien abgebaut, je nach Art des Futters. Das Rohprotein wird zu etwa 70 % von den Pansenmikroben um- oder abgebaut. Nur ca. 30 % des Futterproteins gelangen unverändert in den Labmagen.

Die Mikroben können aus Ammoniak (NH_3) Mikrobenprotein bilden. Hierzu benötigen sie Energie. Das neu gebildete Mikrobenprotein wird – wie das unabgebaute Futterprotein (UDP) – letztlich im Dünndarm enzymatisch verdaut. Daher werden diese beiden Proteinquellen zu der Kenngröße „nutzbares Rohprotein“ (nXP) zusammengefasst.

Für eine optimale Proteinsynthese im Pansen müssen den Mikroben ausreichend Energie, aber auch Eiweiß – letztlich Stickstoff – zur Verfügung stehen. Die Versorgungssituation der Mikroben mit Stickstoff wird über die „ruminale N-Bilanz“ (RNB) dargestellt.

Die Futtermittel unterscheiden sich hinsichtlich ihrer Gehalte an Energie (ME) und Rohprotein sowie der Abbaubarkeit der Proteine im Pansen. Die unterschiedliche Proteinabbaurate wird durch den UDP-Gehalt ausgedrückt.

Auf der Basis von Energie- und Rohproteingehalt sowie UDP-Anteil lässt sich für jedes Futtermittel der nXP-Wert berechnen. Weiters kann aus der Differenz zwischen Rohprotein und nutzbarem Rohprotein jedem Futtermittel ein RNB-Wert zugeordnet werden.

Der RNB-Wert eines Futtermittels kann positiv oder negativ sein. Bei der Kalkulation von Rationen ist darauf zu achten, dass die RNB in der Gesamtration weitgehend ausgeglichen ist. Für hochleistende Tiere kann eine positive RNB (maximal 6 g pro Milchschaf und Tag) toleriert werden. Eine stark positive RNB belastet das Tier mit Stickstoff. Dieser muss in der Leber zu Harnstoff umgebaut und mit den Körperflüssigkeiten ausgeschieden werden (siehe Grafik 7). Der Belastungsgrad kann über den Milchharnstoffgehalt abgelesen werden.

Nimmt das Schaf Rohprotein im Überschuss auf, entsteht mehr Ammoniak. Die energieaufwendige Harnstoffsynthese in der Leber muss folglich gesteigert werden. Somit bedeutet Rohproteinüberhang in der Ration immer Belastung des Energiehaushaltes. Auch die Proteinsynthese im Stoffwechsel läuft unter hohem Energieverbrauch ab. Eine gute Energieversorgung hat somit einen positiven Einfluss auf den Eiweißgehalt der Milch.

Im Umkehrschluss kann die Abschätzung der Energieversorgung über den Milcheiweißgehalt vorgenommen werden. Erniedrigte Milcheiweißgehalte signalisieren Energiemangel, erhöhte Eiweißwerte deuten auf einen Energieüberschuss hin. Beim Milchschaf können konkrete „Grenzwerte“ bislang nicht eindeutig genannt werden. Eiweißgehalte unter 4,7 % dürften aber einen Energiemangel anzeigen.

Vorverdauung im Labmagen

Das Fassungsvermögen des Labmagens ist im Vergleich zu den Vormägen sehr gering. Das Futter bzw. der Futterbrei kommt auch portioniert aus dem Pansen. Die Bakterien und Protozoen, die mit dem Futterbrei durch den Psalter in den Labmagen gelangen, werden dort abgetötet. Dies geschieht durch die ausgeschiedene Salzsäure, welche den pH-Wert sehr stark senkt, sodass die Bakterien absterben und anschließend verdaut werden.

Verdauung im Dünndarm

An den Labmagen schließt der Dünndarm an, der an seiner Innenseite mit zahlreichen Drüsen besetzt ist, die den Darmsaft absondern.

Für die Fettverdauung ist in erster Linie Galle verantwortlich. Diese wird in der Gallenblase gesammelt, eingedickt und bei Bedarf in den Dünndarm abgegeben. Sie sorgt dafür, dass das Fett des Futters in einer stabilen Emulsion bleibt und sich nicht in der Flüssigkeit absetzt. Dadurch wird das Fett gleichmäßig verteilt, und die Fett spaltenden Enzyme der Bauchspeicheldrüse sind in der Lage, die Fette so weit zu zerlegen, dass sie von der Darmwand aufgenommen werden können.

Die Verdauung des Eiweißes hat im Labmagen begonnen und wird über verschiedene Stufen im Dünndarm fortgesetzt, bis letztlich die Aminosäuren übrig bleiben.

Schafe haben einen im Verhältnis zur Körpergröße sehr langen Dünndarm. Daher werden der Futterbrei sehr gut aufgeschlossen und die Nährstoffe sehr gut verwertet.

Verdauung im Dickdarm

Alles, was der Verdauung im Dünndarm entwischt, gelangt in den Dickdarm. Dort wird noch ein Teil der Nährstoffe durch Bakterien vergärt (Essigsäure etc.). Die Wirkung ist jedoch nicht mehr so groß, und ein Teil der noch vorhandenen Nährstoffe wird mit dem Kot ausgeschieden.

FÜTTERUNG DER MUTTERSCHAFE

Auch wenn Schafe anspruchslos und genügsam sein sollen, so kommt doch der Fütterung eine ganz besondere Bedeutung zu. Das „anspruchslos und genügsam“ hat heute keine Berechtigung mehr, und es sollte sich die Fütterung auch nicht daran orientieren.

Heute werden von den Schafen beträchtliche Leistungen verlangt, sei es eine hohe Fleisch-, Milch- oder Fruchtbarkeitsleistung. Diese können nur erbracht werden, wenn die Fütterung den Leistungsanforderungen entspricht. Nur durch eine wiederkäuergerechte und leistungsbezogene Fütterung kann ein gesunder und leistungsbereiter Schafbestand aufrechterhalten werden.

An die Fütterung der Schafe werden besonders in der Säugeperiode große Ansprüche gestellt.
(© Ferdinand Ringdorfer)

Gesunde, leistungsbereite Schafe sind auch die Voraussetzung für eine wirtschaftliche Schafhaltung, egal welcher Produktionsrichtung sie angehören.

Im zeitlichen Verlauf können wir aus fütterungstechnischer bzw. bedarfsgerechter Sicht zwischen fünf verschiedenen Leistungsstadien unterscheiden: der Zeit der Paarung, der Zeit, in der die Schafe leer (güst) sind (bzw. dem ersten Drittel der Trächtigkeit), der Zeit des zweiten (50.–100. Trächtigkeitstag) und dritten (100.–150. Trächtigkeitstag) Drittels der Trächtigkeit sowie der Zeit der Laktation oder Säugezeit.

Bedarfswerte für Schafe

Bei den in den Tabellen 8 und 9 angeführten Bedarfswerten handelt es sich um Durchschnittswerte. Die Angaben wurden für unterschiedlich schwere Schafe gemacht, weil das Lebendgewicht einen deutlichen Einfluss auf die Bedarfswerte hat. Für die Trächtigkeit wurden bei den Lämmern die Extreme angenommen, ein leichter Einling mit 3 kg und bei den Zwillingen je 5 kg Geburtsgewicht. Damit soll zum Ausdruck kommen, dass gerade im letzten Abschnitt der Trächtigkeit der Bedarf sehr stark ansteigt und auch je nach Geburtsgewicht ein großer Unterschied im Bedarf besteht. Die Annahme des Geburtsgewichtes ist nur eine Schätzung, denn zum Zeitpunkt der Trächtigkeit kennt man das Gewicht und auch die Anzahl der Lämmer noch nicht genau. Für die Berechnung einer leistungsgerechten Ration sind jedoch diese Angaben notwendig, und daher muss man sie so gut wie möglich schätzen.

Bei den Mineralstoffbedarfswerten ist der Einfachheit halber der Bereich für die jeweiligen Leistungsstadien angegeben. Die niedrigen Werte gelten für leichte Tiere und geringe Leistungen, die hohen für schwere Schafe und hohe Leistungen. Das bedeutet aber nicht, dass leichte Tiere keine hohen Leistungen erbringen können, und umgekehrt nicht, dass jedes schwere Tier hohe Leistungen bringt. Beim ständigen Angebot einer Mineralstoffmischung ist die Deckung des Bedarfes an Mineralstoffen ohnedies gegeben und für die Rationsgestaltung nicht so sehr von Relevanz.

Tabelle 8: Energie- und Proteinbedarfswerte für Schafe in Abhängigkeit von Lebendgewicht und Leistung.

Lebendgewicht	50		60		70		80	
	MJ ME	g xP	MJ ME	g xP	MJ ME	g xP	MJ ME	g xP
Erhaltung	8,1	71	9,3	80	10,4	88	11,5	95
Trächtigkeit								
Einling 3 kg, 105. Tg.	9,0	113	10,1	128	11,3	143	12,4	156
Einl. 3 kg, 140. Tg.	10,3	131	11,5	146	12,6	160	13,7	174

Lebendgewicht	50		60		70		80	
	MJ ME	g xP	MJ ME	g xP	MJ ME	g xP	MJ ME	g xP
Einl. 5 kg, 105. Tg.	9,5	121	10,7	136	11,8	150	12,9	164
Einl. 5 kg, 140. Tg.	11,8	149	13,0	164	14,1	179	15,2	193
Zwillinge à 3 kg, 105. Tg.	9,8	124	11,0	139	12,1	154	13,2	167
Zw. à 3 kg, 140. Tg.	12,6	159	13,7	174	14,9	188	16,0	102
Zw. à 5 kg, 105. Tg.	11,0	139	12,1	154	13,3	168	14,4	182
Zw. à 5 kg, 140. Tg.	15,5	196	16,7	211	17,9	226	18,9	240
Laktation								
1 Liter Milch	15,2	191	16,4	199	17,5	207	18,6	214
2 Liter Milch	22,4	310	23,5	318	24,8	326	25,8	333
3 Liter Milch	29,5	429	30,7	437	31,8	445	32,9	452
4 Liter Milch	36,6	548	37,8	556	38,9	564	40,0	571

Tabelle 9: Mineralstoffbedarfswerte für Schafe.

	g Ca	g P	g Mg	g K	g Na
Erhaltung	2,3–2,8	1,9–2,3	1,5–1,8	4,2–5,1	0,4
Trächtigkeit	2,8–5,9	2,3–4,1	1,6–2,0	4,5–4,9	0,4–0,9
Laktation	6,0–16,2	4,4–11,1	2,8–5,9	7,0–13,4	1,0–2,6

Fütterung vor und nach der Deckperiode

Die Nährstoffversorgung der Mutterschafe zur Zeit der Belegung hat einen wesentlichen Einfluss auf die Fruchtbarkeit. Die Schafe müssen in Zuchtkondition sein. In diesem Zusammenhang spricht man von der Flushing-Fütterung. Beginnend rund drei Wochen vor dem geplanten Belegungstermin bekommen die Schafe eine ca. 20–30%ige Erhöhung der Energieversorgung. Diese erhöhte Energiezufuhr bewirkt eine Zunahme an Lebendmasse und fördert auch die Ovulationsrate, sodass mehr befruchtungsfähige Eier gebildet werden. Diese erhöhte Energiezufuhr kann entweder durch eine tägliche Gabe von z. B. 300 g Gerste erfolgen oder auch durch den Wechsel auf eine sehr gute Weide. Wichtig ist auch, dass diese erhöhte Energiezufuhr auch nach der Belegung noch mindestens drei Wochen lang anhält, da es sonst zu einer erhöhten embryonalen Sterblichkeit kommen kann.

Diese sogenannte Flushing-Fütterung hat nur bei saisonalen Schafrassen eine Bedeutung. Diese Rassen lammen im Frühjahr ab, und die Lämmer werden im Sommer von den Müttern abgesetzt. Danach bleiben noch zwei bis drei Monate, in denen die Schafe leer stehen, ehe sie erneut belegt werden. In dieser Zeit sollten sie verhalten gefüttert werden, um dann den Flushing-Effekt ausnützen zu können.

Asaisonale Rassen, wie z. B. das Bergschaf, werden noch während der Zeit, in der die Lämmer bei der Mutter saugen, brünstig und auch belegt. Also in der Zeit der Laktation, wo die Mutterschafe ohnehin sehr gut versorgt werden sollten. Ein zusätzlicher Energieschub ist hier deshalb nicht möglich.

Fütterung der leeren und niedertragenden Schafe

In diesem Leistungsstadium wird von den Schafen keine besondere Leistung verlangt, der Nährstoffbedarf ist relativ niedrig und beschränkt sich hauptsächlich auf den Erhaltungsbedarf. Auf der Weide kann der Bedarf selbst bei minderer Qualität des Futters ohne Weiteres abgedeckt werden.

Auch in der Stallfütterung sind Heu oder Grassilage von minderwertiger bis schlechter Qualität ausreichend. In der Praxis kommt es ohnedies immer einmal vor, dass bei der Heu- oder Silageernte das Wetter nicht ganz mitspielt und deshalb minderwertige Futterkonserven erzeugt werden. Diese müssen nur separat in der Scheune gelagert werden, damit sie gezielt an Schafen ohne Leistung eingesetzt werden können.

Kurz vor der Ablammung ist das Futteraufnahmevermögen durch die heranwachsenden Föten eingeschränkt. Die Qualität und die Konzentration der Ration müssen daher in diesem Stadium besonders hoch sein. (© Ferdinand Ringdorfer)

Fütterung der hochtragenden Schafe

Früher wurde für dieses Leistungsstadium immer nur zwischen niedertragenden (die ersten drei Monate der Trächtigkeit) und hochtragenden (die beiden letzten Trächtigkeitsmonate) Schafen unterschieden. Jüngeren Erkenntnissen zufolge sollte die Trächtigkeit in drei Abschnitte eingeteilt werden:

Trächtigkeit im 1. Drittel

In den ersten 50 Tagen der Trächtigkeit ist das Wachstum der Föten noch sehr gering, und daher ist zum Erhaltungsbedarf keine zusätzliche Nährstoffversorgung notwendig. Voraussetzung dafür ist, dass sich die Mutterschafe in einer optimalen Körperkondition befinden. Es ist auch wichtig, dass die Tiere in dieser Zeit nicht allzu intensiv gefüttert werden und dabei zu fett werden.

Untersuchungen haben gezeigt, dass hohe Tageszunahmen (mehr als 300 g) in den ersten sechs Wochen der Trächtigkeit zu einer Hemmung des Plazentawachstums und ihrer Funktion führen. Hiervon hängt das embryonale Überleben der Föten ab, da diese über die Plazenta ernährt werden. In diesem Zusammenhang muss auch auf die Rolle von Vitamin E und dem Spurenelement Selen beim Plazentawachstum hingewiesen werden. Ein Mangel an diesen Stoffen kann somit ebenfalls die embryonale Überlebensrate vermindern. Es ist aber auch darauf zu achten, dass sie nicht überversorgt sind.

Trächtigkeit im 2. Drittel

In der Zeit zwischen 50. und 100. Trächtigkeitstag sollte die Energieversorgung unter dem Niveau des Erhaltungsbedarfes liegen. Das geht aus australischen Untersuchungen hervor, wonach diese Strategie bei durchschnittlich konditionierten Schafen die Ausreifung der Plazenta und somit die späteren Geburtsgewichte der Lämmer fördert. Bei Mutterschafen in schlechter Körperkondition wird aber das Gegenteil erreicht, d. h. die Lämmer weisen geringere Geburtsgewichte auf.

Bei zu guter Versorgung der Schafe in diesem Zeitabschnitt der Trächtigkeit kann die Sterblichkeit in den ersten Stunden nach der Geburt erhöht sein, weil die Lämmer durch die Plazenta schlechter versorgt wurden. Als Ursache für die schlechte Entwicklung der Plazenta ist der niedrige Progesterongehalt (Trächtigkeitsschutzhormon) infolge einer überreichlichen Nährstoffversorgung des Mutterschafes zu sehen.

Trächtigkeit im 3. Drittel

In der Zeit zwischen dem 100. und 150. Tag (= hochtragende Zeit) sollte die Energieversorgung über dem Erhaltungsbedarf erfolgen. In diesem Trächtigkeitsabschnitt kommt einer ausreichenden Energieversorgung eine entscheidende Bedeutung zu. Versuchsergebnisse zeigen, dass durch eine ausreichende Energieversorgung der Mutterschafe am Ende der Tragezeit die Geburtsgewichte der Lämmer positiv beeinflusst werden. Allerdings sollten hierbei für die jeweilige Rasse optimale Geburtsgewichte angestrebt werden.

Eine mangelhafte Nährstoffzufuhr in den letzten Trächtigkeitswochen kann zur sogenannten Trächtigkeitstoxämie führen. Dieses auch als Zwillingslämmerkrankheit bezeichnete Krankheitsbild ist auf einen akuten Glukosemangel zurückzuführen. Die Symptome sind denen der Acetonämie ähnlich.

Eine Satt-Fütterung von stark unterkonditionierten Mutterschafen in dieser Zeitspanne ist abzulehnen, da das Muttertier die damit verbundenen Energieüberschüsse im mütterlichen Fettgewebe ansetzt und nicht in dem des ungeborenen Lammes. In diesem Zusammenhang ist das „Braune Fettgewebe“ beim Lamm zu erwähnen. Diese Fettreserve ist für das Lamm in den ersten Lebenstagen für das Überleben sehr wichtig, da es zunächst nur sehr wenig Milch und damit Energie aufnehmen kann.

Aus den dargelegten Sachverhalten wird deutlich, dass Fütterungsfehler, die im 1. und 2. Drittel der Trächtigkeit begangen werden, im letzten Drittel nicht wieder ausgeglichen werden können.

Auf die Proteinversorgung muss zum Ende der Trächtigkeit besonderes Augenmerk gelegt werden. Die schwefelhaltigen Aminosäuren (Eiweißbausteine) sind hierbei die erstbegrenzenden Faktoren für das fötale Wachstum. Besonders Schafe, die Zwillinge oder Drillinge austragen, benötigen hohe Gehalte an pansenstabilem Protein (UDP) mit hohen Anteilen an schwefelhaltigen Aminosäuren (insbesondere Cystin). Eine Unterversorgung mit diesen Aminosäuren im 3. Trächtigkeitsabschnitt führt beim ungeborenen Lamm zur schlechteren Ausbildung der Wollfollikel. Diese Tiere weisen im späteren Erwachsenenalter eine schlechtere Wollausbildung auf.

Praktische Erfahrungen bei der Fütterung tragender Schafe

Die Umsetzung dieser Erkenntnisse bei der Fütterung der tragenden Schafe erfolgte während der Almhaltungsperiode 2008 mit einer Schafherde von rund 700 Tieren ungewollt und nicht wissend. Werden die Schafe den Sommer über auf die Alm getrieben, wird der Widder gezielt eingesetzt, damit auf der Alm keine Lämmer geboren werden. Anfang Mai kommt der Widder wieder zur Herde und es beginnt die Belegung, Anfang Juni ist meist der Almauftrieb. Durch die

Während der Almhaltungsperiode ist die Fütterung oft vom vorhandenen Futter und auch von der Witterung abhängig. Nicht immer kann der Bedarf optimal gedeckt werden.
(© Ferdinand Ringdorfer)

gezielte Behirtung auf der Alm – es sollten vor allem auch Zwergsträucher gefressen werden – hatten die Schafe nicht die Möglichkeit, sich das beste und wertvollste Futter auszusuchen, sie wurden also praktisch auf Erhaltungsniveau gefüttert. Schlechte Witterungsbedingungen und die gezielte Beweidung auf weniger wertvollen Flächen im Juli bewirkten eher eine Unterversorgung, wie sie für das 2. Drittel der Trächtigkeit beschrieben wird. Zu Beginn des 3. Drittels wurde die Herde wieder langsam ins Tal gehütet, die Weiden wurden wieder besser, und die letzten Wochen vor der Ablammung waren die Schafe wieder auf den Heimbetrieben auf guten Weiden. Die positive Rückmeldung war, dass in diesem Jahr besonders gut entwickelte und vitale Lämmer zur Welt kamen, obwohl der Almsommer nicht unbedingt optimal erschien.

Fütterung der laktierenden oder säugenden Schafe

Die Laktationsdauer beträgt bei Milchschafen 240 Tage; bei allen anderen Schafen, die vorwiegend zur Lämmererzeugung eingesetzt werden, beträgt die Säugeperiode je nach Verfahren zwischen sechs und 16 Wochen. In dieser Leistungsphase ist der Nährstoffbedarf besonders hoch, sollen doch zwei und mehr Liter Milch pro Tag produziert werden. Schafe, die Zwillinge säugen, haben eine um 30–50 % höhere Milchleistung im Vergleich zu Einlingen säugenden Mutterschafen.

Nicht nur in der Milchschafhaltung ist die Milchleistung ein wirtschaftlich wichtiger Faktor, auch in der Lämmerproduktion spielt sie eine gewichtige Rolle für ein rasches Jugendwachstum der Lämmer. Was die Lämmer in den ersten Lebenswochen an Wachstum versäumen, können sie später nur schwer aufholen.

In Grafik 8 sind die Laktationskurven des Bergschafes in Abhängigkeit von der Grundfutterqualität dargestellt, und es ist zu erkennen, dass erstens ein gutes Grundfutter (Linie-3-Schnitt) eine höhere Leistung zur Folge hat und zweitens die Leistung relativ rasch abfällt. Die relativ rasch abfallende Laktationskurve spricht für ein früheres Absetzen der Lämmer, weil dadurch das Mutterschaf nicht mehr so intensiv gefüttert werden muss. Die Lämmer sind ohnehin schon auf die Aufnahme von festen Futtermitteln mit hoher Verdaulichkeit angewiesen.

Während der Laktation ist auch besonders darauf zu achten, dass es zu keinen krassen Futterumstellungen kommt. Dies hat einen sofortigen Einfluss auf die Milchleistung bzw. auf die Milchzusammensetzung, was bei den kleinen Lämmern zu Verdauungsstörungen führen kann.

In der Zeit, wo die Schafe Milch erzeugen, ist auch auf eine ausreichende Versorgung mit frischem Wasser zu achten. Der Wasserbedarf ist gerade bei Trockenfütterung sehr hoch. Für die Rationsberechnung kann für säugende Schafe wieder mit dem vollen Futteraufnahmevermögen kalkuliert werden.

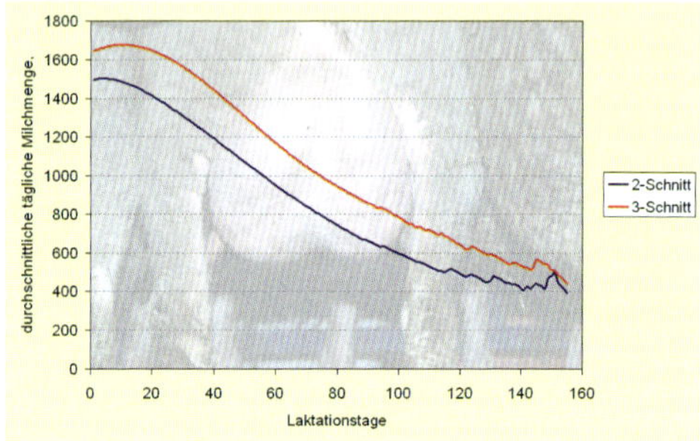

Grafik 8: Laktationskurven beim Bergschaf.

(© Archiv Autoren)

EMPFEHLUNGEN FÜR DIE PRAKTISCHE FÜTTERUNG VON SCHAFEN

Um die unterschiedlichen Ansprüche der Schafe in den einzelnen Leistungsstadien gerecht mit Energie und Nährstoffen versorgen zu können, ist es notwendig, dass die Tiere in Leistungsgruppen gehalten werden. Dies ist speziell bei den asaisonalen Rassen besonders wichtig, weil bei diesen in einer Herde zur gleichen Zeit oft sehr unterschiedliche Leistungen der Schafe erbracht werden.

Bei den saisonalen Fleischrassen ist die gesamte Herde in den meisten Fällen im annähernd gleichen Leistungsstadium. Hier ist lediglich zwischen Mutterschafen, die Einlinge säugen, und solchen mit Zwillingen zu unterscheiden.

Die Haltung in Leistungsgruppen wird aber in der Praxis oft aus arbeitswirtschaftlichen Gründen sowie aus Platzmangel nicht durchgeführt. Vor allem in kleinen Beständen ist dies der Fall. Aber selbst hier lohnt sich eine getrennte Haltung der Schafe mit verschiedenen Leistungen.

Futteraufnahme

Die Futteraufnahme hängt vom Lebendgewicht der Tiere, der Qualität der Futtermittel und von der Schmackhaftigkeit der Ration ab. Mit der aufgenommenen Futtermenge müssen die in den Tabellen 8 und 9 angeführten Bedarfswerte abgedeckt werden. Die tägliche Trockenmasseaufnahme von Schafen bewegt sich in einem Bereich zwischen 1,5 und 3 kg.

Im letzten Drittel der Trächtigkeit ist mit einer verminderten Futteraufnahme zu rechnen, weil durch die heranwachsenden Föten das Volumen des Verdauungstraktes eingeengt ist. Der zusätzliche Nährstoffbedarf in dieser Phase kann also nicht durch eine erhöhte Futteraufnahme abgedeckt werden, sodass die Futtermittel eine höhere Nährstoffkonzentration aufweisen müssen, um den Bedarf decken zu können.

Bei der praktischen Durchführung der Fütterung sollte man sich einmal die Mühe machen und die verabreichte Ration gewichtsmäßig erfassen. Dabei genügt es, wenn z. B. das Gewicht der Futtermenge für eine Raufe oder eine Greifergabel abgewogen wird. Man braucht dann nur dieses Gewicht mit der Anzahl zu multiplizieren und hat das Gewicht, welches die Schafe einer

Bucht bekommen. Hat man keine geeignete Waage zur Hand, so geht es auch mit einer Personenwaage. Man gibt das Futter in einen Korb oder eine Plastikwanne oder in einen Sack und stellt sich mit diesem auf die Waage. Nicht vergessen, vorher das eigene Körpergewicht festzustellen und vom Gesamtgewicht abzuziehen.

Zum Gewicht des Futters braucht man dann nur noch die Anzahl Schafe, die sich in der Bucht befinden. Bei Einsatz von Silagen sollte man noch den Feuchtigkeitsgehalt oder den Trockenmassegehalt abschätzen. Aus der Anzahl Schafe und dem ermittelten Gewicht lässt sich die Futteraufnahme je Schaf errechnen. Bewegt man sich nicht in dem oben angeführten Bereich, dann hat man entweder einen Wiege- oder einen Rechenfehler gemacht.

Die Reihenfolge der Verabreichung der einzelnen Rationskomponenten sollte von Raufutter über Silage zu Kraftfutter gehen, um Verdauungsstörungen vorzubeugen. (© Ferdinand Ringdorfer)

Fütterungsreihenfolge

Die Reihenfolge der Verabreichung der einzelnen Rationskomponenten spielt dann eine große Rolle, wenn in der Ration größere Mengen an Kraftfutter enthalten sind. Um einer Pansenübersäuerung vorzubeugen, sollte immer zuerst Heu gefüttert werden. Anschließend füttert man Saftfutter (Grassilage, Maissilage etc.) und erst zum Schluss das Kraftfutter. Bei größeren Kraftfuttermengen (mehr als 300 g) sollten diese auf zwei Gaben pro Tag aufgeteilt sein, in der Früh und am Abend. Wird in der Früh als Erstes das Kraftfutter auf blanken Trog gefüttert, ist damit zu rechnen, dass es zu Verdauungsstörungen kommt.

Futterumstellung

Gravierende Änderungen in den Rationskomponenten dürfen nicht vom einen auf den anderen Tag erfolgen. Dies trifft umso stärker zu, wenn von Trockenfutter auf Nassfutter umgestellt wird. In der Praxis ist dies meist die Umstellung von der Stallfütterung auf die Weidehaltung.

Dieser Schritt muss langsam erfolgen und sollte mindestens eine Woche dauern. Zuerst stundenweise die Schafe auf die Weide treiben, wobei sie vorher im Stall noch Heu fressen müssen. Die Weidezeit wird langsam gesteigert, und die Zufütterung im Stall kann reduziert werden.

Die Dauer der Umstellung hängt auch vom Weideaufwuchs ab. Ist dieser noch sehr jung, muss die Umstellung langsamer erfolgen als bei einem älteren Bestand.

Die langsame Umstellung ist notwendig, weil sich die im Pansen lebenden Mikroorganismen an die geänderten Futterbedingungen anpassen müssen, und das geht nicht von heute auf morgen.

Körperkondition

Die Überprüfung der Fütterung der Schafe kann mithilfe der Körperbeurteilung („Body Condition Scoring“, BCS) durchgeführt werden. Dabei greift man das Schaf mit Daumen und Mittelfinger im Bereich der Lende ab und versucht, die Quer- und Dornfortsätze sowie die Muskulatur und die Fettauflage zu erfühlen. Danach vergibt man eine Konditionsnote von 0 bis 5, wobei 0 stark unterernährt und 5 stark verfettet ist (siehe Tabelle 10). Bei dieser Benotung ist zu berücksichtigen, um welche Rasse es sich handelt. Milchrassen sind allgemein etwas magerer und dürfen einen niedrigeren Wert haben als Fleischrassen.

Entscheidend ist auch, wie sich ein Schaf im Laufe eines Jahres entwickelt. Ein annähernd gleichbleibender Wert ist besser als eine ständige starke Schwankung. Starke Schwankungen in der Körperkondition, vor allem starke Abmagerung nach der Ablammung und dann wieder verstärkter Fettansatz nach dem Absetzen der Lämmer, belasten den Stoffwechsel sehr stark. Innerhalb einer Herde kann es durchaus Tiere mit unterschiedlichen BCS-Werten geben. Die sogenannten Umsatztypen weisen niedrigere BCS-Werte auf als die Ansatztypen. Wichtig ist, wie gesagt, dass der Wert eines Tieres im Jahresverlauf annähernd gleich bleibt.

Tabelle 10: Beurteilung der Körperkondition.

schematischer Querschnitt durch den Lendenwirbel	Konditionsnote	Ernährungszustand	Beschreibung
	1	unterernährt	Quer- und Dornfortsatz deutlich spürbar, sehr schwacher Rückenmuskel ohne Fettabdeckung
	2	schlecht	Quer- und Dornfortsatz wellenförmig spürbar, schwacher Rückenmuskel mit geringer Fettabdeckung
	3	normal	Quer- und Dornfortsatz nur unter stärkerem Druck leicht spürbar, mittlere Fettabdeckung
	4	gut	Quer- und Dornfortsatz nicht mehr einzeln fühlbar, nur als harte Linie, starke Fettabdeckung
	5	überernährt	Oberhalb des Dornfortsatzes ist eine Rinne zu spüren, Querfortsatz nicht mehr zu ertasten, sehr starke Fettabdeckung

Rationsberechnungen und Beispiele

Die Berechnung einer leistungsgerechten Ration für Schafe erfordert die Kenntnis des Bedarfes, der Futteraufnahme sowie der Zusammensetzung der eingesetzten Futtermittel.

Die Energie- und Proteinbedarfswerte sind in Tabelle 8 zusammengestellt. Hier kommt ganz klar zum Ausdruck, dass der Bedarf einerseits vom Lebendgewicht der Schafe und andererseits von der zu erbringenden Leistung abhängt. Im praktischen Umgang mit den Schafen weiß man oft beides nicht genau. In den seltensten Fällen werden die Schafe gewogen; eine Gewichtsschätzung kann oft sehr weit danebengehen. Speziell dann, wenn die Schafe in voller Wolle sind, kann man sich sehr leicht verschätzen.

Die zu erbringende Leistung ist, wie vorher gesagt, gerade für das Stadium der Hochträchtigkeit sehr schwer abzuschätzen. Man kann nicht wissen, wie viele Lämmer mit welchem Geburtsgewicht zur Welt kommen. Für die Säugeperiode bzw. Laktationszeit ist es wieder einfacher: Man kennt die Anzahl Lämmer oder in der Milchschafhaltung die Milchmenge und auch die Milchinhaltsstoffe.

Die Ermittlung der Futteraufnahme wurde auf Seite 88/89 beschrieben. Falls auch so durchgeführt, gibt es darüber sehr gute Werte.

Jetzt ist nur noch die Zusammensetzung der eingesetzten Futtermittel ein Unsicherheitsfaktor. Liegen Laboruntersuchungsergebnisse vor, dann ist es kein Problem, gute Rationen zu rechnen. Liegen keine derartigen Ergebnisse vor und muss man auf Tabellenwerte zurückgreifen, dann muss mit einem großen Unsicherheitsfaktor gerechnet werden.

Vor allem bei den wirtschaftseigenen Futtermitteln können zwischen den Tabellenwerten und den tatsächlich eingesetzten Futtermitteln sehr große Abweichungen auftreten. Daher ist, wenn man seine Schafe wirklich optimal und leistungsgerecht versorgen möchte, eine Untersuchung der eigenen Futtermittel in einem Labor anzuraten.

Die im Folgenden angeführten Rationsbeispiele sind als Beispiele zu betrachten und beziehen sich auf ein 70 kg schweres Schaf. Für die Berechnung wurde ein Futterrationsrechner verwendet, der auch auf der Homepage raumberg-gumpenstein.at gratis zum Download zur Verfügung steht. Ohne die Verwendung eines Rationsberechnungsprogrammes ist eine Kalkulation relativ umständlich.

Die in den Rationsbeispielen angeführten Futtermittel sind auch in Tabelle 7 (siehe S. 72/73) enthalten, die jeweils hochgestellte Zahl mit Klammer (z. B. „Heu[5)]“) weist auf die in der Tabelle angeführte Qualität hin. Die Angaben beziehen sich auf die Frischsubstanz.

Rationsbeispiele zur Deckung des Erhaltungsbedarfes

Wie bereits erwähnt, ist die Fütterung der Schafe zur Deckung des Erhaltungsbedarfes relativ einfach. Es ist mehr darauf zu achten, dass die Tiere in dem Zeitraum, wo sie keine besonderen Leistungen erbringen müssen, nicht zu gut gefüttert werden.

Beispiel 1:

1,8 kg Heu[5)] reichen zur Deckung des Erhaltungsbedarfes.

Beispiel 2:

3,2 kg Grassilage[14]

Beispiel 3:

Im Sommer können Schafe, bei denen nur der Erhaltungsbedarf zu decken ist, auf schlechten Weiden gehalten werden. Eine andere Variante wäre, dass sie hinter Schafen mit Lämmern nachgrasen, vorausgesetzt, die Schafe mit Lämmern waren nur kurze Zeit auf der Koppel (Parasitenbelastung).

Rationsbeispiele für trächtige Schafe

Bei der Rationsgestaltung für trächtige Schafe ist zu berücksichtigen, dass das Futteraufnahmevermögen durch die Einengung des Pansens aufgrund der heranwachsenden Föten eingeschränkt ist.

Der erhöhte Nährstoffbedarf speziell gegen Ende der Trächtigkeit kann also nicht durch eine erhöhte Futteraufnahme gedeckt werden, sondern die Qualität der Futtermittel bzw. die Nährstoffkonzentration muss höher sein.

Für sehr hohe Leistungen ist mit Heu alleine nicht mehr das Auslangen zu finden, sodass die Ration mit konzentrierten Komponenten ergänzt werden muss. (© Ferdinand Ringdorfer)

Beispiel 1:

105. Trächtigkeitstag, voraussichtlich ein Einling mit 3 kg Geburtsgewicht, Mutterschaf hat 70 kg.

3,5 kg Grassilage[13] oder 1,5 kg Heu[2]

Zu Beginn des letzten Drittels der Trächtigkeit ist der Bedarf mit gutem Grundfutter, sei es Heu oder Grassilage, ohne Weiteres abzudecken.

Beispiel 2:

140. Trächtigkeitstag, angenommen, es gibt zwei kräftige Zwillinge mit je 5 kg Geburtsgewicht, das Mutterschaf hat ebenfalls 70 kg.

3,9 kg Grassilage[12] plus 0,2 kg Gerste plus 0,2 kg Trockenschnitte oder

1,6 kg Heu[1] plus 0,2 kg Gerste plus 0,2 kg Trockenschnitte

Trotz bester Qualität des Grundfutters ist zusätzlich noch die Verabreichung von beispielsweise Gerste und Trockenschnitten notwendig.

Beispiel 3:

Auf einer guten Weide kann der Bedarf ohne Zufütterung von Getreide oder sonstigen konzentrierten Komponenten ohne Weiteres gedeckt werden.

Rationsbeispiele für laktierende oder säugende Schafe

Nach dem Ablammen können die Schafe wieder größere Mengen an Futter aufnehmen. Dies ist auch notwendig, weil in diesem Leistungsstadium der Bedarf am größten ist. Der Bedarf ist abhängig von den Milchinhaltsstoffen, die in den Beispielen mit 6 % Fett und 5 % Eiweiß angenommen wurden.

In der Milchschafhaltung, wo es Untersuchungsergebnisse gibt, sollte mit den tatsächlichen Werten gerechnet werden, da es gerade im Fettgehalt zu großen Schwankungen kommen kann.

Beispiel 1:
Mutterschaf mit 70 kg Lebendgewicht und einer täglichen Milchleistung von 1 kg.

5 kg Grassilage[12] oder 2 kg Heu[1]

Für eine Milchleistung von nur 1 kg ist noch kein Einsatz von Kraftfutter notwendig, gutes Grundfutter reicht aus.

Beispiel 2:
Mutterschaf mit 70 kg Lebendgewicht und einer täglichen Milchleistung von 3 kg.

6 kg Grassilage[11] plus 0,6 kg Gerste plus 0,3 kg Sojaextraktionsschrot oder

2,4 kg Heu[1] plus 0,6 kg Gerste plus 0,3 kg Sojaextraktionsschrot oder

3,5 kg Grassilage[11] plus 1 kg Heu[1] plus 0,6 kg Gerste plus 0,3 kg Sojaextraktionsschrot.

Eine Kombination aus Heu und Grassilage ist bei diesen großen Mengen, die notwendig sind, um den Bedarf zu decken, für eine ausreichende Futteraufnahme besser geeignet.

Die Beispiele sollen zeigen, dass eine ausreichende Ernährung sich bei derart hohen Leistungen auch mit bestem Grundfutter nicht mehr ausgeht. In Bezug auf Grundfutter ist es möglich, entweder nur Heu oder nur Grassilage zu produzieren. Für Schafmilchbetriebe ist interessant, dass sie auch nur mit Heu und der entsprechenden Ergänzung auskommen.

Beispiel 3:
Gleiche Leistung wie in Beispiel 2.

3,6 kg Grassilage[11] plus 1 kg Heu[1] plus 2,6 kg Maissilage[22] plus 0,2 kg Sojaextraktionsschrot.

Steht auf dem Betrieb Maissilage zur Verfügung, so kann diese auch sehr gut in der Ration der säugenden oder laktierenden Schafe eingesetzt werden. Man kann dadurch Getreide einsparen. Wichtig ist jedoch, dass neben einer Mineralstoffmischung für Schafe auch zusätzlich Viehsalz angeboten wird. Und natürlich darf auf eine ausreichende Versorgung mit frischem Wasser nicht vergessen werden.

FÜTTERUNG DER LÄMMER

In der letzten Phase der Trächtigkeit optimal versorgte Mutterschafe werden kräftige, vitale Lämmer zur Welt bringen. Dies ist eine wichtige Voraussetzung für das weitere Wachstum.

Die andere Voraussetzung ist, dass die Lämmer genügend Nährstoffe für ein rasches Wachstum aufnehmen.

Zu bedenken ist dabei, dass die Futteraufnahmekapazität der Lämmer begrenzt ist und deshalb die Nährstoffkonzentration und die Verdaulichkeit der Futtermittel sehr hoch sein müssen.

Mit der Muttermilch ist dies auf jeden Fall gegeben, vorausgesetzt, das Mutterschaf hat eine genügend hohe Milchleistung. In den ersten 4–5 Lebenswochen sind die Lämmer auch auf die Muttermilch angewiesen, erst dann beginnen sie verstärkt mit der Aufnahme von festen Futterstoffen.

Biestmilchaufnahme

Für das Überleben der Lämmer ist eine ausreichende Biestmilchaufnahme in den ersten Stunden nach der Geburt die wichtigste Voraussetzung. Unter normalen Geburtsverhältnissen stehen die Lämmer bereits nach 15–30 Minuten auf und suchen das Euter. Ist die Saugleistung des Lammes stark genug und der Strichkanal der Zitze nicht durch einen Pfropf verstopft, so erkennt man das am „Schwanzwedeln" des Lammes.

Kommt keine Milch heraus, so versucht das Lamm immer von Neuem, anzusetzen, und in diesem Fall ist die Zitze auf jeden Fall zu kontrollieren und ein eventueller Pfropf von Hand auszumelken.

Lebensschwache Lämmer sollte man zum Euter halten und ihnen beim Auffinden der Zitzen behilflich sein. Können sie nicht saugen, so ist die Biestmilch auszumelken und den Lämmern entweder mit einer Flasche oder einer Sonde einzugeben. Bei der Eingabe mittels Sonde ist darauf zu achten, dass diese nicht in die Luftröhre eingeführt wird.

Die Aufnahme von Biestmilch in den ersten Lebensstunden ist für das Lamm die Basis für das weitere Wachstum. (© Ferdinand Ringdorfer)

Schafe mit lebensschwachen Lämmern sind in Einzelboxen zu halten, damit sich die Mutter-Kind-Beziehung besser festigen kann. Außerdem ist es so einfacher, die Lämmer entsprechend zu versorgen. Zusätzlich ist es für die Lämmer leichter, das Euter zu finden, wenn sich die Mutter immer in unmittelbarer Nähe befindet.

Bedeutung der Biestmilch

Die gelblich gefärbte, dicke Biestmilch (Kolostralmilch) ist besonders reich an Nährstoffen. Neben der nötigen Energieversorgung liefert die Biestmilch auch die lebenswichtigen Abwehrstoffe (Antikörper) für das Lamm und unterstützt den Abgang des Darmpechs.

Innerhalb der ersten zwölf Stunden nach der Geburt besteht physiologisch das größte Vermögen der Aufnahme von Antikörpern über den Darm. Außerdem ist in diesen ersten Stunden der Gehalt an Antikörpern am höchsten, er baut sich in der Folge relativ rasch ab. Daher ist es besonders wichtig, dass von den Lämmern so schnell wie möglich die Kolostralmilch aufgenommen wird.

Die Biestmilch hat auch einen sehr hohen Eiweißgehalt (15–20 %), der vorwiegend aus Albuminen und Globulinen zusammengesetzt ist. Diese Eiweißstoffe können nur in den ersten Lebensstunden in großer Menge unverdaut über die Darmschleimhaut direkt in den Blutkreislauf des Neugeborenen gelangen.

Weiters ist der Gehalt an Mineralstoffen und Vitaminen in der Biestmilch sehr hoch. Der reichliche Gehalt an Energie, Eiweiß, Mineralstoffen, Vitaminen und Antikörpern nimmt jedoch bereits am zweiten Tag rasch ab, und nach einer Woche hat die Milch ihre normale Zusammensetzung erreicht.

Biestmilchreserven

Da es immer wieder vorkommen kann, dass aus verschiedensten Gründen keine Biestmilch zur Verfügung steht, empfiehlt es sich, Biestmilchreserven anzulegen. Entweder melkt man die Biestmilch eines sehr milchergiebigen Schafes aus oder bedient sich eines Kuhkolostrums. Die Portionen werden tiefgefroren und sollten bei Bedarf langsam in einem Wasserbad aufgetaut werden. Nicht erhitzen, da sonst die wichtigen Antikörper zerstört werden!

Mutterlose Aufzucht der Lämmer

In der Milchschafhaltung und für Problemlämmer erfolgt die Aufzucht der Lämmer meist, ohne bei der Mutter zu saugen. Der Milchschafbetrieb möchte die Milch abliefern oder zu Käse etc. verarbeiten. Für Problemlämmer, sei es, weil die Mutter bei der Geburt gestorben ist, Mehrlingsgeburten stattgefunden haben, oder weil die Mutter zu wenig Milch hat, ist die mutterlose Aufzucht die einzige Möglichkeit für das Überleben der Tiere.

Die mutterlose Aufzucht der Lämmer wird vor allem in der Milchschafhaltung oder bei sogenannten Problemlämmern betrieben.
(© Ferdinand Ringdorfer)

Damit das Lamm die Milch oder Tränke verdauen kann, muss diese so schnell als möglich im Labmagen gerinnen. Dies geschieht am ehesten, wenn die Milch in kleinen Mengen und mit Körpertemperatur in den Labmagen gelangt. Die natürliche Aufzucht, wo das Lamm 15- bis 20-mal am Tag kleine Mengen aus dem Euter saugt, trägt dieser Anforderung am ehesten Rechnung.

Ist diese Möglichkeit der natürlichen Aufzucht aus den genannten Gründen nicht möglich, so müssen die Lämmer mit einem Gummisauger künstlich aufgezogen werden, wobei es mehrere Möglichkeiten gibt. Es kann die Milch bzw. die Tränke auf Körpertemperatur angewärmt und in kleinen Portionen mehrmals am Tag verabreicht werden (Warmtränke), oder sie wird angesäuert und kalt zur freien Aufnahme angeboten.

Gewöhnung an den Gummisauger

Um die Lämmer an den Gummisauger zu gewöhnen, ist es am besten, wenn sie gleich nach der Geburt abgesetzt werden und gar nicht erst bei der Mutter saugen. Haben die Lämmer erst einmal ein paar Tage bei der Mutter gesaugt und besteht eine enge Mutter-Kind-Beziehung, ist eine Umstellung bzw. Gewöhnung an den Gummisauger oft sehr mühselig oder gelingt überhaupt nicht. Beim unmittelbaren Absetzen nach der Geburt muss die warme Biestmilch mittels Flasche oder Eimer verabreicht werden. Die Lämmer kennen die Zitzen der Mutter noch nicht und sind deshalb auch mit dem

Gummisauger zufrieden und werden ohne Probleme daran saugen. Anschließend wird es sinnvoll sein, einen Milchaustauscher einzusetzen und eines der folgenden Verfahren anzuwenden.

Gummisauger am Eimer

Am Grund eines Eimers oder sonstigen Vorratsbehälters befinden sich meistens mehrere Gummisauger. In den Saugern ist ständig Tränke, und sobald das Lamm saugt, hat es die Tränke im Maul. Ein Nachteil dieser Variante ist jedoch, dass mit fortschreitendem Einsatz und auch, wenn die Lämmer größer werden, die Gummisauger undicht werden. Wenn das nicht gleich bemerkt wird, fließt Tränke aus. Die Sauger müssen dann dringend erneuert werden.

Gummisauger mit Saugleitung

Der Gummisauger sieht gleich aus wie bei der vorher beschriebenen Variante, nur ist dahinter eine Saugleitung. Über diese Leitung wird die Milch aus dem Vorratsbehälter angesaugt. In der Leitung befindet sich ein einfaches Rückschlagventil, welches dafür sorgt, dass in der Leitung immer Tränke ist und so nach ein paar Leersaugern die Tränke dem Lamm zur Verfügung steht. Für ganz kleine Lämmer ist es anfangs etwas schwieriger, stellt aber nach kurzer Zeit kein Problem mehr da. Der Vorteil dieser Variante ist, dass es zu keinen Tränkeverlusten kommt, falls der Sauger nicht mehr dicht ist. Die Gummisauger können somit länger verwendet werden.

Warmtränke

Wird die künstliche Aufzucht mittels Warmtränke durchgeführt, so ist darauf zu achten, dass die Temperatur richtig ist (39 °C) und dass nicht zu große Mengen auf einmal aufgenommen werden. Die Fütterung muss mindestens drei- bis viermal am Tag erfolgen, wobei zu Beginn jedes Mal ca. 0,2 l verabreicht werden sollten.

Sind zwischen den Mahlzeiten zu große Abstände und wird eine größere Menge angeboten werden, dann saugen die Lämmer die Milch viel zu gierig, und es kann zu Verdauungsstörungen kommen. Daher ist es wichtig, dass mehrere kleine Mengen verabreicht werden. Es ist also für die Lämmeraufzucht mittels Warmtränke ein relativ hoher Energie- und auch Arbeitsaufwand notwendig.

Kalte Sauertränke

Bei der angesäuerten Kalttränke wird das Kasein durch Säurezusatz zur Gerinnung gebracht. Daher kann auf die für die Labmagengerinnung notwendige Temperatur verzichtet werden. Für die Gerinnung wird am besten Ameisensäure verwendet. Dabei werden auf 10 l Tränke 38 g Ameisensäure gegeben. Der pH-Wert der Tränke liegt bei rund 4,5.

Durch das Ansäuern ist es möglich, die Tränke für ein bis drei Tage im Vorrat anzurichten. Das bedeutet weniger Arbeits- und Energieaufwand. Es muss nur täglich ein- bis zweimal umgerührt werden. Da die Tränke kalt und säuerlich ist, wird pro Saugen weniger aufgenommen. Die Gefahr von Verdauungsstörungen ist dadurch deutlich geringer oder gar nicht vorhanden.

Die Gesamtaufnahme pro Tag ist aber im Vergleich zur Warmtränke höher. Die Lämmer haben rund um die Uhr die Möglichkeit, Tränke aufzunehmen. Dies entspricht auch am ehesten der natürlichen Aufzucht der Lämmer bei der Mutter. Mit der höheren Aufnahme von Tränke ist auch ein besseres Wachstum der Lämmer verbunden.

In Tabelle 11 sind Versuchsergebnisse der beiden Aufzuchtmethoden dargestellt. Die geringere Tränkeaufnahme der Gruppe mit Warmtränke wurde durch eine verstärkte Aufnahme von Kraftfutter und Grummet kompensiert. Die Lämmer der Kalttränkegruppe sind zwar etwas rascher gewachsen, hatten aber einen höheren Fettanteil im Schlachtkörper.

Tabelle 11: Mast- und Schlachtleistungsergebnisse der Lämmeraufzucht mit Warm- und Kalttränke.

Merkmal	saure Kalttränke	warme Süßtränke, dreimal täglich
Anfangsgewicht, kg	6,50	7,10
Endgewicht, kg	23,80	23,60
Mastdauer, Tage	49	52
tägl. Zunahme, g	372	327
Milchpulver, g/kg Zun.	1082	927
Kraftfutter, g/kg Zun.	259	469
Grummet, g/kg Zun.	83	165
Schlachtausbeute, %	54,78	54,06
Fleisch, %	62,47	65,38
Fett, %	13,60	10,41
Knochen, %	23,93	24,21

Lämmeraufzucht bei der Mutter

Die natürlichste Form der Aufzucht ist bei der Mutter. Ab der dritten Lebenswoche beginnen die Lämmer bereits, feste Nahrung in geringen Mengen aufzunehmen. Es ist daher sinnvoll, in einem sogenannten Lämmerschlupf hochverdauliches Futter (junges Heu, Kraftfutter) anzubieten.

Ab einem Alter von fünf bis sechs Wochen sind die Lämmer bereits in der Lage, ohne Muttermilch auszukommen, vorausgesetzt, sie bekommen bestes, gut verdauliches Futter angeboten. Ist die Futtergrundlage schlecht, so muss dieses von den Mutterschafen in Milch umgewandelt werden, um damit die Lämmer zu ernähren.

Rohfaserreiches, schlecht verdauliches Futter kann von den Lämmern bei Futternot zwar aufgenommen, aber nicht verdaut werden. In so einem Fall würden die Lämmer mit vollem Magen verhungern.

Wie lange die Aufzuchtperiode dauert, hängt von der Rasse und den allgemeinen Produktionsbedingungen ab. Intensive Betriebe der Lämmererzeugung setzen die Lämmer mit sechs bis acht Wochen von der Mutter ab und mästen sie mit Kraftfutter und Heu. Saisonale Fleischrassen lammen in der Regel im Frühjahr im Stall und die Lämmer gehen dann mit den Mutterschafen auf die Weide und bleiben dort meist bis zum Erreichen des Mastendgewichtes. Zwischen einem frühen Absetzen und dem Absetzen bei Erreichen des Schlachtgewichtes gibt es viele Zwischenvarianten.

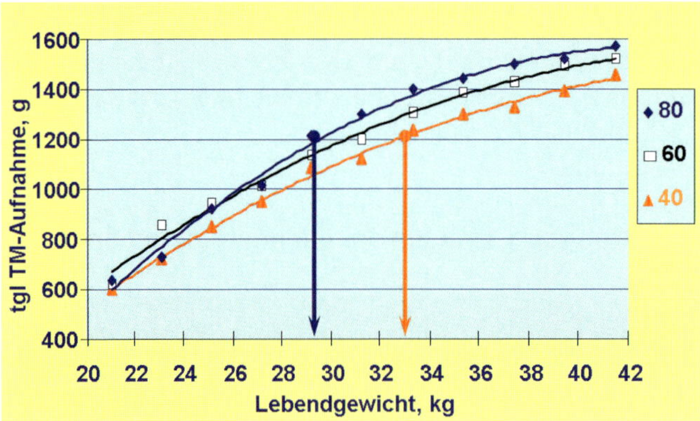

Grafik 9: Tägliche Futteraufnahme von Lämmern in Abhängigkeit vom Lebendgewicht und Kraftfutteranteil in der Ration (40, 60 und 80 %).
(© Archiv Autoren)

Fütterung der abgesetzten Lämmer

Um das volle Wachstumspotenzial der Lämmer ausnützen zu können, brauchen sie eine konzentrierte, gut verdauliche Nahrung. Zu bedenken ist, dass Lämmer ein begrenztes Futteraufnahmevermögen haben (siehe Grafik 9). Die durchschnittliche tägliche Futteraufnahme eines 20 kg schweren Lammes beträgt rund 600–700 Gramm, mit 42 kg sind es 1,4–1,6 kg.

Weibliche Lämmer, die für die spätere Zuchtverwendung vorgesehen sind, sollten nicht so intensiv gefüttert werden.

Hier ist es wichtiger, dass sie möglichst rasch wirtschaftseigenes Raufutter aufnehmen, damit sich der Pansen gut ausbilden kann. Es genügen tägliche Zunahmen von 250–300 Gramm. Wichtig ist auch, dass diese Lämmer gut mit Kalzium versorgt sind.

Für männliche Zuchtlämmer gilt im Prinzip das Gleiche, nur können diese etwas intensiver gefüttert werden, sodass sie bis zu 350 Gramm tägliche Zunahmen erreichen. Bei den männlichen Lämmern ist besonders auf das Kalzium-Phosphor-Verhältnis zu achten. Dieses sollte mindestens 3:1 betragen, um der Bildung von Harnsteinen vorzubeugen.

Weiters sollten die männlichen und weiblichen Lämmer getrennt voneinander aufgestallt bzw. gehalten werden.

Tabelle 12: Nähr- und Mineralstoffbedarf von Mastlämmern in Abhängigkeit vom Lebendgewicht und den täglichen Zunahmen.

LG, kg	Zunahme, g	Rp, g	MJ ME	Ca, g	P, g
25	300	150	10,4	6	3
	400	210	15,8		
35	300	170	12,3	8	3,5
	400	245	17,5		
45	300	195	14,1	10	4,9

Fütterung der Mastlämmer

Für die Lämmermast kann keine generelle Empfehlung ausgesprochen werden. Es sind immer mehrere Einflussfaktoren zu berücksichtigen, und danach ist die Fütterung auszurichten.

In erster Linie muss auf die Wünsche und Vorstellungen der Konsumenten Rücksicht genommen werden. Natürlich soll durch eine optimale Versorgung der Lämmer das volle Potenzial zur Muskelbildung ausgenützt werden. Junge Lämmer setzen in erster Linie Muskelmasse an und danach erst Körperfett.

Als Frage bei der Fütterung der Mastlämmer stellt sich immer, wie hoch der Kraftfutteranteil sein soll. Gerade in Zeiten, wo das Getreide sehr teuer ist, hat diese Frage auch einen wirtschaftlichen Hintergrund. Andererseits wird die Schafhaltung immer als sehr naturnahe tierische Produktionsrichtung dargestellt. Auch der Konsument verbindet mit dem Kauf von Lammfleisch eher diese Vorstellung und nicht jene, dass die Lämmer im Stall „gemästet" werden.

In den folgenden Ausführungen werden die intensive Lämmerfütterung sowie die Lämmerfütterung mit einem höheren Anteil an wirtschaftseigenem Futter näher beschrieben. Die Entscheidung, nach welchem Verfahren die Lämmer gefüttert werden, muss jeder Betriebsführer für sich und seinen Betrieb selber fällen. Es wird davon abhängen, welche Futtergrundlage am Betrieb besteht und wie die Vermarktungswege aussehen.

Wird in der Lämmermast selbst gemischtes Getreide eingesetzt, so sollte dies am besten gequetscht sein. (© Ferdinand Ringdorfer)

Werden die Lämmer intensiv mit Kraftfutter gefüttert, so sollten sie stets freien Zugang dazu haben. Dadurch wird verhindert, dass sie zu viel auf einmal fressen. (© Ferdinand Ringdorfer)

Intensive Fütterung der Mastlämmer

Wie bereits der Name zum Ausdruck bringt, werden bei dieser Methode die Lämmer intensiv mit Nährstoffen versorgt. Nach dem frühen Absetzen von der Mutter mit rund sechs bis acht Wochen werden die Lämmer im Stall mit Kraftfutter zur freien Aufnahme und Heu oder Stroh, ebenfalls zur freien Aufnahme, gefüttert. Bei diesem Verfahren werden tägliche Zunahmen von 350–450 Gramm erzielt, und die Lämmer sind mit einem Alter von drei bis vier Monaten schlachtreif.

Wichtig ist, dass die Lämmer bereits während der Säugeperiode das gleiche Kraftfutter über einen Lämmerschlupf angeboten bekommen, damit es nach dem Absetzen zu keinen Umstellungsschwierigkeiten kommt.

Männliche und weibliche Lämmer sollen in separaten Gruppen gehalten werden. Dies ist besonders gegen Mastende von Bedeutung, weil die jungen männlichen Lämmer bereits mit einem Alter von vier Monaten beginnen, an den weiblichen Lämmern herumzureiten. Dadurch entsteht eine Unruhe in der Gruppe, und außerdem ist auch der Energieaufwand größer bzw. können dadurch die täglichen Zunahmen niedriger sein.

Weiters empfiehlt sich auch, die Lämmer in Gruppen mit annähernd gleichem Lebendgewicht zu halten. Ansonsten besteht die Gefahr, dass schwächere Lämmer von den starken verdrängt werden und dadurch ein schlechteres Wachstum haben.

Als Kraftfutter wird in den meisten Fällen ein im Handel erhältliches Lämmermastfutter in pelletierter Form angeboten. Dies hat den Vorteil, dass es neben den Nährstoffen auch Mineralstoffe, Spurenelemente und Vitamine enthält. Weiters fallen beim pelletierten Futter nicht so viele Fein- und Staubteile an, die dazu führen, dass die Futtertröge stärker verschmutzen. Die sich bildenden Staubkrusten in den Ecken der Tröge sind ein idealer Brutplatz für Bakterien. Der feine Futterstaub kann sich auch in den Schleimhäuten der Nasenlöcher ansammeln und diese unter Umständen verkleben, sodass das Atmen schwerfällt.

Wird ein selbst gemischtes Kraftfutter eingesetzt, sollten die Einzelkomponenten nicht zu fein geschrotet werden; besser ist es, wenn sie gequetscht werden. Es empfiehlt sich auch, 1 % Futteröl beizumischen, damit die Feinanteile gebunden werden.

Außerdem ist bei Eigenmischungen darauf zu achten, dass die Mischung erstens im richtigen Verhältnis durchgeführt wird und es zweitens bei der Fütterung zu keiner Entmischung kommt. Beim Mischen ist darauf zu achten, dass die einzelnen Komponenten gewogen werden und nicht nach dem Volumen kalkuliert wird. Das spezifische Gewicht der üblichen Kraftfutterkomponenten ist unterschiedlich groß, und so kann es sein, dass z. B. ein zu hoher Sojaanteil in der Mischung ist, wenn die Komponenten nicht gewogen, sondern nach Volumen gemischt werden. Die Beimischung von Futteröl wirkt auch gegen eine Entmischung. Bei pelletiertem Fertigfutter gibt es keine Entmischung. Bei selbst gemischten Rationen ist zusätzlich eine vitaminisierte Mineralstoffmischung für Schafe anzubieten oder diese der Mischung beizugeben, wie im angeführten Beispiel in Tabelle 13.

Tabelle 13: Beispiel einer einfachen Kraftfuttermischung für Lämmer mit den dazu gehörenden Eiweiß- (Rp), Energie- (ME), Kalzium- (Ca) und Phosphorgehalten (P).

Futtermittel	% i. d. Misch.	g Rp	MJ ME	g Ca	g P
Gerste	40	47,6	5,2	0,3	1,6
Winterweizen	20	27,6	2,7	0,1	0,8
Sojaextraktionsschrot	15	76,5	2,1	0,5	1,1
Trockenschnitzel	21	20,8	2,5	2,0	0,2
Mineralstoffmischung	3	–	–	7,3	2,6
kohlensaurer Futterkalk	1	–	–	3,8	–
Summe	100	172,5	12,5	14,0	6,3

Fütterung der Mastlämmer mit wirtschaftseigenem Futter

Bei dieser Methode bleiben die Lämmer bis zu drei Monate oder gar bis zum Erreichen des Schlachtgewichtes bei der Mutter. Die Ration besteht neben der Muttermilch hauptsächlich aus Heu, Grassilage, Maissilage oder Weide. Je nach Grundfutter ist eine entsprechende Energie- oder Eiweißergänzung zu verabreichen.

In Abhängigkeit von der Futterqualität können bei dieser Methode tägliche Zunahmen von rund 200–250 Gramm erzielt werden.

Es wurde schon angesprochen, dass das Futteraufnahmevermögen von Lämmern begrenzt ist. Bei weniger konzentrierten Futtermitteln werden somit weniger Nährstoffe aufgenommen, und das Leistungsniveau ist niedriger.

Es empfiehlt sich auch bei dieser Methode, den Lämmern in einem Lämmerschlupf zusätzlich zum Grundfutter und der Muttermilch Kraftfutter anzubieten. Hat die Mutter sehr viel und auch lange Milch, werden die Lämmer wenig vom Kraftfutter aufnehmen. Ist jedoch die Milchleistung des Muttertieres schlecht, so können die Lämmer diesen Mangel über eine verstärkte Kraftfutteraufnahme ausgleichen. Mit der Möglichkeit, Kraftfutter aufzunehmen, werden Tageszunahmen bis zu 350 Gramm erreicht. Durch die Kombination von wirtschaftseigenem Futter und Kraftfutter können also gute Leistungen der Lämmer erzielt werden. Ganz ohne Kraftfutter geht es nicht, wenn man kräftige und junge Lämmer erzeugen will.

Schafe und junge Lämmer müssen jederzeit mit frischem Wasser versorgt werden. (© Ferdinand Ringdorfer)

Wasserversorgung

Gerade in der intensiven Lämmerfütterung ist eine ausreichende Versorgung mit frischem, sauberen Wasser eine wichtige Voraussetzung. Verschmutztes Wasser oder Wassermangel führen zu einer verminderten Futteraufnahme und damit zu einer Leistungsminderung. Am einfachsten erfolgt die Wasserversorgung über Selbsttränken.

FÜTTERUNG DER JUNGSCHAFE

Lämmer, die für die spätere Zuchtverwendung vorgesehen sind, können bis zu einem Lebendgewicht von rund 35 kg genauso gefüttert werden wie Mastlämmer. Zu diesem Zeitpunkt kann dann eine erste Selektion nach Zuwachsleistung und Exterieur durchgeführt werden.

Die Selektion der Jungschafe im Anschluss an ein normales Mastverfahren hat den Vorteil, dass Tiere, die aufgrund eines körperlichen Fehlers (Beinstellung, Rücken, Gebiss, Wolle), der sich erst im Laufe der Zeit entwickelt hat, zu diesem Zeitpunkt noch sehr gut als Mastlamm vermarktet werden können. Allerdings sollte, nachdem die Entscheidung für eine weitere Zuchtverwendung gefallen ist, die Fütterungsintensität gesenkt und den Jungschafen vermehrt wirtschaftseigenes Grundfutter angeboten werden, damit sich der Pansen gut entwickeln kann.

Speziell männliche Zuchttiere sollten nicht bis zum Zeitpunkt des Verkaufes intensiv gefüttert werden, auch wenn sie dadurch in ihrem äußeren Erscheinungsbild besser dastehen würden. Der neue Besitzer gibt den gekauften Widder meistens nach einer kurzen Quarantänezeit zu seiner Mutterschafherde zur Belegung. Die Fütterung ist dabei meistens nicht mehr so intensiv, und der Widder entwickelt sich oft zum Leidwesen des Besitzers in die verkehrte Richtung.

Die Gewichtsentwicklung hat einen größeren Einfluss auf den Eintritt in die Geschlechtsreife als das Alter. Jungschafe sollten zum Zeitpunkt der ersten Belegung ein Lebendgewicht von 75 % des ausgewachsenen Schafes haben. Eine zu frühe Belegung mit geringem Körpergewicht bewirkt, dass sich diese Schafe nicht mehr vollständig entwickeln.

HALTEN VON SCHAFEN

Das Schaf ist ein Herdentier und muss auch dementsprechend gehalten werden. Sich ein einzelnes Schaf zu halten, entspricht nicht den Bedürfnissen des Schafes. Außerdem ist das Schaf ein Weidetier, was bei der Haltung natürlich berücksichtigt werden muss.

Im Tierschutzgesetz ist genau geregelt, worauf es beim Halten von Schafen (und natürlich aller anderen Tierarten) ankommt. Demnach sind Schafe so zu halten, dass ihr Wohlbefinden nicht beeinträchtigt und ihr natürliches Verhalten nicht gestört ist. Grundsätzlich kann jeder Schafe halten, der über die notwendigen Kenntnisse verfügt und zur Einhaltung der im Tierschutzgesetz und den entsprechenden Verordnungen erlassenen Auflagen in der Lage ist.

WEIDEHALTUNG

Die natürlichste Form der Schafhaltung ist die Weidehaltung. Schafe sind Wiederkäuer und können daher sämtliche Grünlandflächen als Futtergrundlage nutzen. Schafe können auch auf Grünlandflächen gehalten werden, die für andere Wiederkäuer nicht mehr geeignet sind, weil sie zu steil sind und diese Tiere zu schwer sind. Durch das relativ geringe Körpergewicht der Schafe sind diese auch für die Beweidung von Steilflächen bestens geeignet, ohne dass sie die Grasnarbe schädigen.

Bei der Weidehaltung ist zwischen den Systemen der Koppelhaltung, der Almhaltung und der Hütehaltung zu unterscheiden, wobei es natürlich eine gewisse Vermischung der Verfahren gibt. So kann z. B. auch auf der Alm eine Hütehaltung durchgeführt werden.

Koppelhaltung

Als Koppel bezeichnet man eine eingezäunte Weidefläche. Sind die Koppeln einmal errichtet und befinden sich die Schafe in der Koppel, so ist der Arbeitsaufwand für die Betreuung der Tiere sehr gering.

Die Koppelgröße richtet sich nach der Herdengröße sowie nach der Ertragsfähigkeit des Grünlandes. Für die Koppelhaltung sind alle Schafrassen geeignet, wobei saisonale Fleischrassen ruhiger sind als Bergschafrassen.

Einzäunung

Die Einzäunung der Koppeln muss so erfolgen, dass ein Ausbrechen der Schafe verhindert wird. Am sichersten ist die Einzäunung mit einer festen Zaunanlage. Die Querdrähte des Schafzaunes stehen im unteren Bereich enger, im oberen etwas weiter auseinander. Es gibt im Handel verschiedene Systeme, wie den geschweißten oder den geknoteten Schafzaun. Außerdem bestehen in der Art des Materials Unterschiede (Eisen oder Stahl, verzinkt oder nicht) sowie in der Stärke des Drahtes und im Abstand der horizontalen und senkrechten Drähte. Wichtig ist für alle Typen, dass sie bei der Errichtung gut gespannt sind.

Auch für die Verwendung der Pfähle gibt es die verschiedensten Möglichkeiten. Diese können aus Holz, Kunststoff, Eisen oder Beton sein. Für die Ecken sind besonders starke Pfähle zu verwenden, weil hier die ganze Zugspannung zur Wirkung kommt. Der Abstand der Zaunpfähle richtet sich dabei nach der Geländeform. Im ebenen Gelände kann der Abstand bis zu 3 m betragen, auf unebenen Flächen wird sich der Pfahlabstand an das Gelände anpassen müssen. Wichtig ist, dass die Schafe keine Möglichkeit haben, den Kopf unter dem Zaun durchzustecken.

Die Einzäunung mit einem Elektrozaun ist eine weitere Möglichkeit für die Errichtung von Koppeln. Entweder bedient man sich eines elektrischen Knotengitters oder man spannt zwei bis drei Drähte oder Bänder. Befinden sich in der Herde kleine Lämmer, so ist ein Knotengitter zu bevorzugen. Wenn nur Mutterschafe oder Jungschafe auf der Koppel sind, reichen drei Drähte, die unter Strom stehen. Wichtig ist, dass der Elektrozaun ständig unter Strom steht. Bei batteriebetriebenen Weidezaungeräten ist daher ständig die Spannung der Batterie zu kontrollieren. Sind die Koppeln in Stallnähe, empfiehlt es sich, ein netzbetriebenes Weidezaungerät zu verwenden. Mit dem Einsatz von Solargeräten werden auch sehr gute Erfahrungen gemacht.

Die Verwendung von Elektrozäunen findet vor allem Anwendung, wenn es um die Unterteilung von Koppeln geht, wenn durch ein eventuelles Ausbrechen der Schafe kein Schaden angerichtet werden kann oder wenn die Flächen auch zur Mähnutzung verwendet werden, wofür der Zaun wieder abgeräumt werden muss. Auch im alpinen Bereich wird vielfach ein Elektrozaun, meist mit zwei Drähten, verwendet, weil dieser im Herbst abgenommen werden muss (Schneedruck).

Die Außeneinzäunung der Koppel erfolgt am besten mit einem fixen Zaun, die Unterteilung mit einem flexiblen Elektrozaun.

(© Ferdinand Ringdorfer)

Für die Elektrozäune ist ein leistungsstarkes, mit Sonnenenergie betriebenes E-Gerät vorteilhaft.

(© Ferdinand Ringdorfer)

Stacheldraht ist für die Einzäunung von Schafweiden nicht geeignet. Die Schafe können sich mit der Wolle leicht verhängen.

Arten der Koppelweide

Je nach Weideführung kann man zwischen einer Standweide, Umtriebsweide und Portionsweide unterscheiden. Bei allen dreien müssen der Leistungsbedarf der Schafe berücksichtigt sowie die Leistungsfähigkeit der Weide genutzt und auch erhalten werden.

Die Standweide

Bei der Standweide befinden sich die Schafe die gesamte Vegetationsperiode über auf der gleichen Fläche. Es ist dies eine sehr arbeitsextensive Form der Weidehaltung, weil kein Überstellen der Tiere oder Errichten von Zäunen notwendig ist.

Da die Tieranzahl so gewählt werden muss, dass die Herde die ganze Vegetationszeit genügend Futter hat, wird es zu Weidebeginn zu einer Unterbeweidung kommen und gegen Ende der Weideperiode zu einer Überbeweidung.

Die Ausnutzung der Leistungsfähigkeit ist gering, die Schafe haben die Möglichkeit einer starken Futterselektion. Weniger wertvolle bzw. weniger gern gefressene Pflanzenarten werden dadurch gefördert, andere stärker verbissen. Die Standweide wird eher auf extensiven Flächen betrieben, die auch maschinell kaum zu bewirtschaften sind.

Die Umtriebsweide

Das System der Umtriebsweide besteht aus mindestens vier Koppeln, besser sind sechs. Die Koppelgröße richtet sich nach Anzahl der Schafe und Dauer der Beweidung. Die Weidedauer sollte so bemessen sein, dass die Schafe nach einer Woche alles abgefressen haben. Danach kommen sie auf die nächste Koppel. Handelt es sich um große, zusammenhängende Flächen, so wird die Unterteilung am einfachsten mit einem flexiblen Elektrozaun vorgenommen.

Ein selektives Fressen ist hier nicht mehr möglich, weil die Schafe so lange in der Koppel bleiben, bis alles gefressen ist. Die Ausnützung des Futterertrages ist daher besser als bei der Standweide.

Im Frühjahr kann der Futterüberschuss auf einem Teil der Weidefläche für die Gewinnung von Heu oder Silage verwendet werden. Die Mähnutzung hat den Vorteil, dass die Schafe kein überständiges Futter abweiden müssen, was in den meisten Fällen ohnedies nur mit starkem Vertritt verbun-

Die Wasserversorgung auf der Weide sollte auf befestigten Flächen erfolgen. (© Ferdinand Ringdorfer)

den ist. Ein weiterer Vorteil besteht darin, dass sich die Vegetation auf einer Koppel in der Zeit, wenn die Schafe auf der nächsten weiden, wieder erholen kann.

Die Portionsweide

Bei diesem System besteht die höchste Besatzdichte. Die tägliche Futtermenge wird jeden Tag neu zugeteilt. Es besteht keine Möglichkeit, Futter zu selektieren. Die Portionsweide liefert den höchsten Flächenertrag, da die Schafe gezwungen sind, den gesamten Aufwuchs der zugeteilten Fläche abzufressen.
Der Arbeitsaufwand für die tägliche Zuteilung der Weidefläche ist sehr hoch. Die Parasitenbelastung ist gering, da die Tiere täglich auf frischen Flächen grasen. Dieses System findet vorwiegend in der Milchschafhaltung Anwendung, wo die Tiere täglich zum Melken in den Stall getrieben werden.

Besatzstärke und Besatzdichte

Die Besatzstärke ist die Anzahl der Mutterschafe, Widder und Jungschafe, die auf einem Hektar Futterfläche das ganze Jahr über gehalten werden können. Futterertrag der Fläche und Leistungsbedarf der Schafe bestimmen die Besatzstärke. Der Futterertrag wiederum wird vom Boden, vom Klima, von der Zusammensetzung des Pflanzenbestandes, vom Nutzungssystem sowie von der Düngung beeinflusst.

Unter normalen mitteleuropäischen Grünlandbedingungen können pro Hektar Fläche zwischen sechs und acht Schafe gehalten werden.

Koppelgröße und Herdengröße müssen aufeinander abgestimmt sein. (© Ferdinand Ringdorfer)

Unter der Besatzdichte versteht man die augenblickliche Anzahl der Schafe pro Hektar Fläche. Ist die Besatzdichte hoch, wird das vorhandene Futter in kurzer Zeit abgefressen und die Möglichkeit einer Futterselektion ist nicht gegeben. Im Frühjahr, zur Zeit des Hauptwachstums der Pflanzen, ist eine hohe Besatzdichte vorteilhaft, gegen Ende der Vegetationsperiode wird die Besatzdichte niedriger werden.

Almhaltung

In den alpinen Regionen werden die Schafe während der Sommermonate zum größten Teil auf der Alm gehalten. Diese Zeit dauert oft nur zweieinhalb bis drei Monate, von Anfang Juni bis Mitte September. Die Almhaltung ist vor allem für die Bergschafrassen geeignet, Fleischrassen sind für extreme Gebiete nicht geeignet.

Die Haltung der Schafe auf der Alm zeichnet sich dadurch aus, dass sich die Schafe frei bewegen können. Sie legen dabei oft große Strecken zurück.

Die Futterselektion ist bei dieser Form der Haltung am stärksten ausgeprägt. Durch die großflächige Haltung besteht ein geringes Problem mit Parasiten. Die Schafe kommen während des Sommers oft nur einmal an eine Stelle.

Der Arbeitsaufwand ist sehr gering und beschränkt sich auf regelmäßige Kontrollgänge, wobei gleichzeitig auch etwas Mineralfutter und Viehsalz verabreicht wird. Dadurch erhält man auch die Mensch-Tier-Beziehung aufrecht, und der Abtrieb im Herbst ist leichter durchzuführen.

Ein weiterer Vorteil besteht darin, dass es sich bei der Alpung um eine sehr kostengünstige Form der Schafhaltung handelt.

Die Almhaltung während der Sommermonate ist in den alpinen Regionen die Regel.
(© Ferdinand Ringdorfer)

Durch die Alpung können rund ein Viertel mehr Schafe am Betrieb gehalten werden als ohne.

Als ein Nachteil muss angeführt werden, dass es auch zu größeren Verlusten kommen kann, wenn die Witterung entsprechend schlecht ist. Mit der Beweidung der Almflächen leisten die Schafe allerdings auch einen großen Beitrag zu Erhaltung unserer Kulturlandschaft und zum Umweltschutz.

Auf die richtige Besatzdichte ist stets zu achten, in den meisten Fällen ist aber das Gebiet so groß, dass eine Unterbestoßung vorliegt.

Tierkontrolle auf der Alm

Grundsätzlich müssen nach dem Tierschutzgesetz alle Tiere in Haltungssystemen, bei denen das Wohlbefinden der Tiere von regelmäßiger Versorgung durch Menschen abhängig ist, mindestens einmal am Tag kontrolliert werden. Ausgenommen davon sind Tiere, bei denen das Wohlbefinden *nicht* von der regelmäßigen Versorgung durch den Menschen abhängt, wie beispielsweise während der Alpung. Dies ist dann der Fall, wenn die Fütterung (Weide-, Almhaltung) und Tränke (Wasserversorgung) auch ohne tägliche Betreuung stattfinden kann. Bei diesen Haltungsformen müssen die Tiere aber zumindest so oft kontrolliert werden, dass Schmerzen, Leiden, Schäden und schwere Angst möglichst vermieden werden. Durch regelmäßige Kontrolle der Tiere können Krankheiten und sonstige Probleme frühzeitig erkannt und vermieden werden. Dadurch können den Tieren vermeidbares Leid erspart und schwerwiegende Krankheiten oftmals verhindert werden.

Bei Tieren, die einer über das übliche Maß hinausgehenden Aufmerksamkeit bedürfen (z. B. hochträchtige Tiere vor der Geburt, neugeborene Tiere, erkrankte Tiere), sind die Kontrollen nach Maßgabe der konkreten Umstände zu intensivieren. Bei der Kontrolle des Gesundheitszustandes bzw. des Wohlbefindens der Tiere wird besonders auf Folgendes geachtet: Verhalten (Körperhaltung, abgesondertes oder übermäßig langes Liegen, Lahmheiten), Aussehen (Ernährungszustand, Zustand des Vlieses, Ektoparasitenbefall), Durchfall, Verletzungen, Futter- und Wasserverfügbarkeit, Wiederkäuen.

Betreuungspersonen sollten ein Grundwissen über den Umgang mit sowie die Haltung, Ernährung, Pflege und Krankheiten von landwirtschaftlichen Nutztieren besitzen. Sie sollten imstande sein, zu erkennen, ob Anzeichen einer Krankheit oder Verletzung der Tiere vorliegen, sowie, ob die Haltungseinrichtungen in funktionsfähigem Zustand sind.

Es sollte auch bedacht werden, dass bei Erkrankung des Tierbetreuers eine entsprechende Versorgung der Tiere durch eine andere Person sichergestellt sein muss.

Tiere, die Anzeichen einer Krankheit oder Verletzung aufweisen, müssen unverzüglich ordnungsgemäß (ggf. unter Heranziehung eines Tierarztes) versorgt und angemessen (ggf. gesondert) untergebracht werden. Werden kranke oder verletzte Tiere nicht so rasch als möglich angemessen untergebracht, gepflegt und behandelt, besteht die Gefahr, dass die Tiere unnötig Schmerzen und Leid erfahren und sich ihr Krankheitszustand verschlimmert, was schlussendlich auch tierschutzrelevant sein kann.

Auffinden von verendeten Tieren: Ablieferungspflicht!

In Österreich besteht entsprechend der Tiermaterialien-Verordnung (BGBl. II Nr. 484/2008 i.d.g.F.), einer Verordnung nach dem Tiermaterialiengesetz – TMG (BGBl. I Nr. 141/2003 i.d.g.F.) – grundsätzlich Ablieferungspflicht für verendete Nutztiere. Gemäß § 17 dieser Verordnung gibt es jedoch Ausnahmen für „entlegene Gebiete“, wie es eben auch Almen sein können.

Als entlegene Gebiete gelten jene Gebiete, die aufgrund der geografisch-topografischen Verhältnisse oder aufgrund vorübergehender Ereignisse höherer Gewalt – z. B. Unwetter, Überschwemmungen, Lawinenabgänge – mit einem Fahrzeug, das zur Bergung von Kadavern geeignet ist, nicht erreicht werden können oder in denen die Bergung von verendeten Nutztieren mit einer Gefährdung der Sicherheit und Gesundheit der damit befassten Personen verbunden wäre und daher nicht zumutbar ist.

Auch in entlegenen Gebieten sind verendete Nutztiere grundsätzlich an zugelassene Betriebe (Tierkörperverwertung) abzuliefern. Ist dies jedoch im Einzelfall unmöglich oder nicht zumutbar, hat der gemäß § 10 Abs. 1 TMG zur Ablieferung verpflichtete Tierbesitzer unverzüglich eine Meldung an die zuständige Bezirksverwaltungsbehörde (Veterinärreferat/Amtstierarzt) abzugeben, die neben genauen Angaben zum verendeten Tier eine Begründung für die Inanspruchnahme der Ausnahme und die Art und Weise der geplanten Beseitigung vor Ort zu enthalten hat. Die Behörde kann innerhalb von drei Arbeitstagen ab Meldung die geplante Vor-Ort-Beseitigung untersagen und die Bergung und Ablieferung an einen zugelassenen Betrieb anordnen oder nähere Bedingungen über die Art und Weise der Beseitigung festlegen, sofern dies aus seuchenhygienischen oder umweltrelevanten Gründen erforderlich ist. Ausnahmen können jedoch nicht zugestanden werden, falls beispielsweise ein Tierseuchenverdacht vorliegt oder das gefallene Tier die Trinkwasserqualität gefährden könnte.

Die nicht abgelieferten verendeten Nutztiere sind möglichst durch Verbrennen oder Vergraben vor Ort zu beseitigen.

Es ist durch sonstige geeignete Maßnahmen Vorsorge zu treffen, dass das Risiko für die Gesundheit von Mensch und Tier sowie für die Umwelt und nachteilige Auswirkungen auf die Landschaft auf ein Mindestmaß reduziert werden.

Für ggf. abweichende nationale oder regionale Regelungen sind die jeweils gültigen Tiermaterialiengesetze oder vergleichbare Verordnungen zu konsultieren.

Hütehaltung

Diese Form der Schafhaltung wird hier nur der Vollständigkeit halber angeführt. Das Hüten von Schafen spielt im Alpenraum bislang nur eine untergeordnete Rolle. Es gibt beispielsweise in Österreich, anders als in Deutschland, auch keine Ausbildung zum Schäfer. Das Hüten der Schafe erfordert einerseits entsprechend große Herden, andererseits auch entsprechende Weideflächen. Die durchschnittliche Herdengröße beträgt in Österreich knapp 26 Schafe. In Deutschland hingegen ist die Hütehaltung eher noch verbreitet, wenngleich immer größere Herausforderungen an die Schäfer gestellt werden.

Es ist dies die arbeitsintensivste Form der Schafhaltung. Der Schäfer verbringt den ganzen Tag bei den Schafen. Er muss dafür Sorge tragen, dass die Schafe genügend Futter aufnehmen, aber auch dafür, dass sie genügend Zeit zum Wiederkäuen haben.

Ein unentbehrlicher Gehilfe des Schäfers ist dabei der Hund. Er hält die Schafe in Schach und gibt die Richtung vor, die er vom Schäfer entweder durch Zeichen oder durch Laute mitgeteilt bekommt.

Einen Schäfer, der seine Herde hütet, so wie hier in Sachsen-Anhalt, wird man in Österreich kaum zu Gesicht bekommen. (© Ferdinand Ringdorfer)

Herdenschutz

Mit der Wiederansiedelung der großen Beutegreifer (Wolf, Bär und Luchs) kommt dem Herdenschutz eine besondere Bedeutung zu. Vor allem der Wolf ist für ungeschützte Herden eine große Gefahr. Vom Gesetz her sind diese Beutegreifer streng geschützt und dürfen auch nicht bejagt werden. War der Schafhalter zuvor nur dafür verantwortlich, dass seine Schafe die Weide nicht verlassen, so muss er jetzt auch darauf schauen, dass von außen kein Angreifer in die Weide und somit zu den Schafen gelangen kann. Und das ist nicht so einfach. Als Herdenschutzmaßnahmen werden Elektrozäune, Behirtung und Herdenschutzhunde genannt. Natürlich können diese Maßnahmen auch beliebig kombiniert werden.

Elektrozäune

Damit ein Elektrozaun als Herdenschutzzaun anerkannt wird, muss er gewisse Voraussetzungen aufweisen. Vom Österreichzentrum Bär, Wolf, Luchs wurde eine Broschüre zum technischen Herdenschutz herausgegeben, wonach die Höhe eines Herdenschutzzaunes mindestens 90 cm betragen muss. Bei Litzen- oder Drahtzaun müssen mindestens vier stromführende Litzen in Abständen über dem Boden von ca. 20, 40, 60 und 90 cm angebracht sein. Bei Knotengittern muss zusätzlich ein elektrifizierter Stoppdraht 15–20 cm vor dem Zaun und ca. 20 cm über dem Boden angebracht sein. An jeder Stelle des Elektrozaunes muss eine ständige Spannung von mindestens 3500 V messbar sein. Zusätzlich kann bei allen Zäunen noch in einer Höhe von 1,2 m ein blaues Flatterband angebracht werden. Die Broschüre kann unter baer-wolf-luchs.at heruntergeladen werden; vergleichbare Ratgeber stehen auch in allen anderen deutschsprachigen Ländern zur Verfügung, etwa vom Naturschutzbund Deutschland e.V. unter nabu.de.

Eine Einzäunung ist aber nicht in jedem Gelände möglich. Vor allem im alpinen Gebiet, wo die Weideflächen sehr weitläufig sind, ist es oft unmöglich oder nur mit unverhältnismäßig hohen Kosten durchführbar, einen Zaun aufzustellen. In diesem Fall könnte eine Behirtung stattfinden.

Behirtung

Schafehüten hat im Alpenraum keine Tradition und wird praktisch nicht durchgeführt. Es gibt kaum ausgebildete Hirten, die in der Lage sind, eine Schafherde mit Tieren aus mehreren verschiedenen Betrieben zu hüten. Auch sind die Schafe keine Hütehunde gewöhnt, und ohne Hütehund steht man im alpinen Gelände auf verlorenem Posten. Außerdem müsste der Hirte die Schafe jeden Abend in einen Nachtpferch treiben, um sie am nächsten Morgen wieder anzutreffen. Ein weiteres Problem der Behirtung im alpinen Raum ist das Wetter. Tief hängende Wolken können die Sicht auf ein Minimum reduzieren, sodass ein Hüten der Schafe unmöglich wird, weil sie einfach nicht gesehen werden.

Herdenschutzhunde

Auch der Einsatz von Herdenschutzhunden wird im Zusammenhang mit dem Schutz der Schafe vor großen Beutegreifern immer wieder ins Spiel gebracht. Herdenschutzhunde verstehen sich als Bestandteil der Herde. Diese Hunde leben von klein auf mit den Schafen und beschützen sie vor allem, was ihnen fremd ist. Dazu zählen leider auch Wanderer, die sich in der Natur erholen wollen. Daher ist ihr Einsatz oft umstritten. Außerdem entstehen durch die Haltung von Herdenschutzhunden nicht unbeträchtliche zusätzliche Kosten. Die jährlichen Kosten für Futter und Tierarzt bewegen sich bei ca. 2500 Euro, dazu kommen noch die Anschaffungskosten, die bei etwa 2000–5000 Euro liegen, je nach Alter und Ausbildung des Hundes. Es ist auch nicht ganz einfach, einen Herdenschutzhund in die Herde zu integrieren; nicht jeder Hund ist für jede Herde geeignet.

Was tun, wenn große Beutegreifer zuschlagen?

Verluste von Nutztieren durch große Beutegreifer können immer und überall auftreten. Der behördliche Umgang mit solchen Sachverhalten ist je nach Land unterschiedlich geregelt – einige Verhaltensregeln sind jedoch immer angemessen. Was im Falle eines Falles zu tun ist, hat Jörg Rauer, Bärenanwalt und Wolfsbeauftragter, am Beispiel Österreichs zusammengefasst:

Risse von Nutztieren durch den Wolf werden in allen Bundesländern entschädigt. Voraussetzung dafür ist, dass Risse von Rissbegutachtern untersucht und dokumentiert werden. Rissbegutachter werden von den für das Wolfsmanagement zuständigen Behörden nominiert, vom ÖZ (Österreichzentrum Bär, Wolf, Luchs) in Kursen ausgebildet und weiter geschult. Oft sind es Personen mit behördlichem Hintergrund, wie Amtstierärzte oder Mitarbeiter von Agrar-, Forst- und Naturschutzbehörden, sie können aber auch in anderen Institutionen verankert sein, z. B. Landwirtschaftskammer, Schutzgebietsverwaltung oder Jagdverband. Wichtig ist, dass Rissbegutachter rasch und ohne große Vorlaufzeit zur Verfügung stehen können, denn Risse geschehen unangekündigt. Primäre Aufgabe der Rissbegutachter ist die Dokumentation von Rissen und die fachgerechte Probennahme für DNA-Analysen. Es ist nicht Aufgabe der Rissbegutachter, vor Ort zu entscheiden, ob es sich um einen Wolfsriss handelt. Die endgültige Beurteilung erfolgt nach Vorliegen aller Befunde in der zuständigen Behörde mit Unterstützung durch erfahrene Rissbegutachter. Für die Behörden ist die Überprüfung von Meldungen aus zwei Gründen von Bedeutung: Sie stellt sicher, dass Finanzmittel dafür eingesetzt werden, wofür sie vorgesehen sind, und sie schafft eine verlässliche Datenbasis zur Frage, welches Risiko für Weidetiere von Wölfen ausgeht.

Fotos machen und Spuren sichern

Wolfsrissverdächtige Kadaver bzw. Weidetiere mit rissverdächtigen Verletzungen sind möglichst rasch der jeweils zuständigen Meldestelle des Landes mitzuteilen, damit diese unverzüglich die Begutachtung in die Wege leiten kann. Wenn der regionale Rissbegutachter bekannt ist, kann auch direkt mit diesem Kontakt aufgenommen werden. Hilfreich ist es, gleich beim Auffinden einige Fotos von den Rissen bzw. Verletzungen und anderen möglichen Hinweisen wie Schleif- oder Kampfspuren und Trittsiegeln, sofern vorhanden, anzufertigen. Diese verschaffen, online übermittelt, dem Rissbegutachter vorab einen ersten Eindruck und sind eine Art Rückversicherung, wenn bis zur Rissbegutachtung die Kadaver durch ungünstige Einflüsse stark verändert oder Spuren verwischt werden.

Für den Rissbegutachter ist es von Vorteil, einen Riss in möglichst frischem Zustand in der ursprünglichen Auffindesituation untersuchen zu können. Daher sollten Kadaver vorzugsweise an Ort und Stelle belassen und durch Abdecken oder andere geeignete Maßnahmen vor Witterungseinflüssen (Regen, starke Sonneneinstrahlung) und anderen Tieren (Füchse, andere Weidetiere) geschützt werden. Die Möglichkeit, an

Ort und Stelle nach Trittsiegeln, Losungen, Kampf- oder Schleifspuren Ausschau zu halten, kann wertvolle zusätzliche Hinweise liefern.

Aus verschiedenen Gründen, wie extremem Wetter, ungünstiger Lage, verzögerter Verfügbarkeit des Rissbegutachters, kann es günstiger sein, den Kadaver zu bergen. Er sollte dann an einem kühlen, geschützten Ort gelagert werden. Es empfiehlt sich, beim Hantieren mit dem Kadaver Einweghandschuhe zu tragen. Außerdem ist darauf zu achten, dass kein Hund mit einem Kadaver in Berührung kommen und so seine DNA hinterlassen kann. Am besten ist es, die Vorgehensweise mit dem Rissbegutachter abzusprechen. Verbleibt der Kadaver am Ort des Risses, so kann dort eine Wildkamera installiert werden.

Nachweis mittels DNA-Analyse

Bei der Untersuchung eines Kadavers sucht und bewertet der Rissbegutachter zuerst jene Bisse, die dem Beutetier im Zuge des Angriffs zu Lebzeiten zugefügt wurden. Sie bieten anhand ihrer Stärke, Menge und Position die meiste Information. Abstrichproben vom Fell im Bereich der Bisslöcher haben auch die größte Aussicht, mittels DNA-Analyse der aufgenommenen Speichelreste den Angreifer festzumachen. Dabei gilt es, zu berücksichtigen, dass die DNA durch Einwirkung der UV-Strahlung des Sonnenlichtes beeinträchtigt und binnen 24 Stunden zerstört werden kann. Die Art des Anfressens kann ebenfalls spezifische Hinweise liefern. Oft wird die Handschrift des Täters aber infolge der beginnenden Nachnutzung des Kadavers durch Aasfresser zunehmend unkenntlich, und DNA-Proben laufen Gefahr, nur den Fuchs nachzuweisen. Füchse und tagsüber auch Vögel können sich innerhalb kurzer Zeit an einem frischen Kadaver zu schaffen machen. DNA-Proben sind ein wertvolles Hilfsmittel bei der Rissbeurteilung, sie können die sorgfältige Aufnahme der Spuren am Kadaver und in seiner Umgebung jedoch nicht ersetzen. Rissbeurteilung beruht auf der Bewertung von Indizien unterschiedlicher Verlässlichkeit. Nicht immer kommen Rissbegutachtungen daher zu einem eindeutigen Ergebnis, und die Frage, ob in so einem Fall entschädigt wird, ist dann zunehmend eine politische Entscheidung. Teilweise gibt es klare Regelungen, unter welchen Bedingungen abgängige Tiere entschädigt werden, die naturgemäß nicht begutachtet werden können. Rissbegutachtung liefert die fachliche Grundlage für die Schadensabgeltung und ist zugleich ein wichtiges Standbein des Monitorings. Im Monitoring gibt es keinen Spielraum für Kulanz: Unsichere Fälle, die entschädigt werden, gelten nicht automatisch als sichere Wolfsnachweise.

Ganzjährige bzw. überwiegende Haltung im Freien

Für jedes Tier muss überdachte, trockene und eingestreute Liegefläche mit Windschutz in einem Ausmaß zur Verfügung stehen, das allen Tieren ein gleichzeitiges ungestörtes Liegen ermöglicht.

Kann der Futterbedarf auf der Weide nicht ausreichend gedeckt werden, muss zusätzliches Futter angeboten werden. Auch bei tiefen Temperaturen muss sichergestellt sein, dass Menge und Energiegehalt des vorhandenen Futters ausreichen, um den Energiebedarf der Tiere zu decken. Der Boden im Bereich der ständig benützten Fütterungs- und Tränkebereiche muss befestigt sein.

Kranke und verletzte Tiere sind gesondert und geschützt unterzubringen. Die Forderung „Für jedes Tier steht eine überdachte, trockene und eingestreute Liegefläche mit Windschutz zur Verfügung“ ist erfüllt, wenn:

- eine technisch erstellte Überdachung vorhanden ist,
- die Liegefläche trocken ist (kein nasses oder schmutziges Wollkleid aufgrund unzureichend trockener Liegefläche),
- ausreichende Mengen Stroh oder ähnlich strukturierten Materials eingestreut werden und
- Wind- und Sonnenschutz gewährleistet sind.

Ein alter Ladewagen wurde in einen mobilen Unterstand für die Weide umgebaut.
(© Ferdinand Ringdorfer)

STALLHALTUNG

In den Ländern des Alpenraumes sind die klimatischen Verhältnisse so, dass die Schafe nicht das ganze Jahr auf der Weide gehalten werden können, wie dies etwa in Neuseeland der Fall ist. Fast die Hälfte des Jahres müssen die Schafe im Stall gehalten werden. Dies erfordert nicht nur das Anlegen von Futterkonserven (Heu und Silagen), sondern stellt auch an das Stallgebäude bestimmte Ansprüche. Die Schafe sollen sich darin ja wohlfühlen, um die von ihnen erwarteten Leistungen zu erbringen.

Gesetzliche Rahmenbedingungen

In den nationalen Tierschutzgesetzen und dazugehörenden Tierhaltungsverordnungen sind die Haltungsbedingungen für landwirtschaftliche Nutztiere geregelt. Tierschutz ist auch auf europäischer Ebene ein wichtiges Anliegen.

Im Rahmen der Cross Compliance wird die Einhaltung von Tierschutzbestimmungen überprüft, und bei Verstößen kann es zu Kürzungen der Direktzahlungen kommen. In den Tierhaltungsverordnungen sind die Bodenbeschaffenheit, die Bewegungsmöglichkeit, die Stallklimaverhältnisse, Fütterungseinrichtungen bis hin zur Betreuung und zu Eingriffen am Tier geregelt.

Bauliche Anforderungen

Grundsätzlich kann gesagt werden, dass die Investitionen für ein Stallgebäude für Schafe relativ niedrig gehalten werden können. Für die Produktionsrichtung Lämmererzeugung sind auch keine großen technischen Einrichtungen notwendig. Die Milchschafhaltung verlangt hier etwas mehr an Technik und somit auch höhere Kosten.

Ein Schafstall muss trocken, hell und zugluftfrei sein, so könnte man ganz kurz die Anforderungen zusammenfassen. Natürlich ist das Ganze in der jeweils gültigen Tierhaltungsverordnung genauer beschrieben. In einem Stallgebäude sind verschiedene Funktionsbereiche zu unterscheiden:

Die Tiefstreuhaltung ist die gebräuchlichste Form. Mit dem Anwachsen der Mistmatratze sinkt der tägliche Strohbedarf. Saubere und trockene Liegeflächen müssen gewährleistet sein. (© Ferdinand Ringdorfer)

Liegebereich

Die Liegeflächen müssen trocken und wärmeisoliert sein. Es muss ausreichend Platz für Ruhe- und Schlafhaltung sowie zur Einhaltung der Individualdistanz geben. In der Schafhaltung kommen vorwiegend Tiefstreuflächen als Liegebereiche vor.

Lauffläche

Schafe dürfen nicht auf Vollspalten- oder Volllochböden gehalten werden. Weiters dürfen Schafe nicht in Einzelbuchten gehalten werden. Ausnahmen gibt es nur in der Zeit der Ablammung oder im Krankheitsfall.

Schafe sind soziale Tiere und haben einen starken Herdentrieb. In Herden bis zu 20 Tieren gibt es auch eine eindeutige soziale Rangordnung, die erst in großen Herden (mehr als 100 Tiere) nicht mehr gegeben ist. Dort kommt es auch öfters zu Auseinandersetzungen.

Fütterungsbereich

Eine ausreichende Anzahl von Fressplätzen mit entsprechender Fressplatzbreite muss vorhanden sein. Normalerweise und vor allem bei rationierter Verabreichung einzelner Rationskomponenten ist für jedes Tier ein Fressplatz zu bemessen; bei der Fütterung zur freien Aufnahme (ad libitum) kann das Tier-Fressplatz-Verhältnis 2,5:1 betragen.

Schafe haben das Bedürfnis, gleichzeitig mit ihren Artgenossen zu fressen. Sind an den Fütterungseinrichtungen zu wenige Fressplätze vorhanden, ist dieses sogenannte synchrone Verhalten nicht möglich, und die schwächeren oder rangniedrigeren Schafe werden verdrängt.

Für diese Tiere ist die Futteraufnahme mit enormem Stress verbunden, und die Nährstoffversorgung kann insgesamt nicht ausreichend sein. Dies hat Leistungseinbußen und im schlimmsten Fall auch gesundheitliche Schädigungen zur Folgen. Daher ist dem Tier-Fressplatz-Verhältnis große Aufmerksamkeit zu schenken.

Mit einem Futterband kann der Stall in zwei Buchten unterteilt werden. Außerdem ist das Einfüttern sehr einfach. (© Ferdinand Ringdorfer)

Die Ausführung des Fressplatzes kann sehr unterschiedlich sein und ist von der Herdengröße und den baulichen Gegebenheiten abhängig. Entscheidende Kriterien sind der Arbeitsaufwand, die Mechanisierung und ein möglichst geringer Futterverlust. An Fütterungseinrichtungen können verwendet werden:

Die sogenannte einseitige V-Raufe mit Nackenbrett und Futtertrog. (© Ferdinand Ringdorfer)

Die Futterraufe

Die klassische Raufe ist die V-förmige Raufe mit senkrechten Sprossen, die entweder als Wandraufe (halbes V) oder als Standraufe (V zum beidseitigen Herausfressen) eingesetzt werden kann. Wichtig ist, dass unten ein Trog steht, der herabfallendes Futter auffängt und so Futterverluste minimiert. Außerdem sollte diese Raufe oben ein sogenanntes Nackenbrett haben, welches die Verschmutzung der Schafe mit feinen Futterteilen beim Einfüttern verhindert.

Heute werden vielfach Trograufen („skandinavische Raufe") verwendet. Diese sind für die Verabreichung sowohl von Heu und Silage wie auch von Kraftfutter geeignet. Die Schafe können sich beim Fressen sehen und bleiben so mit dem Kopf in der Raufe. Dies verhindert Futterverluste. Dadurch, dass sich die Schafe beim Fressen gegenüberstehen, entsteht auch ein gewisser Futterneid, der wiederum eine höhere Futteraufnahme bewirkt.

Die Trograufe kann auch sehr gut zur Unterteilung von Buchten verwendet werden. Weiters sollte die Raufe in der Höhe verstellbar sein, damit sie bei anwachsendem Mist angepasst werden kann und die Schafe immer eine optimale Fressposition einnehmen können.

Die Trograufe ist ferner begehbar; man kann von ihr aus die Herde sehr gut beobachten. Zum leichteren Einfüttern sollte die Raufe eine Absperrvorrichtung aufweisen,

Trograufe. (© Ferdinand Ringdorfer)

damit die Schafe während der Zeit der Trogreinigung bzw. Einfütterung nicht ihre Köpfe in die Raufe stecken können.

In großen Ställen ist die Trograufe meist mit einem Förderband ausgestattet, welches das Beschicken wesentlich erleichtert. Dieses Futterband wird von einer zentralen Stelle aus beschickt, daher kann die Fütterung sehr arbeitsökonomisch durchgeführt werden. Die Reinigung erfolgt einfach in umgekehrter Laufrichtung des Bandes.

Eine weitere, sehr praktische Raufe ist die Rundraufe. Hier können ganze Silo- oder Heuballen hineingegeben und somit auf Vorrat gefüttert werden. Um stärkere Futterverluste zu vermeiden, haben sich Raufen mit schrägen Stäben als vorteilhaft erwiesen. Diese Raufen können auch mit einem Dach versehen sein und sind dann auch im Freien verwendbar.

Tabelle 14: Stallflächen- und Raufenlängenbedarf.

Tier	Raumbedarf, m²/Tier	Raufenlänge, m/Tier
Mutterschaf ohne Lamm	0,8–1,0	0,4
Mutterschaf mit Lämmern	1,8–2,3	0,6
Lamm bis 6 Monate	0,5	0,2
Lamm 6 bis 12 Monate	0,6	0,3
Ablammbucht für Mutterschaf	2,0–2,5	0,5
Zuchtwidder in Einzelbox	2,5–3,5	0,5

Der Futtertisch

Auch diese Möglichkeit ist in Schafställen anzufinden. Vor allem in großen Betrieben kann die Fütterung dadurch wesentlich erleichtert werden. Als Abgrenzung zum Futtertisch genügen einfache Bretter, wobei auch hier eine Absperrvorrichtung sinnvoll ist.

In großen Betrieben ist vielfach ein Futtertisch anzufinden. (© Ferdinand Ringdorfer)

Da der Futtertisch nicht in der Höhe verstellt werden kann, empfiehlt es sich, auf der Innenseite entweder eine Stufe oder einen erhöhten Fressplatz zu errichten, damit nicht ständig ausgemistet werden muss.

Hürden

Zur Aufteilung der Stallfläche in einzelne Buchten verwendet man Hürden. Diese können aus Holz oder aus Metall gefertigt sein. Meistens werden sie in Eigenbauweise hergestellt und sind je nach Fähigkeiten des Erbauers recht unterschiedlich in der Ausführung. Wichtig ist dabei nur, dass sie die Schafe und Lämmer in der Bucht halten, dass sie sehr einfach zusammengebaut werden können, auch flexibel in der Anordnung und außerdem auch in der Höhe verstellbar sind, um mit dem Mist mitwachsen zu können.

Tränkeeinrichtungen

Die Wasserversorgung spielt im Schafstall eine zentrale Rolle. Die Schafe brauchen ständigen Zugang zu frischem, sauberen Wasser. Dies ist gerade bei Heufütterung besonders wichtig. Aber auch für Mastlämmer, welche eine kraftfutterreiche Ration bekommen, ist die Wasseraufnahme besonders wichtig.

Am einfachsten erfolgt die Wasserversorgung mittels Selbsttränkebecken. Dabei erfüllen Schwimmertränkebecken eher die Bedürfnisse eines artgemäßen Trinkens der Schafe, weil sie aus dem Vollen schöpfen können. Schafe tauchen das Maul flach ins Wasser ein und saugen es in kleinen Zügen auf. Der Nachteil dieser Becken ist, dass sie schwerer zu reinigen sind. Kleine Nippelbecken sind leichter zu reinigen, die Schafe müssen sich das Wasser aber selbst herunterdrücken und haben so nicht die Möglichkeit, aus dem Vollen zu saufen.

Die Wasserversorgung im Stall erfolgt vorzugsweise über in der Höhe verstellbare Tränkebecken. (© Ferdinand Ringdorfer)

> Die Tränken sind so anzubringen, dass sie für alle Tiere (Mutterschafe und Lämmer) gut erreichbar sind und eine Verschmutzung kaum möglich ist. Daher ist es auch für die Tränkebecken empfehlenswert, dass diese in der Höhe verstellbar montiert werden.

Bei sehr tiefen Temperaturen ist darauf zu achten, dass die Leitungen nicht einfrieren und somit den Schafen kein Wasser zur Verfügung steht. Auch Trogtränken sind sehr gut geeignet, diese sollten aber bis auf eine Tränkeöffnung abgedeckt sein, um Verschmutzungen vorzubeugen.

Vielfach sieht man noch, dass die Schafe mittels Eimern getränkt werden. Diese Methode ist sehr arbeitsaufwendig, und die Schafe haben auch nicht uneingeschränkten Zugang zu frischem Wasser.

Je nach Tränkesystem, Nutzungsart und Management rechnet man für ca. 20 erwachsene Schafe mit einer Tränkestelle, jedoch mindestens zwei Tränken pro Gruppe. Tränkebecken sollten nicht an Engstellen angebracht sein, um zu vermeiden, dass ranghohe Tiere rangniedrigere beim Trinken behindern.

> Der tägliche Wasserbedarf hängt sehr stark vom Wassergehalt des aufgenommenen Futters ab. Im Durchschnitt liegt der Wasserbedarf bei 2–5 l pro Tag. Dies ist besonders bei der händischen Verabreichung des Wassers über Tränkeeimer zu bedenken. Bei heu- und kraftfutterreichen Rationen ist der Wasserbedarf höher als auf der Weide.

Der Wasserbedarf kann bei hohen Außentemperaturen und während der Laktation bis auf das Dreifache ansteigen (bis zu 15 l/Tag). Auch auf der Weide ist für eine ständige Wasserversorgung Sorge zu tragen.

Schafe brauchen Trinkwasserqualität. Verschmutzungen der Tränken mit Kot, Harn, Futterresten, Algen, Mist oder anderem Unrat sind unbedingt zu vermeiden. Schafe reagieren sehr empfindlich auf verschmutztes Wasser und meiden die Aufnahme nach Möglichkeit. Wassermangel führt zu Leistungseinbußen und gesundheitlichen Schädigungen.

Stallklima

Ein optimales Stallklima ist wichtig sowohl für das Wohlbefinden der Schafe wie auch für die Personen, die im Stall arbeiten müssen. Es wurde schon gesagt, dass es im Schafstall hell, trocken und frei von Zugluft sein soll.

Die Lüftung muss so ausgerichtet sein, dass sie unabhängig von Jahreszeit und Witterung ein möglichst konstantes Stallklima gewährleistet. Der natürlichen Lüftung ist grundsätzlich der Vorzug zu geben; sie ist sicherer, billiger und verursacht auch keine störenden Geräusche. Es ist jedoch darauf zu achten, dass es zu keiner Zugluft kommt. Wenn die baulichen Gegebenheiten eine einwandfreie natürliche Lüftung nicht zulassen, sind Ventilatoren einzubauen. Ein dauernder und ausreichender Luftwechsel ist Voraussetzung für ein optimales Stallklima. Bei niedrigen Außentemperaturen (Winter) beträgt die Luftmenge, die pro Stunde ausgetauscht werden muss, 100 m³ pro Großvieheinheit (GVE, 1 GVE = 500 kg Lebendgewicht); bei hohen Temperaturen im Sommer müssen es mindestens 300 m³ sein.

Die Qualität der Stallluft wird durch ihren Gehalt an Schadstoffen und Luftfeuchtigkeit bestimmt. Der Kohlendioxidgehalt sollte unter 2000 ppm (parts per million, Millionstel) liegen, der Ammoniakgehalt nicht über 15 ppm. Eine relative Luftfeuchtigkeit von 60–80 % gilt als optimal.

Die Stalltemperatur sollte nicht permanent über der Stallaußentemperatur liegen. Besonders im Sommer ist Hitzestress zu vermeiden.

Durch das Wollkleid können Schafe unterschiedliche Temperaturen sehr gut ausgleichen. Schafe können auch Minusgrade ganz gut vertragen. Bei hohen Temperaturen jedoch verringert eine lange Wolle die Wärmeabgabe.

Körperwärme entsteht durch Kau- und Verdauungsarbeit sowie durch verschiedene Stoffwechselvorgänge und muss über die Körperoberfläche abgeführt werden. Ist die Wärmeabfuhr erschwert, erhöhen die Schafe die Atemfrequenz, und die Futteraufnahme wird eingeschränkt. Die Folge sind Leistungsrückgänge bei den Zunahmen und der Milchleistung.

Für Neugeborene und frisch geschorene Tiere ist eine Stalltemperatur von rund 15 °C ideal. Mutterschafe und Mastlämmer zeigen auch bei Temperaturen zwischen 5 und 10 °C keine Leistungseinbußen.

Kontrolle des Stallklimas

In einem normalen Schafstall stehen keine teuren Geräte zum Messen der Stallluft zur Verfügung. Um dennoch eine Beurteilung des Stallklimas durchführen zu können, kann man folgende Fragen stellen:

- Ist eine Kondenswasser- oder Schimmelbildung an Decke, Wänden oder Fenstern vorhanden?
- Ist die Stallluft stickig und brennend in den Augen und auf den Schleimhäuten der Atemwege?
- Weist die Kleidung nach dem Stallbesuch einen starken und üblen Geruch auf?
- Ist die Stallluft staubig?
- Haben die Schafe ein feuchtes oder nasses Wollkleid?
- Ist es im Stall vor allem im Sommer drückend heiß, und zeigen die Schafe eine erhöhte Atemfrequenz?

Werden diese Fragen positiv beantwortet, so besteht dringender Handlungsbedarf! Erscheint die Luft im Stall hingegen frisch und kühl und ist ein gutes Durchatmen möglich, so ist das Stallklima in Ordnung.

Schädliche Zugluft

Vor allem in der kalten Jahreszeit kann es bei großen Temperaturdifferenzen zwischen Außenluft und Stallluft zu erhöhten Luftge-

Helle und luftige Ställe sind eine wichtige Voraussetzung für gesunde Schafe.
(© Ferdinand Ringdorfer)

schwindigkeiten kommen. Diese Zugluftgefahr besteht besonders im Fensterbereich, wenn dieser die einzige Zuluftmöglichkeit darstellt.

Eine sehr gute und zugluftfreie Zuführung von Frischluft besteht über die sogenannte Porendecke. Dabei wird die Zuluft durch die luftdurchlässige Decke gleichmäßig über die gesamte Stallfläche verteilt. Die mit Schadstoffen und Feuchtigkeit angereicherte Stallluft wird über Abluftschächte abgeleitet.

Die Funktionsfähigkeit der Porenlüftung ist jedoch nur gegeben, wenn Fenster und Türen geschlossen sind, sodass durch die entweichende Stallluft im Stall ein leichter Unterdruck entsteht, der die Frischluft durch die luftdurchlässige Decke ansaugt. Ohne Ventilatoren funktioniert das nur, wenn die Außentemperatur niedriger ist als die Stalltemperatur (Schwerkraftlüftung).

Licht

Wenn die Schafe nicht ständigen Zugang ins Freie haben, müssen Stallungen Fenster oder sonstige transparente Flächen haben, durch die Tageslicht einfallen kann. Besonders gut geeignet sind lichtdurchlässige Platten, die im Firstbereich angebracht sind. Das Ausmaß der Flächen, durch die Licht in den Stall gelangt, muss 3 % der Stallbodenfläche betragen.

Natürliches Tageslicht regt den Stoffwechsel und den Kreislauf an und fördert die Fruchtbarkeit durch Ausnützung der tages- und jahreszeitlichen Rhythmen. Weiters ist es für die Synthese von Vitamin D notwendig und hemmt das Bakterien- und Parasitenwachstum.

Eine ausreichende Beleuchtung im Stall ist auch für eine ordentliche Durchführung der Stallarbeiten und vor allem der Kontrolle der Schafe notwendig. Reicht die natürliche Tageslichtmenge nicht aus, so muss eine geeignete künstliche Beleuchtung verwendet werden. Am besten eignen sich Leuchtstoffröhren. Es ist jedoch darauf zu achten, dass die Tiere nicht einer dauernden künstlichen Beleuchtung ausgesetzt sind.

Auf den natürlichen Ruhe- und Aktivitätsrhythmus der Tiere ist Rücksicht zu nehmen. Für die Zeit der Ablammung kann während der Nachtstunden zur besseren Orientierung der Tiere ein Notlicht mit geringer Leuchtstärke angebracht sein. Dadurch können Lämmerverluste vermieden werden.

MANAGEMENTMASSNAHMEN IN DER SCHAFHALTUNG

Auf einem Hektar Grünlandfläche können sechs bis zehn Mutterschafe gehalten werden. Die Anzahl richtet sich nach der Qualität, d. h. nach dem Ertrag des Grünlandes, und nach der Menge an zugekauftem Futter.

Stehen mehrere Hektar Grünland- oder Futterfläche zur Verfügung, so kann die Schafherde leicht einmal 100 und mehr Muttertiere umfassen. Das Halten einer großen, aber auch einer kleinen Herde verlangt einiges an Management. Im Verlauf eines Schäferjahres gibt es unterschiedliche Zeiten, in denen ein mehr oder weniger straffes Management gefordert ist. Speziell Ablammung, Schurtermine, Klauenpflege, Parasitenbekämpfung, Stallreinigung, Weidemanagement, Verarbeitung und Vermarktung der Produkte sind Zeiten bzw. Tätigkeiten, die vom Schafhalter einen besonderen Einsatz verlangen. Dies bedeutet sowohl zeitlichen Aufwand wie auch spezielles Wissen.

ABLAMMZEIT

Die Zeit der Ablammung kann als die Zeit der Ernte betrachtet werden. Der wirtschaftliche Erfolg der Schafhaltung, und hier vor allem der Lammfleischproduktion, hängt im Wesentlichen von der Anzahl an verkauften Lämmern ab. Diese Anzahl wird zum einen von der Rasse bestimmt, zum anderen spielt die richtige Fütterung zur Zeit der Belegung bzw. in der späteren Phase der Trächtigkeit eine entscheidende Rolle.

Aber auch die Ablammung selbst, der Geburtsverlauf sowie die ersten Stunden und Tage nach der Geburt sind entscheidend für das Überleben der Lämmer. Wenn viele Schafe zur gleichen Zeit ablammen,

Die Zeit der Ablammung ist sehr arbeitsintensiv, bei Mehrlingsgeburten empfiehlt es sich jedenfalls, das Mutterschaf mit den Lämmern einige Tage in eine Ablammbox zu geben.
(© Ferdinand Ringdorfer)

steht mitunter nicht für jedes Schaf eine Ablammbucht zur Verfügung und die Geburten erfolgen in der Herde. Dann ist der Schafhalter besonders gefordert, die vielen Lämmer den Müttern richtig zuzuordnen und auch zu kontrollieren, ob alle Biestmilch bekommen.

In der Milchschafhaltung, wo die Lämmer üblicherweise gleich nach der Geburt abgesetzt und mutterlos aufgezogen werden, ist die Ablammzeit daher besonders arbeitsintensiv. Die Lämmer müssen an den Gummisauger gewöhnt und die Schafe gemolken werden.

SCHEREN DER SCHAFE

Die Wolle, ein natürlich nachwachsender Rohstoff, muss ein- bis zweimal im Jahr von den Schafen geschoren werden. Manche Betriebe mit asaisonalen Rassen für die Lämmererzeugung scheren die Schafe jeweils unmittelbar nach der Ablammung.

Das bringt mehrere Vorteile mit sich:

- Man hat ständig einen guten Überblick über die Herde, welche Tiere gelammt haben, welche in nächster Zeit lammen müssen und welche Schafe schon lange nicht gelammt haben;
- die neugeborenen Lämmer tun sich leichter beim Auffinden des Euters und bei der Milchaufnahme;
- die Wolle ist etwas länger als bei der Halbjahresschur, aber nicht so lang wie bei einer Jahresschur;
- zum Zeitpunkt der neuerlichen Belegung ist die Wolle sehr kurz, was für den Akt der Belegung vorteilhaft ist.

In größeren Herden wird es sinnvoll sein, diese Arbeit von einem professionellen Schafscherer durchführen zu lassen. Als Gerät zum Scheren wird eine elektrische Schermaschine entweder mit einer Gelenkstange oder einer biegsamen Gelenkwelle verwendet.

Der Scherer setzt das Schaf auf den Boden und beugt sich während des Scherens darüber. Dies ist eine körperlich sehr anstrengende Haltung, daher haben viele Scherer ihren Oberkörper in einem an Stahlfedern angebrachten Gurt hängen. Dadurch wird die Wirbelsäule entlastet und die Scherarbeit etwas erleichtert.

Für große Betriebe lohnt es sich, einen professionellen Scherer zu engagieren. (© Ferdinand Ringdorfer)

Die erstmalige Schur der weiblichen, aber auch der männlichen Zuchttiere sollte im Alter von sechs Monaten erfolgen. Die Schur wirkt sich positiv auf die weitere körperliche Entwicklung aus.

KLAUENPFLEGE

Diese Arbeit ist eine der wichtigsten im Schafbetrieb. Gesunde Klauen sind Voraussetzung für das Wohlbefinden der Schafe. Die Zucht bewirkt eine ständige Leistungssteigerung, die Schafe werden größer und schwerer. An die Klauen wird dabei oft nicht gedacht. Man muss sich die Frage stellen: Kann man 170 kg auf vier Zahnstocher stellen? Man spricht auch oft von der „goldenen Klaue" des Schafes. Das bedeutet, die Klaue ist etwas sehr Wertvolles, und dementsprechend sollte man gut darauf aufpassen.

Aufbau der Klaue

Die Klaue ist ein sehr spezialisiertes Organ. Man könnte auch sagen, es ist der Fingernagel des Schafes. Die Klauen erfüllen die Funktion der Kraftübertragung auf den Stützapparat. Sie stellen die Verbindung zum Boden dar, dienen der Fortbewegung und dämpfen die Kräfte, die bei der Fortbewegung entstehen.

Die Klaue ist ein Endgebilde der Haut. Die Oberhaut und speziell die Hornhaut ist hier sehr stark ausgeprägt und bildet das Klauenhorn. Äußere und innere Klauenwand (Hornwand), Sohle und Ballen bilden die Klaue. Den Übergang von Sohle zu Hornwand bildet die sogenannte weiße Linie. Die äußere Klauenwand wächst viel stärker, als sie durch den Untergrund abgenützt wird, sodass sich dieses überschüssige Horn über die Sohle nach innen biegt.

Richtiges Schneiden der Klauen

Die Klauen der Schafe müssen mindestens zweimal im Jahr geschnitten werden. Als Werkzeug dienen Klauenschere und Klauenmesser. Es gibt diese Werkzeuge in den verschiedensten Ausführungen. Worauf es

Auch auf der Weide sollten die Klauen regelmäßig kontrolliert und bei Bedarf nachgeschnitten werden. (© Ferdinand Ringdorfer)

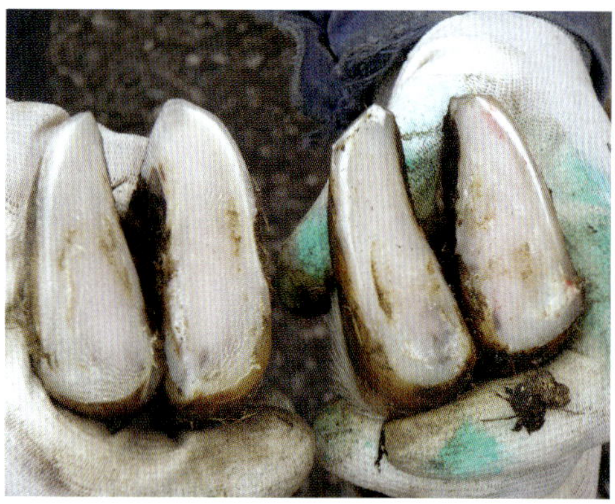

Eine sauber geschnittene Klaue, links mit der Flex (Winkelschleifer), rechts mit dem Messer. (© Ferdinand Ringdorfer)

ankommt, ist, dass die Werkzeuge scharf sind, gut in der Hand liegen und auch kostengünstig sind.

Bevor mit dem Schneiden begonnen wird, empfiehlt es sich, die Schafe durch ein lauwarmes Wasserbad zu treiben, in dem sie mindestens 15 Minuten verweilen sollten. Dadurch löst sich der Schmutz von den Klauen, vor allem aus dem Klauenzwischenspalt, das Klauenhorn wird etwas aufgeweicht und kann mit geringerem Kraftaufwand geschnitten werden. Zum Schneiden selbst werden die Schafe auf den Rücken gelegt. Dies kann entweder in einem Klauenpflegestand erfolgen, wobei hier der Kraftaufwand relativ gering ist, oder man setzt die Schafe in eine Schafwippe oder ganz einfach auf dem Boden.

Zuerst schneidet man mit der Schere die überstehende Klauenwand auf das Niveau der Sohle ab. Eventuell kann auch bei Bedarf der Ballen etwas zurückgeschnitten werden. Danach werden die Klauenspitzen zurückgeschnitten. Mit dem Messer kürzt man die innere Seitenwand und achtet darauf, dass der Tragrand und die Sohle eine ebene Fläche bilden. Die weiße Linie muss deutlich erkennbar sein.

Werden Defekte festgestellt, z. B. doppelte Seitenwände, so sind diese komplett zu entfernen. Es dürfen nirgends Hohlräume in der Klaue sein, weil diese Brutstätten für Bakterien sind.

Zum Schluss kontrolliert man noch den Zwischenklauenspalt auf eventuelle Entzündungen, die der Beginn der sogenannten Moderhinke sein können. Die Moderhinke ist eine der gefährlichsten Klauenerkrankungen beim Schaf.

Klauenbad

Klauenbäder können vorbeugend sowie zusätzlich zur Behandlung von kranken Klauen eingesetzt werden. Achten Sie darauf, dass die Klauen sauber und frisch geschnitten sind, bevor die Schafe ins Bad gehen.

Wichtig ist, dass die Schafe nach dem Klauenbad auf einen trockenen, befestigten Boden gestellt werden, damit das Desinfektionsmittel gut einwirken kann. Eine gute Wirkung ist bei mindestens 20 Minuten Einwirkzeit gegeben.

Ganz falsch ist es, wenn die Schafe nach dem Klauenbad gleich auf die Weide oder in die eingestreute Box kommen, wo sie sich das Desinfektionsmittel gleich wieder abstreifen.

Als Desinfektionslösung kann Kupfer- oder Zinksulfat verwendet werden. Das

Die Schafe sollten mindestens 20 Minuten lang im Klauenbad stehen und danach auf einen befestigten Boden kommen, damit das Mittel gut einwirken kann. (© Ferdinand Ringdorfer)

auch sehr gut wirksame und lange Zeit verwendete Formaldehyd wird heute nicht mehr eingesetzt, weil es zu schädlich für Mensch, Tier und Umwelt ist. Verwendet man Kupfersulfat, so sollte die Lösung 10%ig sein, am besten mit warmem Wasser angerichtet, weil es sich darin sehr gut löst. Die Konzentration der Lösung nimmt mit zunehmender Verschmutzung ab und muss nachdosiert werden. Zinksulfat wird 10–15%ig angesetzt (d .h. 10–15 kg Zinksulfat auf 100 l Wasser) und bleibt auch bei Verschmutzung stabil. Entscheidend ist, dass der Flüssigkeitsspiegel im Bad hoch genug ist (ca. 10 cm), damit die ganze Klaue im Wasserbad steht. Die Badewanne sollte möglichst schmal sein, damit nicht allzu viel Flüssigkeit und somit Desinfektionsmittel gebraucht wird.

PARASITENBEKÄMPFUNG

Schafe sind ständig der Gefahr ausgesetzt, von Parasiten befallen zu werden. Grundsätzlich unterscheiden wir zwischen Innen- und Außenparasiten.

Die Innenparasiten befallen vorwiegend den Darm, die Lunge und die Leber. Die Außenparasiten setzen sich an der Hautoberfläche fest und saugen dort das Blut.

Eine ständige und gute Beobachtung der Schafe ist im Hinblick auf das Erkennen eines eventuellen Parasitenbefalles sehr wichtig. Bei Außenparasitenbefall scheuern sich die Schafe an Wänden, Hürden oder Futterraufen. Die Innenparasiten, und hier vor allem die Magen- und Darmwürmer, aber auch der Bandwurm, sind eventuell am Kot bzw. an dessen weicher Konsistenz erkennbar. Erst die Untersuchung einer Kotprobe gibt hier genaue Hinweise. Ein Befall mit Leberegeln ist am sogenannten Flaschenhals zu erkennen. Lungenwürmer können am verstärkten Husten der Schafe erkannt werden.

In einem Schafbestand besteht leider immer die Gefahr, dass sich die Tiere mit

Stark verschmutzte Tiere sind meist von Parasiten befallen und müssen umgehend mit einem geeigneten Wurmmittel in der richtigen Dosis behandelt werden. (© Ferdinand Ringdorfer)

den lästigen Zeitgenossen infizieren. Besonders die in unseren Breiten herrschenden Umweltbedingungen (Feuchtigkeit und Wärme) und die oft sehr intensive Nutzung der vorhandenen Flächen als Weiden wirken sich positiv auf die Ansteckung mit Parasiten aus.

Regelmäßige und gezielte Entwurmung mit entsprechenden Mitteln ist eine wichtige Voraussetzung, um den Parasitendruck halbwegs unter Kontrolle zu halten. Regelmäßig bedeutet, dass zumindest vor Weidebeginn und am Ende der Weideperiode entwurmt wird.

Ob dazwischen auch eine Behandlung notwendig ist, hängt von den Witterungsbedingungen und vom Weidemanagement ab. Die Entwurmung im Frühjahr sollte noch während der Stallhaltung erfolgen, und die Schafe sollten erst einige Tage nach der Entwurmung auf die Weiden gelassen werden. Umgekehrt ist die Entwurmung im Herbst auf der Weide durchzuführen, und erst nach ein paar Tagen sollten die Schafe aufgestallt werden. Es wird nicht mehr die gesamte Herde entwurmt, sondern nur aufgrund von Kotprobenuntersuchungen die entsprechenden Tierkategorien, Altschafe, Jungschafe oder Lämmer, und hier auch nur jene, die in einem körperlich schlechten Zustand sind. Bei der Wahl des Entwurmungsmittels ist nicht so sehr auf den Handelsnamen zu achten als vielmehr auf die Wirkstoffgruppe des Mittels. Nicht jede Wirkstoffgruppe wirkt gegen jeden Parasiten. Es sollte auch gelegentlich die Wirkstoffgruppe gewechselt werden, um Resistenzbildungen vorzubeugen.

STALLREINIGUNG

Der Stall und sämtliche Einrichtungsgegenstände sind mindestens einmal im Jahr gründlich zu reinigen und zu desinfizieren. Lediglich die Einrichtungen zur Milchgewinnung bei der Milchschafhaltung sind täglich nach Gebrauch zu reinigen und zu desinfizieren.

Meist erfolgen Reinigung und Desinfektion des Stalles im Zusammenhang mit dem Ausmisten. Dabei ist es wichtig, dass sämtliche Einrichtungsgegenstände, wie Futterraufen, Kraftfuttertröge, Hürden, Tränkeeinrichtungen, Viehwaagen, Stallgeräte etc., gereinigt und desinfiziert werden. Die Reinigung der Kraftfuttertröge sollte mehrmals im Jahr erfolgen, da sich aus den Feinteilen des Kraftfutters in Verbindung mit dem Speichel der Tiere leicht Krusten bilden, die ein idealer Nährboden für Krankheitserreger sind. Diese Krustenbildung entsteht selbst bei Einsatz gepressten Fertigfutters.

WEIDEMANAGEMENT

Die Pflege der Weide verfolgt den Zweck, einen möglichst hohen Ertrag zu erzielen. Im Frühjahr müssen eventuell vorhandene Erdhaufen (Maulwürfe, Wühlmäuse) durch Abschleppen eingeebnet werden. Es gibt die verschiedensten Geräte dazu, wie Me-

Zäune und Tore müssen laufend kontrolliert und bei Bedarf repariert werden. (© Ferdinand Ringdorfer)

tallringe, aufgeschnittene Reifen, Baustahlgitter oder einfach nur Äste, die mit einem Traktor oder sonst einem Gefährt über die Weiden geschleppt werden.

Wird nicht abgeschleppt, entstehen durch die Erdhaufen Flächenverluste, der Bestand kann lückig werden, außerdem verschmutzt das Futter, wenn ein Aufwuchs der Weide für die Heu- oder Silagegewinnung verwendet wird.

Stark verschmutzte Silagen (Aschegehalt von mehr als 10 %) sind meist auch die Ursache der sogenannten Listeriose, einer schweren Erkrankung der Schafe mit meist tödlichem Ausgang.

Ist der Pflanzenbestand schon sehr lückig und entspricht er auch in der Zusammensetzung nicht mehr den Anforderungen einer guten Weide, so ist über eine Bestandsverbesserung durch Nachsaat nachzudenken. Dabei ist auf geeignetes Saatgut besonderer Wert zu legen.

Schafe sind selektive Fresser, das heißt, sie fressen nicht alle Pflanzen. Verschmähte Pflanzen und überständige Pflanzenreste sind mit einem Reinigungsschnitt zu beseitigen, damit wieder frischer Aufwuchs folgen kann. Werden diese Pflanzen nicht beseitigt, kommen sie zur Blüte und Samenbildung, vermehren sich dadurch immer mehr und verdrängen die erwünschten Gräser und Kräuter. Sind die Weiden nicht mit Traktor oder sonstigem Gerät befahrbar, so sollten wenigsten die meisten Unkräuter (Brennnessel, Ampfer, Distel etc.) mit einer (Motor-)Sense beseitigt werden.

Nicht zu vergessen ist auch eine entsprechende Düngung der Weiden. Der Nährstoffentzug, der durch die Futteraufnahme entsteht, muss dem Boden wieder zurückgeführt werden. Die natürlichen Ausscheidungen der Schafe reichen dazu nicht aus.

Zum Weidemanagement gehört ebenso die regelmäßige Kontrolle der fixen Zauneinrichtungen. Morsche Zaunpfähle sind zu ersetzen, Lücken im Zaun zu reparieren. Haben die Schafe solche Schwachstellen erst einmal entdeckt, werden sie auf jeden Fall versuchen, einen Weidewechsel vorzunehmen, der nicht im Sinne des Schafhalters ist. Schafe, die einmal erfolgreich aus einer Koppel ausgebrochen sind, werden dies immer wieder versuchen.

Zum Weidemanagement gehört aber auch ein gezielter Wechsel zwischen den einzelnen Koppeln, um dem Parasitendruck entgegenzuwirken. Parasitenbelastung, Weidedauer und Witterungsverhältnisse sind zu berücksichtigen, entsprechend ist die Nutzung der Weideflächen durchzuführen. Bei starker Parasitenbelastung kann es notwendig sein, dass zwischendurch ein Aufwuchs zur Heu- oder Silagegewinnung herangezogen wird.

VERARBEITUNG DER PRODUKTE

Vielfach genügt es dem Schafhalter nicht, die erzeugten Mastlämmer oder die produzierte Schafmilch oder Schafwolle einfach so zu verkaufen. Sicher ist es einfach, die Lämmer z. B. zu einer Sammelstelle zu bringen und lebend zu verkaufen. Die Abholung der Schafmilch durch einen Tankwagen ist ebenfalls relativ einfach. Auch die Wolle zu einer Wollsammelstelle zu bringen, ist nicht wirklich aufwendig. Der Preis ist bei dieser Art der Vermarktung entsprechend gering. Möchte man mehr aus seinen erzeugten Produkten erzielen, so müssen diese am Betrieb entweder veredelt oder kundenfreundlich verarbeitet werden.

Durch Veredelung der Produkte zu Wurst oder Käse kann die Wertschöpfung der Schafhaltung verbessert werden, hier eine sogenannte Schäferjause. (© Ferdinand Ringdorfer)

Eine Verarbeitung oder Veredelung der Produkte kommt aber nur in solchen Fällen infrage, wo auch die nötige Arbeitszeitkapazität vorhanden ist. Außerdem ist zusätzliches Know-how notwendig, um aus den Rohstoffen qualitativ hochwertige Produkte zu machen. Nicht vergessen darf man die rechtlichen Rahmenbedingungen und die damit oft verbundenen hohen Investitionen.

FÜHREN EINES BESTANDSREGISTERS

Zu den Managementaufgaben eines Schafhalters gehört auch die Führung eines Bestandsregisters nach Vorgabe der jeweils geltenden rechtlichen Bestimmungen. Die Halter von Schafen haben in ihren Bestandsregistern innerhalb von sieben Tagen folgende Eintragungen vorzunehmen:

- Anzahl der Schafe, die am 1. April jedes Jahres am Betrieb stehen,
- Anzahl der weiblichen Schafe, die älter als zwölf Monate sind oder Junge geworfen haben, die am 1. April jedes Jahres am Betrieb stehen,
- sämtliche Zu- und Abgänge von Schafen (einschließlich der Todesfälle) mit nachstehenden Angaben:

a. Anzahl der verbrachten Tiere, Datum und Grund des Vorgangs (Zu-/Abgang),

b. bei abgehenden Tieren Name des Transportunternehmers, amtliches Kennzeichen des Transportmittels, in dem die Tiere tatsächlich befördert wurden, Identifikationsnummer des Bestimmungsbetriebes sowie Name und Adresse des Empfängers (es ist auch möglich, stattdessen eine Kopie des Begleitdokuments – siehe unten – beizulegen);

c. bei zugehenden Tieren Identifikationsnummer des Herkunftsbetriebes sowie Name und Adresse des Versenders,

- Ohrmarkennummern, die am Betrieb eingezogen wurden, sowie Geschlecht des gekennzeichneten Tieres; gegebenenfalls Angaben über den Ersatz von Ohrmarken oder elektronischen Kennzeichen.

Verbringungen von Schafen inkl. Begleitdokument

Schafe dürfen nur dann zwischen zwei Betrieben verbracht werden, wenn sie gemäß jeweils geltender Tierkennzeichnungsverordnung ordnungsgemäß gekennzeichnet sind und von einem Dokument „begleitet" werden, das zumindest folgende Angaben enthalten muss (Formulare sind bei den zuständigen Behörden und/oder Kammern erhältlich):

- Identifikationsnummer des Herkunftsbetriebes,
- Name und Anschrift des Tierhalters,
- Gesamtzahl der verbrachten Tiere,
- Tierart,
- Identifikationsnummer des Bestimmungsbetriebes oder, bei Wanderhaltung, Bestimmungsort mit der Postleitzahl,
- amtliches Kennzeichen jenes Transportmittels, in dem die Tiere tatsächlich befördert wurden,
- Daten zum Transporteur einschließlich seiner Identifikationsnummer,
- Verbringungsdatum,
- Unterschrift des Tierhalters.

ZUKAUF VON TIEREN

Es ist immer wieder notwendig, dass Schafe aus anderen Betrieben zugekauft werden müssen. Sei es, um den Bestand zu ergänzen oder aufzustocken, oder um frisches Blut in den Bestand zu bringen und so einer Inzucht entgegenzuwirken.

Beim Zukauf ist darauf zu achten, dass die Tiere aus einem gesunden Bestand stammen und man sich die eigene Herde nicht mit irgendwelchen mitgekauften Krankheiten verseucht. Es ist daher immer vorteilhaft, wenn man den Betrieb kennt, aus dem Tiere zugekauft werden.

Wichtig ist auch, dass ein Untersuchungsergebnis auf Freiheit von Maedi-Visna bzw. beim Widder auf Brucellose vorliegt.

Bei einem Tierkauf auf Versteigerungen kann man auch davon ausgehen, dass nur gesunde Tiere aufgetrieben werden. Dennoch sollten zugekaufte Tiere, bevor sie zur eigenen Herde gegeben werden, einige Zeit in Quarantäne verbringen, um ganz sicher zu gehen, dass sie keine Krankheiten haben.

Der Quarantänestall muss vollkommen getrennt von den anderen Stallungen sein. Auch ist bei der Betreuung der Quarantänetiere auf strenge Hygiene zu achten. Nicht mit den gleichen Schuhen zwischen den Stallungen hin und her gehen und eigene Tränke- und Fütterungseinrichtungen für die Quarantänetiere verwenden! Der Mehraufwand macht sich auf jeden Fall bezahlt. Die Sanierung eines infizierten Bestandes ist viel zeit- und kostenaufwendiger als die Einhaltung der Hygiene- und Quarantäneregeln.

WIRTSCHAFTLICHKEIT

Die Wirtschaftlichkeit der Schafhaltung wird einerseits bestimmt vom Erlös aus den verkauften Produkten, andererseits von dem für die Erzeugung notwendigen Aufwand. Der Verkauf der Produkte unterliegt dem harten Konkurrenzkampf des freien Marktes und kann vom Schafhalter nur teilweise beeinflusst werden.

Billige Importe vor allem bei Lammfleisch wirken sich besonders erschwerend aus. Auch wird der Preis von saisonalen Schwankungen sehr stark beeinflusst. In der Zeit vor Ostern oder vor Weihnachten besteht allgemein eine gute Nachfrage, somit ist in dieser Zeit auch ein guter Preis für Lammfleisch zu erzielen.

Wo der Schafhalter selbst etwas unternehmen kann, ist im Bereich der Produktionskosten und der Qualität der erzeugten Produkte. In beiden Fällen kommt der Zucht bzw. dem Einsatz von Zuchttieren eine sehr wichtige Rolle zu. Zuchttiere sind Garanten dafür, dass entsprechende Leistungen erbracht werden. Die Anzahl der verkauften Lämmer je Mutterschaf, die täglichen Zunahmen, die Futterverwertung, die Milchleistung sowie der Gehalt an Milchinhaltsstoffen (Fett- und Eiweißgehalt) sind die wichtigsten Leistungseigenschaften, welche die Wirtschaftlichkeit bestimmen. Hohe tägliche Zunahmen sind meist verbunden mit einem geringen Futteraufwand je kg Zunahme (gute Futterverwertung). Dadurch sind die Lämmer früher fertig, sie brauchen in Summe weniger Futter, weil der Erhaltungsbedarf nicht so lange abgedeckt werden muss. Das Risiko ist geringer, und der Wunsch des Konsumenten nach jungen Tieren wird ebenfalls erfüllt.

In der Lammfleischerzeugung hat die Anzahl der aufgezogenen und verkauften Lämmer je Mutterschaf und Jahr den größten Einfluss auf die Wirtschaftlichkeit.

In den alpinen Grünlandgebieten, wo die Tiere fast das halbe Jahr im Stall gehalten und mit konserviertem Futter (Heu, Grassilage) gefüttert werden müssen, sind die jährlichen Haltungskosten der Mutterschafe sehr hoch. Ob das Schaf ein Lamm oder drei Lämmer im Jahr aufzieht, beeinflusst die Haltungskosten nur gering.

Die Wirtschaftlichkeit wird auch von der Herdengröße bestimmt. Gerade in kleinen Beständen unter 40 Schafen ist dieser Einfluss spürbar. Die Kosten für den Widder sind bei der vollen Anzahl von möglichen

Schafen je Widder natürlich besser aufgeteilt, wenn die Herde 40 Schafe umfasst, im Vergleich zu einer kleinen Herde von z. B. 20 Schafen. Auch kann beim Zukauf von Kraftfutter bei größeren Abnahmemengen ein besserer Preis erzielt werden.

DECKUNGSBEITRAG

Zur Ermittlung der Wirtschaftlichkeit wird der Deckungsbeitrag berechnet. Dieser errechnet sich aus der Summe der Einnahmen (= Rohertrag) abzüglich aller variablen Kosten. Bei den variablen Kosten machen die Futterkosten den größten Anteil aus. Dazu ist zu sagen, dass bei den meisten Berechnungen die Kosten für die Winterfuttergewinnung nicht vom Rohertrag abgezogen werden. In den hier angeführten Berechnungen sind die Kosten für die Winterfuttergewinnung vom Rohertrag abgezogen, wodurch die Ergebnisse mit den üblichen Standarddeckungsbeitragskalkulationen nicht mehr ganz vergleichbar sind.

Weitere variable Kosten sind unter anderem jene für die Bestandsergänzung, für die Gesundheit der Tiere, für den Zukauf von Stroh, für die Milchgewinnung in der Milchschafhaltung, für die Verarbeitung und Vermarktung, für Mitgliedschaft in einer Zuchtorganisation etc.

Bei den in den folgenden Beispielsberechnungen angeführten Zahlen handelt es sich um Durchschnittswerte, Abweichungen nach oben oder unten können durchaus auftreten – es soll nur das Prinzip der Berechnung aufgezeigt werden. Der Schafhalter sollte in der Lage sein, für seinen Betrieb mit seinen Zahlen den Deckungsbeitrag zu berechnen und so einen Überblick über seine Schafhaltung zu bekommen.

LAMMFLEISCHPRODUKTION

Wie bereits erwähnt, spielt in der Produktionssparte der Lammfleischerzeugung die Anzahl der pro Mutterschaf und Jahr verkauften Lämmer die größte Rolle für die Wirtschaftlichkeit. Weiters hängt diese auch davon ab, wie die Lämmer vermarktet werden.

Ein besserer Preis kann erzielt werden, wenn die Lämmer geschlachtet und womöglich küchenfertig zubereitet zum Verkauf angeboten werden. Dies erfordert allerdings die notwendigen Fähigkeiten in der Zerteilung eines Schlachtkörpers, die entsprechenden Einrichtungen dazu und auch die Fähigkeit zur Vermarktung.

Bei der Errichtung des Zerlegeraumes, des Kühlraumes sowie eventueller Verkaufsläden sind die gesetzlichen Anforderungen und Vorschriften genau einzuhalten.

Die einfachere Art der Vermarktung der Lämmer ist der Lebendverkauf. Als ein Nachteil kann angeführt werden, dass der Schafhalter in den meisten Fällen keine

In der Lammfleischerzeugung ist die Anzahl verkaufter Lämmer je Mutterschaf und Jahr ein entscheidendes Kriterium für den wirtschaftlichen Erfolg. (© Ferdinand Ringdorfer)

Rückmeldung über die tatsächliche Qualität seiner erzeugten Lämmer bekommt. Bei Handlungsbedarf, d. h. wenn die Schlachtkörper nicht den Vorstellungen entsprechen, kann der Schafhalter keine Änderungen in seiner Produktion vornehmen, weil er nicht weiß, dass etwas nicht stimmt. Auch die Art und Weise der Produktion wirkt sich auf den Deckungsbeitrag aus. Es gibt sehr viele verschiedene Möglichkeiten, wobei hier zwischen konventioneller und biologischer Wirtschaftsweise unterschieden wird sowie dabei nochmals zwischen einer eher extensiven Mast mit vorwiegend wirtschaftseigenem Grundfutter und einer intensiven Mast mit hohem Kraftfutteranteil. Weiters wird noch angenommen, dass einmal auch Zuchtlämmer verkauft werden können. Diese Kalkulationen wurden alle auf Basis der Onlineanwendung „IDB-Deckungsbeiträge und Kalkulationsdaten" von der Bundesanstalt für Agrarwirtschaft und Bergbauernfragen in Wien durchgeführt. Dieses Kalkulationsprogramm ist kostenfrei unter idb.awi.bmlfuw.gv.at zu finden.

In Tabelle 15 sind die unterstellten Annahmen zusammengestellt. Diese Annahmen können für den jeweiligen Betrieb individuell eingegeben und so das Ergebnis genau auf den eigenen Betrieb angepasst werden.

Tabelle 15: Angenommene Daten zur Deckungsbeitragskalkulation für die Lämmerproduktion.

<table>
<tr><th rowspan="2">Kennzahl</th><th rowspan="2">Einheit</th><th colspan="2">Wirtschaftsmast</th><th colspan="2">Intensivmast</th><th colspan="2">Wirtschaftsmast mit Zucht</th><th colspan="2">Intensivmast mit Zucht</th></tr>
<tr><th>konv.</th><th>biol.</th><th>konv.</th><th>biol.</th><th>konv.</th><th>biol.</th><th>konv.</th><th>biol.</th></tr>
<tr><td>Anzahl aufgez. Lämmer</td><td>Stk/MS/J</td><td colspan="2">1,83</td><td colspan="2">1,83</td><td colspan="2">1,83</td><td colspan="2">1,83</td></tr>
<tr><td>Verkaufte Mastlämmer</td><td>Stk/MS/J</td><td colspan="2">1,63</td><td colspan="2">1,63</td><td colspan="2">1,37</td><td colspan="2">1,37</td></tr>
<tr><td>Verkaufte Zuchtlämmer</td><td>Stk/MS/J</td><td colspan="2">–</td><td colspan="2">–</td><td colspan="2">0,26</td><td colspan="2">0,26</td></tr>
<tr><td>Lebendgewicht Lämmer</td><td>kg</td><td colspan="2">39,5</td><td colspan="2">40,5</td><td colspan="2">39,5</td><td colspan="2">40,5</td></tr>
<tr><td>Verkaufspreis Lämmer</td><td>€/kg LG</td><td>2,34</td><td>2,52</td><td>2,51</td><td>2,69</td><td>2,34</td><td>2,52</td><td>2,51</td><td>2,69</td></tr>
<tr><td>Verkaufspreis Zuchtlämmer</td><td>€/Stk</td><td colspan="2">–</td><td colspan="2">–</td><td colspan="2">180</td><td colspan="2">180</td></tr>
<tr><td>Nutzungsdauer Mutterschaf</td><td>Jahre</td><td colspan="2">5</td><td colspan="2">5</td><td colspan="2">5</td><td colspan="2">5</td></tr>
<tr><td>Kraftfuttermenge</td><td>kg/Lamm</td><td colspan="2">30</td><td>75</td><td>64</td><td colspan="2">30</td><td>75</td><td>64</td></tr>
<tr><td>Kraftfutterpreis</td><td>€/100 kg</td><td>32,4</td><td>53,5</td><td>32,4</td><td>53,5</td><td>32,4</td><td>53,5</td><td>32,4</td><td>53,5</td></tr>
</table>

Quelle: Wirtschaftlichkeit in der Schafhaltung, 2019

Bei den in Tabelle 15 angenommenen Zahlen handelt es sich um Durchschnittswerte, die allerdings für den individuellen Betrieb durchaus unterschiedlich sein können. Es soll damit auch aufgezeigt werden, dass gewisse Kennzahlen für alle Produktions- und Wirtschaftsweisen gleich sind bzw. dass es große Unterschiede gibt, z. B. beim Kraftfutterpreis. Die erzielten Leistungen sowie die variablen Kosten und der daraus resultierende Deckungsbeitrag sind Tabelle 16 zu entnehmen. Zu erwähnen ist noch, dass bei den Kalkulationen keine Förderungen oder Prämien berücksichtigt wurden.

Tabelle 16: Deckungsbeiträge Lämmerproduktion.

Kennzahl	Einheit	Wirtschaftsmast		Intensivmast		Wirtschaftsmast mit Zucht		Intensivmast mit Zucht	
		konv.	biol.	konv.	biol.	konv.	biol.	konv.	biol.
Lämmerverkauf	€/MS/J	144	156	159	171	170	178	181	191
Sonstige Leistungen	€/MS/J	11	11	11	11	11	11	11	11
Summe Leistungen	€/MS/J	155	167	170	182	181	189	192	202
Kraftfutterkosten	€/MS/J	34	47	61	79	34	47	61	79
Grundfutterkosten	€/MS/J	25	29	24	27	25	27	24	27
Strohkosten	€/MS/J	18	18	18	18	18	18	18	18
sonst. variable Kosten	€/MS/J	26	26	26	26	32	32	32	32
Summe variable Kosten	€/MS/J	102	119	128	150	108	123	134	156
Deckungsbeitrag	€/MS/J	52,7	48,2	42,3	32,5	72,6	65,8	58	43,3
	€/ha	445	365	401	276	613	499	549	393
Szenario +0,1 verkaufte Lämmer									
Deckungsbeitrag	€/MS/J	7,0	8,1	6,2	5,9	6,8	8,6	7,2	7,0
	€/ha	50,6	54,2	69,2	46,6	46,1	55,6	82,3	54,6
Szenario +0,1 €/kg Lebendgewicht Lamm oder +10 €/Zuchtlamm									
Deckungsbeitrag	€/MS/J	7,4	7,4	7,5	7,5	9,0	9,0	9,2	9,1
	€/ha	62,4	56,1	87,6	63,7	76,0	68,2	109,5	77,3

Quelle: Wirtschaftlichkeit in der Schafhaltung, 2019

Der Deckungsbeitrag pro Mutterschaf und Jahr liegt zwischen 32,5 und 72,6 Euro. Umgerechnet auf Hektar Futterfläche erzielt man Werte zwischen 276 und 613 Euro. Eine Verbesserung des Deckungsbeitrages könnte z. B. durch Erhöhung der Anzahl verkaufter Lämmer pro Mutterschaf und Jahr um 0,1 erfolgen, oder wenn der Lämmerpreis bzw. der Zuchttierpreis um 0,1 Euro bzw. um 10 Euro stiege.

MILCHSCHAFHALTUNG

In der Milchschafhaltung ist die verkaufte Menge Milch die entscheidende Größe für den wirtschaftlichen Erfolg. Daneben spielen die Gehalte an Inhaltsstoffen (vorwiegend Fett und Eiweiß), aber auch die Zell- und die Keimzahl eine wichtige Rolle. Bei Ablieferung der Milch an eine Molkerei sind diese Parameter bestimmend für die Preisbildung. Der Milchpreis setzt sich normalerweise aus einem Grundpreis und einem Preis aufgrund der Inhaltsstoffe Fett und Eiweiß zusammen. Der Grundpreis wiederum ist abhängig vom Zellgehalt und der Keimzahl der Milch. Weiters wird oft noch unterschieden zwischen Sommer- und Wintermilch, wobei die Wintermilch einen besseren Preis erzielt. Milchmenge und -qualität sind also die entscheidenden Parameter für die Wirtschaftlichkeit der Milchschafhaltung. Daneben kann über den Verkauf der natürlich auch anfallenden Lämmer noch ein Erlös erzielt werden. Da die Milchschafe vorwiegend im Dezember bis Jänner ablammen, sind die Lämmer meist zur Osterzeit als sogenannte Osterlämmer gut zu vermarkten.

Der Transport der Milch zur nächsten Molkerei kann unter Umständen zu einem bedeutenden Kostenfaktor werden, wenn weite Strecken zurückgelegt werden müssen. (© Ferdinand Ringdorfer)

Wie für die Fleischerzeugung gilt auch für die Milchschafhaltung, dass durch Verarbeitung der Milch zu verschiedenen Produkten (vorwiegend Käse in den verschiedensten Reifestadien und mit unterschiedlichen Kräuterzusätzen) am eigenen Betrieb ein höherer Deckungsbeitrag erzielt werden kann.

Auf den damit verbundenen höheren Arbeitszeitaufwand und auch auf die höheren Investitionen muss allerdings auch hingewiesen werden. Weiters gelten auch für die Milchverarbeitung und -vermarktung strenge Richtlinien, die erfüllt werden müssen.

Bei dem in Tabelle 17 angeführten Beispiel der Deckungsbeitragskalkulation wurden folgende Annahmen unterstellt:

Es wird zunächst zwischen konventioneller und biologischer Wirtschaftsweise unterschieden. Bezüglich Milchleistung wird die Berechnung einmal mit 400 kg und einmal mit 470 kg Laktationsleistung durchgeführt. Pro Mutterschaf und Jahr werden 1,65 Lämmer aufgezogen. Die Nutzungsdauer wird auf vier Jahre festgelegt. Die Lämmer werden mit 18 kg Lebendgewicht verkauft, wobei ein Preis von 2,54 Euro pro kg LG eingesetzt wird. Weiters wird unterstellt, dass die Milch an die Molkerei abgeliefert wird, wobei für die konventionelle Milch ein Preis von 124,4 Cent pro Liter und für die biologisch erzeugte Milch von 134,4 Cent pro Liter erzielt wird.

Tabelle 17: Deckungsbeitragskalkulation für die Schafmilcherzeugung bei Lieferung der Milch an eine Molkerei.

Kennzahl	Einheit	konventionell		biologisch	
		400 kg	470 kg	400 kg	470 kg
Milchverkauf	€/MS	479	565	517	610
Flaschenlämmer	€/MS	16	16	16	16
sonstige Leistungen	€/MS	18	18	18	18
Summe Leistungen	€/MS	513	599	552	645
Lämmeraufzucht	€/MS	25	25	38	38
Kraftfutterkosten	€/MS	56	75	102	137
Grundfutterkosten	€/MS	32	33	41	42
Gesundheitskosten	€/MS	6	6	6	6
Einstreu	€/MS	27	27	27	27
Schur, Klauenpflege	€/MS	7	7	7	7
Transport Milch	€/MS	19	23	19	23
sonstige variable Kosten	€/MS	23	23	23	23
Summe variable Kosten	€/MS	195	218	263	301
Deckungsbeitrag	€/MS	318	382	289	344
	€/ha	2.589	3.052	2.110	2.470
Steigerung der Milchleistung um +10 %					
Deckungsbeitrag	€/MS	35	41	29	34
	€/ha	286	331	215	247
Erhöhung des Milchpreises um +10 %					
Deckungsbeitrag	€/MS	48	56	52	61
	€/ha	389	452	378	441

Die hohen Kraftfutterkosten in der biologischen Wirtschaftsweise führen dazu, dass das Ergebnis im Vergleich zur konventionellen schlechter ausfällt. Im Vergleich zur Lämmerproduktion (siehe Tabelle 16) ist der Deckungsbeitrag für die Milchschafhaltung jedoch deutlich besser. Der Deckungsbeitrag kann durch Steigerung der Milchleistung sowie durch die Erzielung eines höheren Milchpreises deutlich verbessert werden. Der Deckungsbeitrag kann aber auch durch Verarbeitung der Milch zu Joghurt oder Frischkäse am Betrieb um mehr als das Dreifache verbessert werden.

VERMARKTUNG

Es wurde bereits einleitend erwähnt, dass sich die Schafhaltung vor allem durch ihre Vielfalt an Produkten auszeichnet. Milch und Fleisch, Wolle und Felle sowie lebende Tiere, all das muss vermarktet werden. Die Marktanforderungen sind dementsprechend umfangreich und verlangen einen universalen Einsatz aller Vermarktungsverantwortlichen.

Die Voraussetzungen für einen funktionierenden Markt sind einerseits eine entsprechende Qualität der Produkte und andererseits ein kontinuierliches, marktkonformes Angebot.

Aufgrund der kleinen Betriebsstrukturen und der Rassenvielfalt stehen die Vermarktungsorganisationen oft vor schwer lösbaren Aufgaben, speziell wenn es darum geht, einheitliche Qualität in größeren Mengen kontinuierlich bereitzustellen (z. B. Schlachtlämmer für Handelsketten). Länderüberschneidende Vermarktungsaktivitäten sind daher notwendig, um die vielseitigen Käuferwünsche befriedigen zu können.

Sowohl der Lammfleisch- als auch der Schafmilchmarkt sind seit vielen Jahren liberalisiert, wodurch es aufgrund von Billigimporten zu entsprechenden Wettbewerbsverzerrungen am Inlandsmarkt kommt. Andererseits ist der deutschsprachige Markt auf Importprodukte angewiesen, weil die Inlandserzeugung die Nachfrage nicht abdecken kann.

In den Ländern, aus denen vorwiegend Produkte der Schafhaltung importiert werden, sind es einerseits außerordentlich begünstigte Produktionsbedingungen sowie große Herdenbestände und andererseits zum Teil unvergleichbare Produktionsauflagen (z. B. zur Hygiene etc.), die die Erzeugung von Lammfleisch- und Schafmilchprodukten in diesen Ländern enorm verbilligen bzw. vereinfachen.

Der relativ große Anteil der Direktvermarktung sowie die verschiedensten Markenprogramme mit Produktions- und Herkunftsgarantien, wie auch besondere Serviceleistungen am Kunden schwächen diesen Wettbewerbsnachteil ab und geben der Wirtschaftsform einen interessanten Ansatz. Als Direktvermarkter muss man über umfassendes Wissen in mehreren Fachbereichen verfügen. Einerseits ist man Produzent, muss also alle Bereiche der Produktion beherrschen, weiters braucht man Fähigkeiten in der Verarbeitung, sei es in der Fleisch- oder Milchverarbeitung, und letztlich muss man Werbe- und Verkaufsfachkraft sein, damit die Produkte entsprechend an die Konsumenten vermarktet werden können. Als Schafhalter mit Direktvermarktung muss man also gleich in mehreren Berufen bewandert sein.

MARKTSEGMENTE

Entsprechend der Vielfalt an Produkten in der Schafhaltung lassen sich folgende Marktsegmente unterscheiden:

- Lammfleisch und Altschafe,
- Schafmilch,
- Zuchtschafe,
- Wolle,
- sonstige Produkte.

Lammfleisch- und Altschafmarkt

Der Lammfleisch- und Altschafmarkt wird sehr wesentlich von saisonalen Vermarktungshöhepunkten beeinflusst (Ostern, Herbstüberangebot etc.). Eine wesentliche Zielsetzung muss jedoch ein möglichst kontinuierlicher Marktverlauf das ganze Jahr hindurch sein. Die asaisonalen Mutterrassen Bergschaf, Merino oder Jura ermöglichen diese Kontinuität.

Des Weiteren ist auch ein standardisiertes Qualitätsprodukt von besonderer Bedeutung. Größere Unterschiede bei Schlachtgewichten oder beim Alter, verschiedenste Verfettungsgrade sowie sonstige Qualitätsunterschiede müssen möglichst vermieden werden.

Neben dem Junglamm (drei bis fünf Monate) ist saisonal, insbesondere in der Oster- und Weihnachtszeit, auch das Milchlamm (sechs bis acht Wochen) sehr gefragt.

Für ältere Weide- oder Almlämmer gibt es nur einen beschränkten Absatzbereich, der meist auch saisonal sehr eingegrenzt ist. Halbfertige oder magere Lämmer können nur sehr schwer oder überhaupt nicht mehr vermarktet werden. Für klein strukturierte Schafhaltungsbetriebe im Bergland ist daher aufgrund der relativ hohen Futter- und Haltungskosten die Produktion und Vermarktung von Milchlämmern empfehlenswert.

Die Erzeugung von Qualitätslämmern (jung, gesund, kurzwollig, gute Ausbeute, hoher Anteil an wertvollen Fleischteilen, geringe Fettabdeckung) ist die Grundvoraussetzung einer erfolgreichen Vermarktung.

Um diese Qualität produzieren zu können, ist der Einsatz fleischbetonter Widder und fruchtbarer Schafe mit guten Muttereigenschaften und hohen Milchleistungen erforderlich. Auch die richtige Fütterung stellt neben der Genetik einen wesentlichen Faktor dar.

Die Qualität des Lammfleisches hängt jedoch neben diesen Faktoren auch von der Hygiene des Schlachtens, einer guten Kühlung des Schlachtkörpers und der entsprechenden Reifezeit (vier bis sieben Tage) ab. Speziell die Reifezeit hat einen großen Einfluss auf die Zartheit, die Saftigkeit und den Geschmack des Fleisches.

Die Vermarktung der Produkte stellt oft große Anforderungen, auch wenn diese noch so schön präsentiert werden. (© Ferdinand Ringdorfer)

Die Vermarktung von Altschafen wird zunehmend schwieriger. Kauften früher vor allem Personen der muslimischen Glaubensgemeinschaft alte Schafe, so bevorzugen diese heute immer öfter jüngere Tiere. Die wirklich alten Schafe können oftmals nur noch zu Tierfutter verarbeitet werden. Die besseren Teilstücke sind auch für die Verarbeitung zu verschiedenen Wurstprodukten geeignet.

Lebendvermarktung

Viele Schafzuchtverbände organisieren über verschiedenste Händler bzw. Schlachtbetriebe sogenannte Schafverladungen, bei welchen die Schafbauern ihre Tiere (Lämmer oder Altschafe) zu Verladestellen bringen, auf welchen die Tiere verwogen, ihre Qualität festgestellt (Preisbildung) und sie direkt auf einen Viehtransporter verladen oder in einen Handelsstall gebracht werden. Die Preisbildung erfolgt aufgrund einer subjektiven Beurteilung der Tiere durch den Käufer, wodurch es nicht immer zu einer gerechten Bezahlung kommen kann. Gibt es viele sehr gute Tiere, dann werden die durchschnittlichen etwas unterbewertet; kommen hingegen mehr eher schlechte Tiere zur Verladung, dann werden die durchschnittlichen auch sehr gut bewertet. Es fehlt oft an der Rückmeldung über die tatsächliche Qualität der Tiere, und der Halter hat keine Möglichkeit, etwas in seiner Produktion zu ändern.

Dieser Absatzweg ist mit relativ wenig Aufwand verbunden, der Schafbauer braucht selbst keine Schlachteinrichtungen und hat mit der Vermarktung von Lammfleisch keinen weiteren Aufwand. Der Ertrag ist vom Marktpreis abhängig, welcher Angebot und Nachfrage und somit gewissen Schwankungen unterliegt.

Direktvermarktung

Der Vorteil der Direktvermarktung liegt in der wesentlich höheren Wertschöpfung (direkter Weg zum Konsumenten), es ist aber natürlich ein wesentlich höherer Zeitaufwand erforderlich. Ein weiterer Vorteil ist, dass der Bauer sieht, was er produziert. Je nachdem kann er sein Produktionssystem entsprechend der Notwendigkeit in die eine oder andere Richtung ändern.

Zu beachten sind allerdings die vielen Auflagen, welche Direktvermarkter zu erfüllen haben. Über Hygieneverordnungen, sozialversicherungsrechtliche Bestimmungen, Steuerrecht, Gewerbeordnung u. v. m. sollte der Direktvermarkter gut informiert sein.

Sehr vorteilhaft ist der unmittelbare Kontakt zu den Konsumenten, welche zu Direktvermarktern grundsätzlich ein gutes Vertrauen haben. Auch sind der Fantasie in Bezug auf Produktentwicklungen sowie Präsentations- und Verkaufsmanagement kaum Grenzen gesetzt. Eine für das Auge ansprechende Präsentation der Produkte ist für die Vermarktung vorteilhaft.

Abzuklären ist, ob die Tiere selbst geschlachtet (hohe Investitionskosten für Schlachträumlichkeiten aufgrund entsprechender Auflagen) oder von einem Schlachtbetrieb im Lohnschlachtverfahren geschlachtet und die Schlachtkörper zurückgenommen, verarbeitet und direkt vermarktet werden. Wenn ein solches Unternehmen in der Nähe ist, dann ist diese Variante zu bevorzugen.

Totvermarktung

Eine weitere Vermarktungsform ist die Totvermarktung. Die Tiere werden an einen

Die Lebendvermarktung der Lämmer ist für den Schafbauern immer noch die einfachste Art der Vermarktung. (© Ferdinand Ringdorfer)

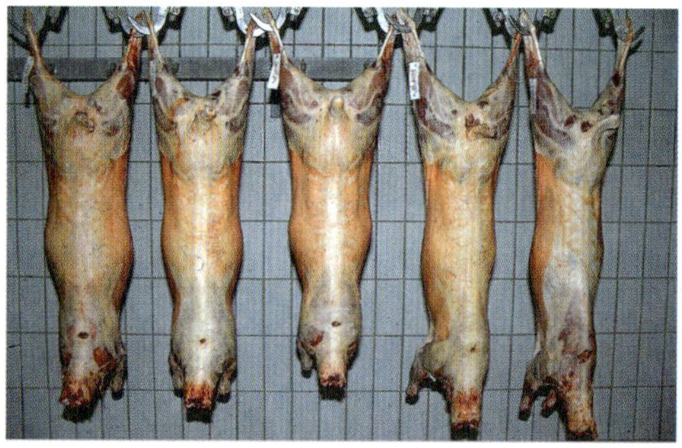

In der Lammfleischvermarktung werden Schlachtkörper von einheitlicher Qualität verlangt, welche nicht immer erzeugt werden können. (© Ferdinand Ringdorfer)

Produkte aus der Milchschafhaltung sind bei den Konsumenten sehr gefragt, die Erzeugung ist jedoch sehr arbeitsintensiv. (© Ferdinand Ringdorfer)

Schlachtbetrieb geliefert, dort geschlachtet, und der Schlachtkörper wird von ausgebildeten Personen klassifiziert. Bewertet werden Fleischfülle (EUROP) und Verfettungsgrad (Noten 1 bis 5). Die Preisbildung erfolgt aufgrund des Schlachtkörpergewichtes und der Qualitätsklasse.

Der Vorteil liegt in einer sehr objektiven Bewertung der Qualität. Auch die Rückmeldung des Schlachtbetriebes über Schlachtausbeute und Qualitätsklasse ist für den Schafbauern sehr dienlich.

Vermarktungsmöglichkeiten

Seitens der Vermarktungsorganisationen wird grundsätzlich der Inlandsmarkt forciert, nachdem dieser bei entsprechender Betreuung eine größere Absatzsicherheit bietet als der Exportmarkt.

Dennoch sind Exportgeschäfte zum Ausgleich des Inlandsangebotes am Lämmermarkt von besonderer Bedeutung. Nur durch eine bestmögliche Abstimmung des Angebotes und der Nachfrage kann im Inland ein befriedigendes Preisniveau gehalten werden.

Insbesondere im Lammfleischbereich kann über die Direktvermarktung durch entsprechende Veredelungsschritte (Feinzerlegung) eine höhere Wertschöpfung erzielt werden als bei einer organisierten Vermarktung.

Im Bereich des Altschafmarktes muss erwähnt werden, dass befriedigende Absatzmärkte insbesondere vor muslimischen Feiertagen noch immer möglich sind. Aber auch hier wird es, wie gesagt, zunehmend schwieriger, alte Tiere zu vermarkten. Die Verarbeitung der Altschafe zu Schafwürsten, Geselchtem sowie auch zu Qualitätstierfutter erhält damit zunehmende Bedeutung.

Schafmilchmarkt

Der Schafmilch- sowie Schafkäsemarkt ist ebenfalls von internationalen Markteinflüssen geprägt. Während in der Direktvermarktung kaum Markteinbrüche festzustellen sind, müssen sich größere Produktions- und Vermarktungsgemeinschaften meist dem internationalen Wettbewerb stellen. Es gibt im Alpenraum nur wenige Molkereien, die sich mit der Schafmilchverarbeitung beschäftigen. Die erzeugten Schafmilchprodukte (Schafkäse, -joghurt etc.) haben mittlerweile einen derart hohen Qualitätsstandard erreicht, dass sie international im Spitzenfeld anzutreffen sind.

Auch das zunehmende Gesundheitsbewusstsein der Konsumenten und der Trend zu besonderen Spezialitäten haben zu einer enormen Marktsteigerung der Schafmilchprodukte geführt.

Für viele Betriebe war der Einstieg in diese Produktionssparte derart erfolgreich, dass sie ihren Betrieb vom Neben- zum Vollerwerb ausgebaut haben.

Die Direktvermarktung von Schafmilchprodukten ist zwar hinsichtlich des Deckungsbeitrages sehr überzeugend, nicht unterschätzt werden darf jedoch der dafür notwendige Arbeitsaufwand.

Neben dem Arbeitsaufwand ist auch mit einem relativ hohen finanziellen Aufwand für die Errichtung eines Milchverarbeitungsraumes mit den entsprechenden Einrichtungen zur Käseherstellung sowie Reifungs- und Kühlräumen zu rechnen. Die Erfahrung ist hier ein sehr wichtiger Faktor der Wirtschaftlichkeit.

Zuchtschafmarkt

Zuchtschafverkäufe werden über Zuchtschafversteigerungen, Sammelauftriebe, freie Zuchtschafmärkte sowie über Ab-Hof-Vermittlungen organisiert und durchgeführt. Aufgrund strenger Vorselektionen und umfassender Gesundheitsmaßnahmen sind Zuchttierankäufe über Zuchtschafversteigerungen zu empfehlen. Auch verschiedenste Gewährleistungsansprüche können vom Käufer meist nur über Versteigerungsankäufe genutzt werden.

An Zuchtschafversteigerungen oder sonstigen Zuchttiermärkten können sich nur eingetragene und kontrollierte Herdebuchzüchter beteiligen.

Während sich Herdebuchzuchtbetriebe meist nur über Zuchtwidderankäufe neue Blutlinien schaffen, um ihren Bestand verbessern zu können, ist für Lämmererzeuger der Ankauf von guten Fleischböcken wie auch von fruchtbaren weiblichen Zuchttieren interessant und zu empfehlen.

Voraussetzung für einen befriedigenden Zuchttierabsatz ist das Angebot gut entwickelter, sofort einsatzfähiger, gesunder und gepflegter Zuchttiere mit guten Prüfungsergebnissen.

Bevor jedoch zugekaufte Tiere zur Herde gegeben werden, sollten sie wenigstens 14 Tage in Quarantäne gehalten werden. Es können unter Umständen verdeckte Mängel vorhanden sein, die nicht unmittelbar zu erkennen sind und erst später zutage treten. Wenn es sich dabei um ansteckende Krankheiten (z. B. Moderhinke) handelt, kann sich der gesamte Bestand infizieren, wenn das zugekaufte Tier gleich zur Herde gegeben wird.

Wollmarkt

Der Schafwollmarkt hat sich im internationalen Vergleich in den letzten Jahren relativ erfreulich entwickelt. Die Produktion von hochwertigen Dämmprodukten aus Schafwolle hat neben den verschiedenen

Zuchttiere werden regelmäßig auf Ausstellungen vorgestellt und prämiert. (© Ferdinand Ringdorfer)

Handwerks- und Kunstarbeiten einen hohen Stellenwert erzielt. Umfassende Einzelinitiativen in den verschiedensten Regionen haben die Schafwollverarbeitung wieder aufleben lassen und für neue Produktideen bzw. Verwendungsmöglichkeiten gesorgt. Von diversen Kleidungsstücken, Taschen, Schmuckstücken bis hin zu Bildern und Wollfiguren reicht die Palette an Wollprodukten – natürlich alle in Handarbeit hergestellt. Die aufgewendete Arbeitszeit darf dabei allerdings nicht voll berechnet werden.

Aufgrund der zum Teil harten Haltungsbedingungen (Almwirtschaft) sowie der verschiedensten Rassen können einheitliche Wollqualitäten in größeren Mengeneinheiten nicht angeboten werden. Derzeit kann durch den Erlös des Rohwollverkaufes meist nur knapp die Schur finanziert werden.

Felle und sonstige Produkte

Der Fellmarkt ist weitgehend von internationalen Wirtschaftseinflüssen abhängig und daher mittel- bis langfristig schwer kalkulierbar. Die Preisschwankungen sind derart groß, dass sie für den Fellhandel bzw. für Gerbereien zu großen wirtschaftlichen Problemen führen können. Lammfelle, insbesondere medizingegerbte Betteinlagen bzw. Vorleger und Wandbehänge, stellen jedoch ideale Geschenkartikel dar, die immer wieder guten Anklang finden.

Die Produktentwicklung im Fellbereich ist praktisch unerschöpflich und für die Direktvermarktung bestens geeignet. Voraussetzung ist, dass das Fell auf der Lederseite keine Beschädigungen aufweist und die Wolle sauber, gut geschlossen und nicht zu lang ist.

Durch die Verarbeitung der Wolle zu den verschiedensten Produkten kann ein guter Erlös erzielt werden. (© Ferdinand Ringdorfer)

Lammfelle sind ein ideales Geschenk. (© Ferdinand Ringdorfer)

Werden frische Felle am Betrieb gelagert, müssen diese ausreichend und sachgerecht eingesalzen werden.

Die umfassende Produktpalette der Schafhaltung schließt mit verschiedenen Nebenprodukten (z. B. Naturkosmetika aus Schafmolke, Hautcremen aus Lanolin etc.), die zwar in der Verarbeitung eine gewisse Erfahrung voraussetzen, jedoch am Markt (insbesondere bei Allergikern) sehr gefragt sind. Auch eine Verarbeitung des Mists zu Kompost oder Blumendünger ist eine Möglichkeit, die Wertschöpfung der Schafhaltung zu erhöhen.

ÖFFENTLICHKEITSARBEIT UND WERBUNG

Öffentlichkeitsarbeit und Werbung sind gemäß der vielseitigen Produktpalette sehr konsequent und intensiv zu betreiben. Die Sensibilisierung der Konsumenten für natürliche Haltungsformen, die notwendige Landschaftspflege usw. ist ebenso wichtig wie eine konzentrierte Produktwerbung auf höchstem Niveau. Nicht umsonst heißt es: „Werbung ist alles, ohne Werbung ist alles nichts.“ Die Konsumenten müssen über die Produkte aus der Schafhaltung laufend informiert werden und brauchen vor allem die Information, wo es diese Produkte zu kaufen gibt. Außerdem muss ständig auf den besonderen Wert der Produkte für die menschliche Ernährung hingewiesen werden.

Auch das Wissen über die Art und Weise der Produktion sowie die Bedeutung der Schafhaltung für die Allgemeinheit muss in den Köpfen der Konsumenten verankert werden.

Ist erst einmal ein Kundenstock aufgebaut und entsprechen Qualität sowie Produktvielfalt den Wünschen der Konsumenten, dann steht einer erfolgreichen Vermarktung nichts mehr im Wege.

Die verschiedenen nationalen (Landes-) Schafzuchtverbände und Vermarktungsorganisationen bemühen sich, umfassende Marketingaktivitäten zu betreiben, um ständig neue Vermarktungsmöglichkeiten zu schaffen.

Kreativität und Innovation haben die vielseitigen Produkte des Schafes in allen Gesellschaftsschichten salonfähig gemacht, womit die Nachfrage in den letzten Jahrzehnten um ein Vielfaches gesteigert werden konnte.

(© Ferdinand Ringdorfer)

TIERGESUNDHEIT

EINLEITUNG UND BEMERKUNGEN ZUR ALLGEMEINEN KRANKHEITSVORBEUGUNG IN DER SCHAFHALTUNG

Der Erhaltung der Tiergesundheit kommt bei jeder Form der Tierhaltung eine entscheidende Bedeutung zu. Ein gesunder Schafbestand ist imstande, konstantere bzw. höhere Leistungen zu erbringen, und das bringt wirtschaftliche Vorteile mit sich. Den steigenden Anforderungen von Konsumentenschutz und Tierschutz können nur gesunde Tiere entsprechen, und letztlich wird auch das Kaufverhalten des Konsumenten ganz entscheidend von seinen Assoziationen bezüglich der Herstellungsweise des landwirtschaftlichen Produktes („gesunde Tiere auf grüner Weide“) beeinflusst.

Infektionskrankheiten können sich in Herden besonders rasch ausbreiten. Erkrankte Einzeltiere werden oft erst spät entdeckt. (© Archiv Autoren)

Ein weiterer Grund für die Bedeutung der Tiergesundheit liegt sicherlich im Idealismus des Tierhalters, dessen Freude an der Schafhaltung durch ständige tiergesundheitliche Probleme getrübt wird.

„Vorbeugen ist besser als heilen“ – dieser Vorsatz wurde bereits von den alten Römern geprägt und hat, auch wenn wir heute immer noch mit denselben Tierkrankheiten zu kämpfen haben, gewiss seine Gültigkeit.

Als vorbeugende Maßnahmen sind alle managementbedingten Tätigkeiten anzusehen, welche die drei Faktoren **Tier – Umwelt – Krankheitserreger** nach dem heutigen Wissensstand optimieren bzw. berücksichtigen. Wenn auch nicht allen Erkrankungen mit absoluter Sicherheit vorgebeugt werden kann, die Häufigkeit von Erkrankungen, die Anzahl von erkrankten Tieren sowie Schweregrad und Anzahl der Ausfälle können durch entsprechende vorbeugende Maßnahmen entscheidend gesenkt werden.

Aus mehreren Gründen nehmen speziell die Schafe im Hinblick auf Erkrankungen eine gewisse Sonderstellung unter unseren landwirtschaftlichen Nutztieren ein:

- Schafe sind als Wiederkäuer in ihrem Ernährungsverhalten sehr hoch spezialisiert und reagieren deshalb auf Fütterungsfehler rasch mit gesundheitlichen Störungen (z. B. akute und chronische Pansenübersäuerung).
- Schafe sind Herdentiere und werden als solche zumeist auch in größerer Anzahl gehalten – mit Zunahme an gehaltenen Tieren pro Flächeneinheit steigt aber auch der Infektionsdruck durch Parasiten, Viren und Bakterien. Erkrankungen können sich deshalb ab einem bestimmten Schwellenbereich beinahe explosionsartig in einer Herde ausbreiten (z. B. Aborte, Lungenerkrankungen).
- In einer Herde finden sich üblicherweise alle Altersklassen, und so können chronisch infizierte Alttiere, die selbst nicht klinisch erkrankt sein müssen, immer wieder die besonders krankheitsempfänglichen Jungtiere infizieren (z. B. mit Lippengrind, Pseudotuberkulose). Erkrankungen bleiben so jahrelang in einer Herde latent.
- Unter Herdentieren, speziell bei Weide- oder Almhaltung, in unübersichtlichem Gelände oder auch bei besonders scheuen Tieren fallen dem Beobachter erkrankte Einzeltiere oftmals erst dann auf, wenn sie sich von der Herde absondern oder nicht mehr mit dieser mithalten können (z. B. bei Moderhinke).
- Durch das lange und dichte Wollkleid sind Abmagerung, Hautverletzungen, Hautparasiten, Euterentzündungen und dergleichen erst nach Fixation des betreffenden Tieres und anschließende konkrete Untersuchung erkennbar; regelmäßige Kontrollen beschränken sich (aus verschiedenen Gründen) jedoch oft nur auf Sichtkontrollen.
- Die Fähigkeit von Schafen, auch unter extensiven Haltungsbedingungen ihr Auslangen zu finden, könnte möglicherweise zur Vernachlässigung der regelmäßig nötigen Tierbetreuung verleiten.
- Vergleichsweise geringere wirtschaftliche Erträge aus der Schafhaltung lassen einen hohen finanziellen Aufwand an vorbeugenden oder auch therapeutischen Maßnahmen (regelmäßige Entwurmung, Impfungen, rasches Beiziehen tierärztlicher Hilfe, Kosten für Medikamenteneinsatz) als unwirtschaftlich erscheinen bzw. sind tatsächlich unwirtschaftlich.
- Der geringe Wert von Einzeltieren lässt die Behandlungswürdigkeit von Einzeltiererkrankungen sinken, und der Schlachtung/Tötung oder etwa den Selbstheilungskräften des Tieres wird der Vorzug gegeben.
- So gehen leider wichtige Informationen über die Verbreitung und Häufigkeit einzelner Krankheiten verloren, und gezielte Vorbeugeprogramme werden erschwert.
- Es bestehen Wechselwirkungen zwischen Krankheiten bei Schaf und Ziege und solchen bei Wildwiederkäuern (besonders Gams- und Steinwild), wie beispielsweise bei einzelnen Parasitosen, Moderhinke, Paratuberkulose, Infektiöser Keratokonjunktivitis („Gamsblindheit“) – gegenseitige Infektionen sollten weitgehend vermieden werden.
- Zusätzlich erhöht wird der gegenseitige Infektionsdruck durch das Ansteigen von Jahresdurchschnittstemperaturen und damit verbunden durch das Auftreten von einigen Krankheitserregern, wie Parasiten und deren Zwischenwirten, bereits auf Seehöhen von 2000 m und darüber.

Wie entstehen Krankheiten?

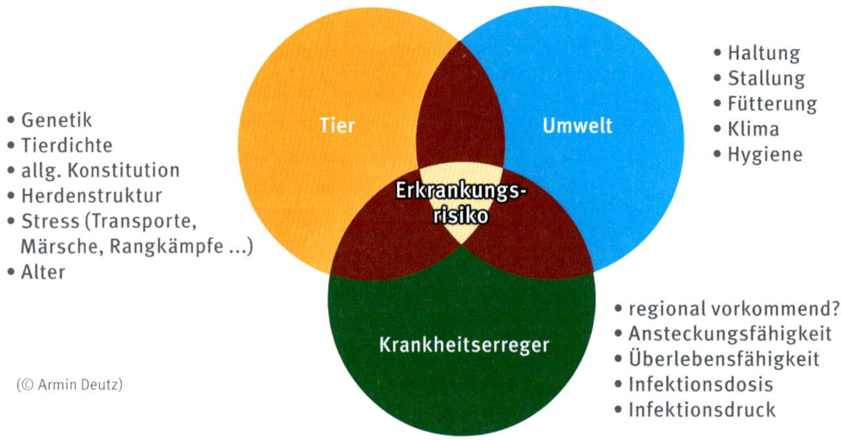

(© Armin Deutz)

Das Tier als selbstständiger Faktor in der Entstehung von Krankheiten

Das Einzeltier stellt mit seiner individuellen genetischen Ausstattung einen bedeutenden, vielfach jedoch noch unerforschten Faktor bei der Bewertung von Erkrankungsrisiken dar. Als Beispiele seien hier bestimmte Scrapie-resistente Schafrassen und -linien genannt oder etwa die Versuche neuseeländischer Wissenschafter und Züchter, Schafe zu züchten, die gegen Magen-Darm-Parasiten resistent sind. In diesem Bereich wird sich die Tierzucht auch mit ihren modernen Methoden verstärkt einbringen müssen, da durch diese Form der Krankheitsvorsorge global gesehen enorme Mengen an Medikamenten eingespart werden könnten.

> Die Tierdichte, d. h. die Anzahl der pro Flächeneinheit gehaltenen Tiere, hat einen entscheidenden Einfluss auf das Auftreten von Erkrankungen.

Als einfaches Beispiel dient hier das nationale Entwurmungsprogramm Neuseelands. Aufgrund der durchschnittlichen Herdengröße von ca. 2000 Schafen („flock") ist es nötig, alle Schafe im Abstand von 4–6 Wochen einer Entwurmung zu unterziehen. Ohne diesen enormen Medikamentenaufwand wäre eine Schafhaltung in dieser Größenordnung und Dichte nicht möglich, sondern würde in einem tiergesundheitlichen Desaster enden.

Verschiedene Stressoren wie Einfangen, Transporte, lange Märsche, Wasser- und Futtermangel, beengte Platzverhältnisse usw. müssen nach Möglichkeit vermieden werden oder müssen eben so behutsam und ruhig als möglich vonstattengehen. Insbesondere hochtragende Schafe sind gegenüber diesen Stressoren empfindlich und können plötzlich an Trächtigkeitstoxikose erkranken.

Neugeborene Lämmer/Kitze werden ohne aktives Immunsystem geboren. Sie erhalten die Schutzstoffe allein durch frühzeitige und regelmäßige Aufnahme von Kolostrum (Biestmilch). Das körpereigene Immunsystem ist erst nach 4–6 Lebenswochen aktiv und wird von einer Vielzahl von Faktoren beeinflusst (Versorgung mit Nährstoffen, Vitaminen und Spurenelementen, immunitätsstörende Virusinfektionen, nur Auseinandersetzung mit stallspezifischem Erregerspektrum). Mit zunehmendem Alter des Tieres muss sich das Immunsystem mit einer Vielzahl von Erregern auseinandersetzen.

Nicht alle Krankheitserreger können von den Abwehrzellen des Körpers vollständig abgetötet werden. Diese Erreger schlummern dann im Körper und werden in unregelmäßigen Abständen, aber auch in unterschiedlicher Anzahl wieder ausgeschieden, ohne dass das betreffende Tier klinisch erkrankt sein muss (latente, subklinische Infektion).

So kommt es zu einer stillen Durchseuchung eines Bestandes. In Abhängigkeit von den krank machenden Eigenschaften des Erregers und den Umweltfaktoren entstehen dann mehr oder weniger starke Krankheitsbilder bzw. kommt es zu Ausfällen. Vermehrt infektionsgefährdet sind wieder die Jungtiere (z. B. durch Erreger von Durchfall- und Lungenerkrankungen).

Neugeborene Lämmer werden ohne aktives Immunsystem geboren. Schutz vor Infektionen erhalten sie durch Aufnahme von Kolostrum (Biestmilch). (© Archiv Autoren)

Umweltbedingungen und Krankheitserreger: Auswirkungen auf die Entstehung von Erkrankungen

Die Faktoren Haltung, Stallung, Fütterung, Klima, Hygiene und Management haben einen entscheidenden Einfluss auf die Tiergesundheit. Bestimmte Umweltbedingungen stellen vielfach die Grundbedingung für das Auftreten konkreter Krankheiten dar.

Bei Betrachtung der Vielzahl von möglichen Krankheitserregern müssen deren individuelle Eigenschaften (Übertragungsmechanismen, krank machende Eigenschaften, Überlebensfähigkeit in der Umwelt, Infektionsmöglichkeiten ...) berücksichtigt werden, damit ein entsprechendes vorbeugendes Konzept auch wirksam sein kann.

Übersicht zu anzeigepflichtigen Krankheiten bei Schafen.

Österreich	Deutschland	Schweiz*
Blauzungenkrankheit Brucellose der Schafe und Ziegen Lumpy-skin-Krankheit Maul- und Klauenseuche Milzbrand Paratuberkulose Pest der kleinen Wiederkäuer Pockenseuche der Schafe und Ziegen Räude (Körperräude) Stomatitis vesicularis Transmissible spongiforme Enzephalopathie (Scrapie) Wutkrankheit	Blauzungenkrankheit Brucellose Infektiöse Epididymitis Lumpy-skin-Krankheit Maul- und Klauenseuche Milzbrand Pest der kleinen Wiederkäuer Pockenseuche der Schafe und Ziegen Stomatitis vesicularis Tollwut Transmissible spongiforme Enzephalopathie (alle Formen)	Actinobacillose Blauzungenkrankheit Botulismus Brucellose Campylobacteriose Chlamydienabort Clostridien-Gastroenteritis Coxiellose Infektiöse Epididymitis Transmissible spongiforme Enzephalopathie (alle Formen)

* Die Schweiz als EU-Drittland hat eine eigene Tierseuchengesetzgebung, auch mit eigener Kategorisierung der Tierseuchen.

Ende März 2016 wurden auf EU-Ebene erste Schritte zu einem gemeinsamen Tierseuchenrecht (Animal Health Law, AHL) gesetzt. Innerhalb von drei Jahren hatte die Kommission die wesentlichen ergänzenden Rechtsakte zu erlassen. In Folge haben die Mitgliedstaaten zwei Jahre Zeit (bis April 2021), um diese neuen europäischen Vorschriften, die nun direkt anwendbares Recht darstellen, im nationalen Recht umzusetzen. Für Österreich und Deutschland bedeutet dies, dass die gesamte Veterinärgesetzgebung neu geschrieben werden muss. Gründe für ein EU-weit einheitliches Tierseuchenrecht waren u. a. eine bislang sehr komplexe und unübersichtliche Rechtslage, mangelnde Gesamtstrategie und keine objektive Kategorisierung und Priorisierung von tiergesundheitlichen Maßnahmen, noch dazu angesichts der Tatsache, dass viele Tierkrankheiten auch auf den Menschen übertragbar sind. Hinkünftig sollen die Tierseuchenüberwachung besser koordiniert, Früherkennung verbessert, Zuständigkeiten genauer abgesteckt und schädliche Auswirkungen auf die Gesundheit von Mensch und Tier verringert werden sowie die Möglichkeit, flexibler auf lokale Gegebenheiten und neu auftretende Problempunkte reagieren zu können, gegeben werden.

KRANKHEITEN DER HAUT

PARASITEN DER ÄUSSEREN HAUT (EKTOPARASITEN)

Räude

Als Räude bezeichnet man eine durch Räudemilben hervorgerufene, ansteckende Hauterkrankung, die mit ekzematösen Hautveränderungen und mit starkem Juckreiz einhergeht. Die Erreger der verschiedenen Räudeformen bei Haus- und Wildtieren leben relativ wirtsspezifisch, d. h. fast jede empfängliche Tierart besitzt ihre eigene(n) Milbenart(en).

Am Schaf kommen in Europa drei Milbenarten vor:

- *Psoroptes ovis* (Körperräude)
- *Sarcoptes ovis* (Kopfräude)
- *Chorioptes ovis* (Fußräude)

Räudemilben können zumindest auf dunklem Untergrund gerade noch mit dem menschlichen Auge wahrgenommen werden, sie sind je nach Art, Alter und Geschlecht zwischen 0,3 und 0,8 mm lang. Milbenweibchen legen auf (*Psoroptes, Chorioptes*) oder in (*Sarcoptes*) der Haut 15–100 Eier ab, aus denen nach einigen Tagen sechsbeinige Larven schlüpfen, die sich je nach Art ein oder mehrere Male zu achtbeinigen Nymphen häuten. Es entstehen die Adulten, die eine Lebenserwartung von 3–8 Wochen haben. Die Gesamtdauer der Entwicklung beträgt je nach Gattung und abhängig von äußeren Bedingungen meist 2–3 Wochen, kann sich aber bei ungünstigen Verhältnissen verzögern. Bei für die Milben günstigen Bedingungen – Lichtarmut, Feuchtigkeit, Temperaturkonstanz – können sich diese innerhalb kurzer Zeit enorm vermehren und zu klinischen Erscheinungen führen.

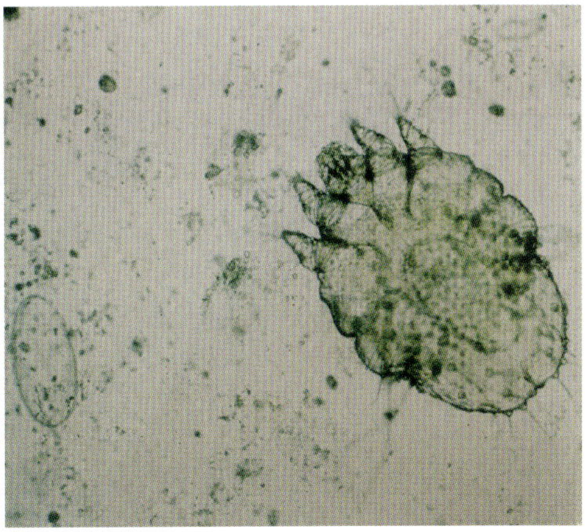

Räudemilbe und Ei. (© Armin Deutz)

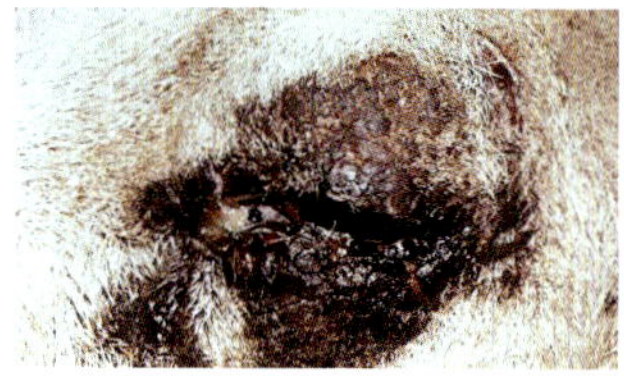

Grabmilben setzen sich vermehrt um die Augenbögen und die Ohren fest (oben).
(© Johann Gasteiner)

Räude führt zu massiven Hautdefekten und wird durch Milben (sehr kleine Spinnentierchen) ausgelöst (links).
(© Armin Deutz)

Die Übertragung von Räudemilben erfolgt meist durch Kontakt von Schaf zu Schaf. Eine indirekte Übertragung ist über Schurgeräte, Futterkrippen, Futter oder Einstreu möglich. Die Einschleppung der Erreger in eine Herde erfolgt über den Tierzukauf oder bei der Gemeinschaftsweidehaltung.

Das Erkrankungsrisiko hängt nicht nur vom Infektionsdruck, sondern auch von Tierdichte, Temperatur, Luftfeuchte, Lichtverhältnissen sowie ganz wesentlich vom Immunstatus des Einzeltieres, Trächtigkeit und Laktation oder von vorliegenden anderen Erkrankungen (z. B. Mangelkrankheiten) ab.

Räude tritt vor allem während der Wintermonate und bei Stallhaltung auf. Weidegang kann zur klinischen Heilung der Tiere, nicht aber in jedem Falle zur vollständigen Eliminierung der Erreger führen. Diese überdauern an gewissen Körperstellen den Sommer („stille Milbenträger“) und stellen das Reservoir für Neuausbrüche dar.

Einige Milbenarten unserer Haus- und Wildtiere können sich auch am Menschen ansiedeln, die Milben sind jedoch nicht in der Lage, sich in oder auf der menschlichen Haut zu vermehren oder längere Zeit zu überleben. Sie verursachen ohne Behandlung eine rund drei Wochen dauernde „Scheinräude“, die dann von selbst abheilt.

Körperräude

Diese durch Saugmilben hervorgerufene Räudeform tritt vorwiegend während des Winters auf, da sich die Milben im Sommer wegen der Sonneneinstrahlung und der günstigen Futterverhältnisse für die Wirtstiere kaum vermehren. Der Erreger ist 0,5–0,8 mm lang und damit im Vergleich zu den anderen Räudemilben des Schafes relativ groß.

Die Körperräude ist meist auf die Rücken- und die seitliche Brust- und Bauchgegend ausgedehnt und geht mit Juckreiz, Hautentzündung, Borkenbildung und Wollausfall einher. Sie ist sehr ansteckend und kann sich innerhalb einer Herde seuchenhaft ausbreiten, weshalb es in vielen Ländern schon lange eine Anzeigepflicht gibt.

Bis vor rund 100 Jahren gehörte sie zu den bedeutendsten Herdenerkrankungen des Schafes überhaupt. Durch strenge seuchengesetzliche Maßnahmen und durch energische Bekämpfungsaktionen ist sie stark zurückgedrängt bzw. getilgt worden.

Die Körperräude beginnt meist in der Kreuzbeingegend und breitet sich entlang des Rückens und des Rumpfes aus. Symptome sind eine starke Unruhe in der Herde infolge des Juckreizes, flächenhafter Wollausfall, Hautrötung, Knötchen-, Schuppen- sowie Faltenbildung der Haut. Durch den Juckreiz bedingte Hautverletzungen führen zu bakteriellen Sekundärinfektionen, zudem treten Gewichtsverluste und Blutarmut auf. Bei Lämmern sind auch Todesfälle möglich. Der Hauptschaden der Körperräude liegt in der Minderung der Woll- und Fleischleistung sowie in der dauernden Beunruhigung der Herde.

Kopfräude

Bei der durch Grabmilben verursachten Kopf- oder Sarcoptesräude treten meist lokale, borkige Hautveränderungen im Bereich des Kopfes auf.

Durch das Speicheldrüsensekret der Milben werden die oberen Hautschichten aufgelöst, und die Milben dringen durch die entstehenden Grabgänge tief in die Haut ein. Die Hornsubstanzen werden durch die Milben angegriffen und vom Körper erneuert. Diese starke Hautzubildung bewirkt Haarausfall, Krusten-, Borken- und Faltenbildung, und die Milben verursachen heftigen Juckreiz. Vor allem die unbewollten oder schwach bewollten Bereiche des Kopfes einschließlich der Ohren werden befallen. Infolge des juckreizbedingten Reibens des Kopfes an anderen Körperstellen kann es zu ausgedehntem Befall (Extremitäten, Brustwand usw.) kommen, was einen Verdacht auf Körper- oder Fußräude aufkommen lassen könnte.

Die Schadwirkung der Sarcoptesräude besteht vor allem in Minderung der Woll- und Fleischleistung sowie in Entwicklungsstörungen der Lämmer.

Fußräude

Die durch eine Nagmilbe hervorgerufene Fußräude tritt besonders bei im Stall gehaltenen Zuchtböcken im Bereich des Fesselgelenkes auf und ist wie die anderen zwei Räudeformen von starkem Juckreiz begleitet. Der Erreger *Chorioptes ovis* ist eine Hautschuppen fressende Milbe und verursacht meist eine Fußräude mit chronisch-mildem Verlauf.

Sie tritt vorwiegend an den hinteren, weniger an den vorderen Extremitäten auf. Am häufigsten sind die Fesselgegend sowie die Fesselbeuge befallen, Veränderungen können sich aber auch höher an den Extremitäten, an den Innenschenkeln oder am Hodensack zeigen. Durch Benagen der Extremitäten kann sie bisweilen auf Nase und Mundöffnung übergehen. In hochgradigen Fällen dehnen sich die Veränderungen bis zum Unterbauch aus. Bei längerem Krankheitsverlauf kann es zu warzenähnlichen, rissigen, bis zu zentimeterdicken Hautveränderungen kommen.

Die Fußräude ist ebenfalls von starkem Juckreiz, der besonders in feuchtwarmen Stallungen und nachts auftritt, begleitet. Die Schafe sind unruhig, benagen sich an den Befallsstellen und stampfen mit den Extremitäten. Betroffen sind vor allem Zuchtböcke, weniger Mutterschafe und kaum Jährlinge und Lämmer.

Diagnose

Die klinische Verdachtsdiagnose Räude ist verhältnismäßig leicht zu stellen (Juckreiz, borkige Hautstellen, Wollausfall, Unruhe, Kratzen an Gegenständen usw.), muss jedoch durch den mikroskopischen Milbennachweis im Hautgeschabsel gesichert werden. Mittels Mikroskop sind auch die drei beim Schaf auftretenden Milbenarten zu unterscheiden, was nicht zuletzt für die Wahl der Therapie hilfreich ist.

Hautgeschabsel sollten von Randbereichen der erkrankten Hautstellen genommen werden, da die Milben im Zentrum der Krankheitsherde oft gar nicht mehr nachweisbar sind. Differenzialdiagnostisch sind vor allem Moderhinke, Maul- und Klauenseuche, Lippengrind, Demodikose, Hautnocardiose, Hautpilzerkrankungen sowie ein Befall mit anderen Ektoparasiten zu berücksichtigen.

In den letzten Jahren wurden auch Versuche zum Nachweis von Räude über Blutproben angestrengt.

Behandlung

Die Bekämpfung der Räude ist tierseuchenrechtlich geregelt und sollte grundsätzlich nur unter tierärztlicher Leitung erfolgen. Insbesondere bei Neuausbrüchen in räudefreien Gebieten sind die epidemiologischen Zusammenhänge aufzudecken und zu verfolgen, um Ausbrüche in weiteren Herden rechtzeitig zu erkennen bzw. zu vermeiden.

Die Auswahl des Wirkstoffes und damit des anzuwendenden Therapieverfahrens richtet sich nach Herdengröße, Anzahl und Befallsintensität der klinisch erkrankten Tiere sowie nach Jahreszeit.

Beim Badeverfahren mit stationären oder mobilen Badeeinrichtungen sind zur Gewährleistung einer hohen Wirksamkeit des eingesetzten Wirkstoffes (z. B. Phoxim 0,05%ig) und der Effektivität der Behandlung folgende Prinzipien zu beachten:

- warmes Badewasser (30–37 °C) verbessert die Durchfeuchtung des Vlieses und gewährleistet damit, dass der Wirkstoff die an schwer zugänglichen Körperstellen (z. B. Verschmutzungen) befindlichen Milben erreicht,
- die Badezeit je Schaf sollte 2–3 min. betragen,
- bei jedem Schaf sollte der Kopf untergetaucht werden, wobei die Ohren nach vorne umzulegen sind, um das Eindringen von Badeflüssigkeit in den äußeren Gehörgang zu vermeiden,
- die vom Hersteller empfohlene Wirkstoffkonzentration in der Badeflüssigkeit ist einzuhalten. Es ist zu beachten, dass bei den meisten Wirkstoffen eine Filterwirkung durch das Wollkleid entsteht, sodass nachdosiert werden muss.

Nachteile des Schafbades bestehen darin, dass es nur in der warmen Jahreszeit durchgeführt werden kann und dass Lungenentzündungen nach Fehlschlucken von Badeflüssigkeit oder Mittelohrentzündungen entstehen können. Da die meisten zum Baden angewandten Wirkstoffe keine sichere Milbeneier abtötende Wirkung haben, ist die Behandlung nach 7–10 Tagen zu wiederholen.

Zu beachten sind auch die Bestimmungen zur Beseitigung der Restflüssigkeit des Schafbades. Sie darf nicht unmittelbar in das Oberflächenwasser gelangen. Empfehlenswert erscheint die Verwendung der Rest-Badeflüssigkeit zur Desinfektion von Stallungen, Stallgeräten, Weidezäunen und sonstigen Gegenständen, mit denen die Schafe in Berührung kommen, denn Räudemilben können bei kühler Witterung und hoher Luftfeuchtigkeit bis zu 7 Wochen außerhalb des Wirtstieres überleben. Gegen die Sarcoptesräude ist auch das „Kopfwaschverfahren" (zweimal im Abstand von 10 Tagen) eventuell in Verbindung mit der Injektionsbehandlung erfolgversprechend.

Zur Injektionsbehandlung stehen verschiedene Avermectine zur Verfügung, deren zweimalige Anwendung im Abstand von 10–14 Tagen empfohlen wird.

Beim Einsatz von Antiparasitika ist wegen deren Rückstandsverhalten besonders auf die relativ langen Wartezeiten für essbares Gewebe und das Anwendungsverbot bei solchen Schafen, deren Milch für die menschliche Ernährung vorgesehen ist, hinzuweisen.

Zur Behandlung der Fußräude sind unter Umständen drei Injektionsbehandlungen evtl. in Kombination mit Fußbädern erforderlich.

Vorbeugende Maßnahmen

Beim Zukauf von Schafen ist auf klinische Anzeichen von Räude zu untersuchen, in Verdachtsfällen ist der Erregernachweis anzustreben. Mittlerweile ist auch eine serologische Kontrolle (Blutuntersuchung) möglich. Als Vorbeugemaßnahme gegen die Fußräude sind besonders zugekaufte Zuchtböcke vor dem Einstellen in die Herde gründlich klinisch auf Fußräude zu untersuchen und gegebenenfalls vor dem Einstellen zu behandeln.

Lausfliegen ernähren sich vom Blut der Schafe, beunruhigen die Tiere und können auch Krankheiten übertragen. (© Johann Gasteiner)

Haarlinge, Läuse und Schaflausfliegen

Läuse und Haarlinge sind mit bloßem Auge sichtbar. Läuse sind bei Schafen in Europa sehr selten. Haarlinge kommen häufig vor und leben von Haaren, Hautschuppen und Hautdrüsensekreten, was zu einer ständigen juckreizbedingten Beunruhigung bei den befallenen Tieren und damit zum Scheuern führt. Auch durch Haarlingsbefall kann es zu Haarlosigkeit und blutigen Scheuerstellen kommen, die haarlosen Areale sind wie beim Lausbefall nicht scharf begrenzt.

Schaflausfliegen sind ca. 5 mm große, behaarte, jedoch flügellose, blutsaugende Fliegen, die im Wollkleid leben. Durch ihre Stiche und das Umherkriechen beunruhigen sie die Schafe und rufen ebenfalls starken Juckreiz hervor.

Durch äußere Behandlungen (Baden, Waschen, Sprühen, Pudern) mit zugelassenen Insektiziden werden sowohl Haarlinge als auch Läuse und Schaflausfliegen abgetötet. Durch den Einsatz von systemisch und insektizid wirkenden Präparaten (Aufgussverfahren = pour on, Injektionspräparate, oral zu verabreichende Präparate) werden nur die blutsaugenden Läuse sowie Milben, nicht jedoch die Haarlinge wirksam bekämpft.

Bei nachweislichem Befall mit Ektoparasiten ist eine Wiederholung der Behandlung nach 4–5 Wochen angezeigt.

HAUTPILZERKRANKUNGEN

Hautpilzerkrankungen (auch: Glatzflechte, Trichophytie) treten eher bei Jungtieren und vermehrt im Winter auf. Durch Zukauf infizierter Tiere kommt es zur Einschleppung in den Bestand.

Der Erreger (hauptsächlich *Trichophyton verrucosum*) ist auch auf den Menschen und andere Haustiere übertragbar. Die Infektion erfolgt über Pilzsporen im infizierten Hautmaterial. Hauptinfektionsweg ist der direkte Hautkontakt.

Weitere Infektionsquellen sind „infizierte" Stallungen, Putzgeräte, Scheuerbürsten, Scheren etc., aber auch Läuse, Haarlinge und Fliegen kommen als Überträger in Betracht. Im Sommer und bei Weidehaltung ist der Infektionsdruck bedeutend geringer. Bedeutende auslösende Faktoren sind Stress und Überbelegung, Mangel an Nährstoffen, Vitaminen und Spurenelementen, Infektionskrankheiten und insbesondere ungünstige Haltungsbedingungen (feucht, warm, finster).

Als charakteristisches Krankheitsbild finden sich zumeist kreisrunde, münz- bis handtellergroße, haarlose Stellen, welche

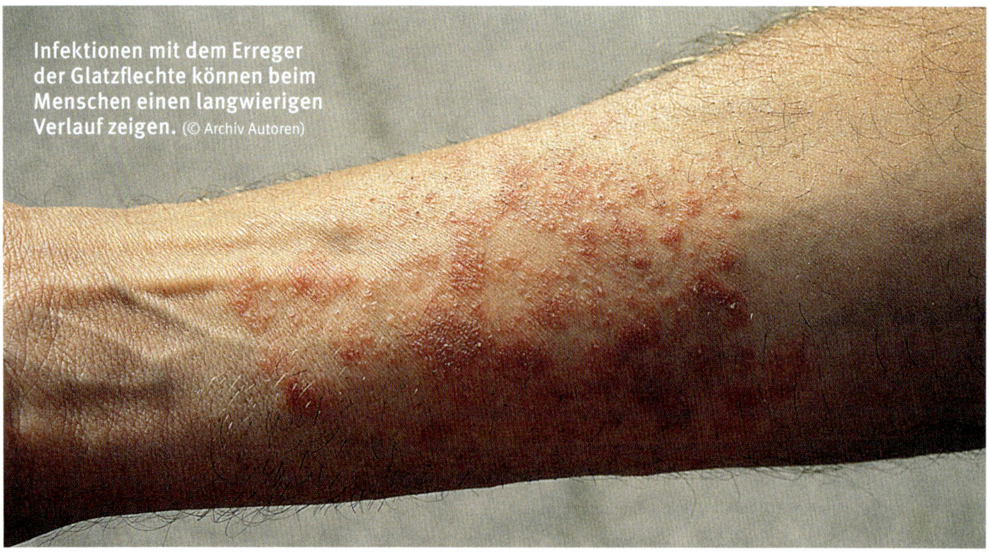

Infektionen mit dem Erreger der Glatzflechte können beim Menschen einen langwierigen Verlauf zeigen. (© Archiv Autoren)

von der Umgebung scharf abgegrenzt sind. Diese oft etwas erhabenen „spots" sind von einer grauen, asbestartigen und schuppigen Schicht überzogen. Besonders stark befallen sind zumeist der Kopf, der Hals und der Steißbereich.

Neben pilzwirksamen Salben oder Waschungen können auch Impfstoffe eingesetzt werden. Betroffene Schafe sind unbedingt zu scheren. In jedem Fall sind auch Maßnahmen zur Optimierung der Umweltbedingungen der Tiere (Haltung, Stallung, Fütterung und Stallklima) zu ergreifen.

Glatzflechte bei Menschen

Kinder sind aufgrund ihrer schwächeren Immunabwehr besonders gefährdet, sich mit der Glatzflechte zu infizieren. Die Ansteckung erfolgt hauptsächlich durch direkten Kontakt mit erkrankten Tieren bzw. Sporenträgern.

Auch beim Menschen finden sich rundliche, schuppende, bisweilen juckende Hautveränderungen, hauptsächlich an den Händen und Armen sowie am Kopf. Durch bakterielle Sekundärinfektionen, oftmals durch Kratzen ausgelöst, können besonders schwere Krankheitsbilder mit langwierigem Verlauf und Narbenbildung hervorgerufen werden.

Neben Rindern können auch andere Haustiere, insbesondere Katzen, Kaninchen, kleine Wiederkäuer und Pferde, Überträger von Hautpilzerkrankungen sein. Augenscheinlich erkrankte Tiere sollten nicht angefasst werden, ansonsten reicht gründliches Händewaschen nach Tierkontakten, um einer Infektion vorzubeugen. Bei Verdacht auf eine Hautpilzinfektion ist unbedingt ein Arzt aufzusuchen.

Der ansteckende Maul- und Lippengrind

Der ansteckende Maul- und Lippengrind (*Ecthyma contagiosum,* Orf, Sore mouth) tritt auch in mitteleuropäischen Schafbeständen immer wieder auf.

Diese ansteckende, virusbedingte Infektionskrankheit tritt zumeist bestandsweise gehäuft auf und kann neben milderen Verlaufsformen auch eine Ursache für zum Teil erhebliche Tierverluste, speziell bei Jungtieren, darstellen.

Die Erkrankung ist weltweit bekannt und stellt als Zoonoseerreger auch für den Menschen eine Gefahr in Form der Schäfer-Krankheit (Orf) dar.

Krankheitsursache und Übertragung von Lippengrind

Das Infektionsspektrum des ovinen Parapoxvirus umfasst in erster Linie kleine

Typische Veränderungen bei Lippengrind an Maul und Nase. (© Johann Gasteiner)

Wiederkäuer sowie Wildtiere (z. B. Gämsen), aber auch den Menschen (Zoonose). Als natürliches Erregerreservoir werden hauptsächlich latent infizierte, erwachsene Tiere angesehen (Zukauftiere). Diese Tiere sind Träger und Überträger der Infektion, sie sind aber selbst nach überstandener Infektion immun gegen den Lippengrind.

Aufgrund der hohen Widerstandsfähigkeit des Virus können auch kontaminierte Stallungen und Gerätschaften infektiöses Virusmaterial für mehrere Jahre beherbergen.

Nach Ausbruch der Erkrankung erfolgt die weitere Verbreitung der Erkrankung im Tierbestand durch direkten Kontakt von Tier zu Tier sehr rasch (binnen weniger Tage und Wochen). Die Inkubationszeit beträgt 3–14 Tage. Im Anschluss an die überstandene Infektion bildet sich für 5–8 Monate eine stabile Immunität aus. Wenn es ständig zu neuen Infektionen kommt (latent infizierte Herde), so kann die Immunität bis zu einigen Jahren bestehen bleiben, Jungtiere sind jedoch ungeschützt.

Krankheitserscheinungen

Die Krankheitserscheinungen und der Krankheitsverlauf sind bei Schafen und Ziegen sehr ähnlich, und bei beiden Tierarten sind die Jungtiere besonders krankheitsempfänglich.

Bei mutterloser Aufzucht, Fütterung über eine Lämmerbar, aber auch nach dem Frühabsetzen kann sich der Erreger besonders rasch unter den Jungtieren ausbreiten. In der Regel erkranken mehr als 50 % der Tiere eines Bestandes. Ältere Tiere sind, vor allem bei enzootischer Verbreitung, meist immun und erkranken, wenn überhaupt, nur geringgradig.

Auf der Haut bilden sich gerötete Papeln und Bläschen, welche nach dem Platzen eingetrocknete, bräunliche Borken und Krusten bilden. Mit Fortdauer der Erkrankung kommt es zu Zubildungs- und Verhornungsprozessen der Haut (Parakeratose, Hyperkeratose). Die Haut wird krustös verdickt, wirkt rissig-spröde und zeigt zum Teil hochgradig entzündliche Veränderungen. In Abhängigkeit vom klinischen Verlauf der Erkrankung werden folgende Formen des Lippengrindes unterschieden: labiale Form (Lippen und Kopf), podale Form (Füße), genitale Form (Schamgegend, Euter, Zitzen, Vorhaut) sowie eine bösartige Verlaufsform.

Lippen-Kopf-Form

Die Veränderungen befinden sich im Bereich der feinen, unbehaarten Hautpartien an der Ober- und Unterlippe sowie um die Nasenöffnungen. Im Maul können sich diese Erosionen auf der Schleimhaut finden. Die immer größer werdenden Papeln und Bläschen scheinen miteinander zu verwachsen und können pilz- oder blumenkohlähnli-

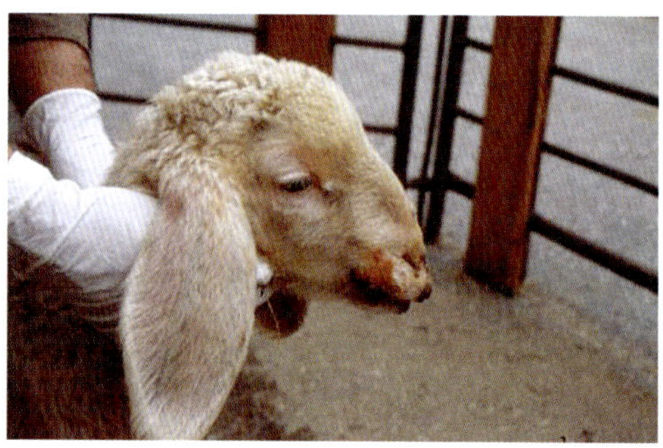

Lippengrind kann bei Lämmern auch Todesfälle verursachen. (© Johann Gasteiner)

che Wucherungen bilden. Bisweilen können auch Augenlider, Ohren und Wangen von der Erkrankung betroffen sein.

In Abhängigkeit vom Befallsgrad, dem Alter und von der allgemeinen körperlichen Konstitution des Tieres wird die Erkrankung unterschiedlich gut überstanden.

Bei Jungtieren kann die Milch- und Futteraufnahme durch die Auflagerungen selbst sowie durch die Schmerzen derart behindert/gestört sein, dass es zu einer massiven Schwächung und Unterernährung kommt.

Eine weitere Gefahr stellt das Hinzukommen von sekundären bakteriellen Infektionen dar. Es entstehen eitrige Entzündungen und stinkende Geschwüre, und die Erkrankung mündet in einen lebensbedrohlichen Zustand.

Fußform

Die Veränderungen an den Extremitäten können im Zuge der labialen Form, aber auch unabhängig davon auftreten. Die bereits bei der labialen Form beschriebenen Effloreszenzen findet man im Zwischenklauenspalt, an den Saumbändern der Klauen und seltener auch an den Fesseln.

Sekundärinfektionen können zu Panaritien mit Lahmheiten, Festliegen und sogar zum Ausschuhen führen.

Genitale Form

Bei dieser Form sind die äußeren sekundären Geschlechtsmerkmale und deren Umgebung (Euter und Zitzen, Schamgegend bzw. Vorhaut, Schenkelinnenflächen, Schwanzansatz, Anus) betroffen. Als Folge können schwere Euterentzündungen und Aborte auftreten.

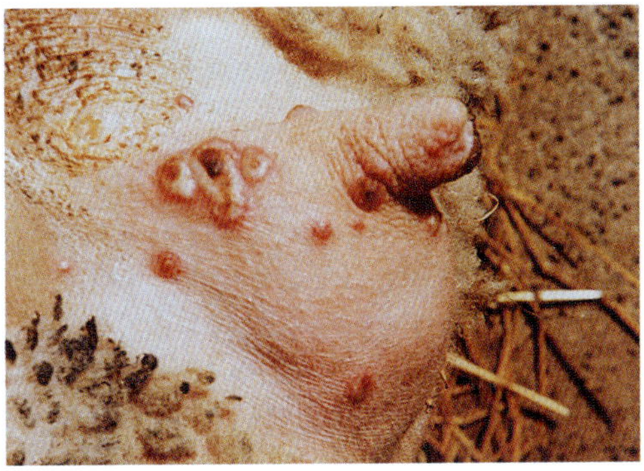

Veränderungen durch Lippengrind am Euter.
(© Armin Deutz)

Bösartige Verlaufsform

Bei dieser Form kommt es zu besonders ausgeprägten Wucherungen in der Mundschleimhaut, zu tiefgreifenden Geschwüren im Maul und in der Speiseröhre sowie zu Fällen von Ausschuhen. Durch den fieberhaften Verlauf ist das Allgemeinbefinden dieser Tiere schwer gestört, u. a. kommt es zur Futterverweigerung. Die Verlustraten können, wenn diese Form bei Jungtieren auftritt, bis zu 50 %, in Ausnahmefällen sogar bis zu 100 % betragen.

Prädisponierend für das Auftreten der Erkrankung können Mineralstoff-, Spurenelement- und Vitaminmängel, Stressoren wie z. B. längere Transporte, verschiedene andere viral oder bakteriell bedingte Infektionen sowie Verwurmungen sein.

Bei komplikationsfreiem Verlauf kommt es in der 3. bis 5. Woche nach Krankheitsbeginn zu einer Rückbildung der Hautveränderungen. Die Krusten und Borken fallen ab, die darunterliegenden, frisch epithelisierten Hautstellen heilen ohne Narbenbildung wieder aus.

Diagnose

Die genaue klinische Untersuchung kann dem Tierarzt in den meisten Fällen genügend sichere Hinweise für das Vorliegen von Lippengrind liefern.

In Zweifelsfällen kann die Diagnose durch den Nachweis von Viruspartikeln in Krusten und Borken (Elektronenmikroskop, Zellkultur, PCR) abgesichert werden. Krankheiten mit zum Teil lippengrindähnlichen Veränderungen sind Maul- und Klauenseuche, Schafpocken, Papillomatose, Moderhinke sowie Blauzungenkrankheit.

Vorbeugende Maßnahmen

Eine Impfung könnte einen belastbaren Infektionsschutz herstellen, ein entsprechender Impfstoff ist jedoch nicht überall zugelassen. In verschiedenen Ländern wird ein sogenannter abgeschwächter Lebendimpfstoff erfolgreich eingesetzt, um die Bestandsimmunität aufrechtzuerhalten.

Behandlung

Die räumliche Trennung von erkrankten und noch gesund erscheinenden Tieren lässt sich in der Praxis nicht immer bewerkstelligen. Man sieht in der Trennung keinen Vorteil, da sich der Erreger trotzdem, nur verzögert in der ganzen Herde ausbreiten würde, was zu einem verlängerten Krankheitsgeschehen führt. Der Infektionsdruck für die Jungtiere kann bei vollständiger Abtrennung jedoch sicher abgesenkt werden.

Lokalbehandlungen mit zinkoxidhaltigen Salben, Sprays oder auch jodhaltigen Präparaten sollten wenigstens zweimal täglich durchgeführt werden. Tiere mit besonders starken Krankheitserscheinungen müssen einem Tierarzt vorgestellt werden. Durch entzündungs- und schmerzhemmende Präparate sowie durch Antibiotika (vorbeugend gegen bakterielle Sekundärinfektionen) kann die Heilung von Lippengrind durchaus wirkungsvoll unterstützt werden.

Aufgrund der starken Schmerzen sollte man den Tieren die Futter- und Wasseraufnahme so leicht wie möglich machen. Neben permanentem Angebot von frischem Wasser sollte nicht zu grob strukturiertes Futter, noch besser vermehrt strukturärmeres und nährstoffreicheres Futter angeboten werden (Biertreber, Maissilage, eingeweichte Trockenschnitzel).

Lippengrind beim Menschen

Besonders Tierhalter, Tierärzte, Schafscherer und Schlachthofpersonal sind gefährdet. Durch direkten Hautkontakt mit erregerhaltigem Material (aufgeplatzte Bläschen, Borken, Krusten) kann sich der Mensch mit dem Virus infizieren. Kleine Hautverletzungen und -risse erleichtern zwar das Eindringen des Virus, sie stellen jedoch keine zwingende Voraussetzung für eine Infektion dar.

Nach einer Inkubationszeit von 3–14 Tagen treten beim Menschen hauptsächlich an Händen und Fingern folgende Symptome auf: ein oder mehrere gerötete, juckend-brennende Bläschen, nach Austritt der Flüssigkeit bleibt ein bis daumennagelgroßer, runder, erhabener, schmerzhaft pochender, an den Randbezirken entzündlich veränderter Knoten zurück.

Dieser Knoten verheilt etwa 1–3 Monate nach Krankheitsbeginn durch Hautabstoßung, ohne eine Narbe zurückzulassen. Unabhängig von bakteriellen Sekundärinfektionen können beim Menschen durch die Virusinfektion bedingte Allgemeinerscheinungen wie Fieber, Lymphknotenreaktionen, Gelenkschmerzen oder generalisierte allergische Dermatitiden auftreten.

Beim Umgang mit erkrankten oder lippengrindverdächtigen Tieren sollten aus diesem Grund immer Handschuhe getragen werden.

Weitere Hauterkrankungen

Als weitere Hauterkrankungen beim Schaf kommen ein Fliegenmadenbefall (Myiasis), die Photodermatitis (Lichtempfindlichkeit) und der Befall mit Herbstgrasmilben bzw. Zecken vor.

Bei einem starken Zeckenbefall kommt es zu begrenztem Wollausfall, Blutarmut und teilweise zu Hautgeschwüren.

Die Larven der Herbstgrasmilbe verursachen an den Innenflächen der Beine um den Einstichort hochrote, rund-ovale Quaddeln und Pusteln mit anschließender Krustenbildung. Die Hauptaktivitätszeit der Larven ist klimaabhängig und fällt in die Spätsommer- und Herbstmonate.

Ein Madenbefall (Myiasis) bei Schafen bleibt häufig längere Zeit unbemerkt. Es handelt sich dabei meist um Oberflächen- oder Scheidenverletzungen (Geburt), in die Eier von Gold-, Fleisch- und Schmeißfliegen gelegt werden. Aus den abgelegten Eiern schlüpfen schon nach rund 24 Stunden Erstlarven, die in die Haut eindringen und sich von Entzündungsprodukten ernähren. Diese Larven machen in 5–11 Tagen drei Häutungen durch und verpuppen sich im Boden. Darüber hinaus kann es in diesen Wunden zu bakteriellen Infektionen mit Eiterungsprozessen und sekundären Hautdefekten kommen.

Eine Behandlung derartiger Haut- und Wundmyiasen erfolgt durch Scheren der betroffenen Hautareale, lokale Behandlung und evtl. Wundbehandlung.

KRANKHEITEN DES BEWEGUNGSAPPARATES

MODERHINKE

Die Moderhinke oder Klauenfäule ist eine bakterielle Klauenerkrankung, die durch die zwei Bakterienarten *Fusobacterium necrophorum* und *Dichelobacter nodosus* verursacht wird und vorwiegend nach längeren Regenperioden im Spätsommer und Herbst bei Hausschafen, Ziegen, Steinwild und Mufflons auftritt.

Erst das Zusammenwirken der beiden angeführten Bakterienarten in sauerstofffreiem Milieu (Hornklüfte der Klauen, Zwischenklauenspalt, ausgewachsene Schalen) bewirkt schmerzhafte, tiefgreifende und meist übel riechende Entzündungen der Klauenlederhaut, die bis zum „Ausschuhen“, d. h. der vollständigen Loslösung des Klauenhorns vom Klauenbein, führen kann.

Aufgrund der Schmerzhaftigkeit von Moderhinke nehmen stark erkrankte Schafe oft eine „kniende“ Schonhaltung ein (Karpalbeugehaltung). (© Archiv Autoren)

Vorkommen

Moderhinke tritt weltweit auf und verursacht hohe wirtschaftliche Schäden. Es können bis über 80 % der Tiere einer Herde betroffen sein, bei Merinoschafen sogar bis 100 %. Die Vorderextremitäten sind bei Schafen weniger häufig erkrankt als die hinteren. Nach einer australischen Untersuchung tritt die Moderhinke in 40 % der Herden über einen Zeitraum von nur einem Jahr auf. In 10 % der Herden dauerte die Moderhinke länger als drei Jahre. Diese Bestände lagen in einem Gebiet mit höheren jährlichen Niederschlagsmengen (über 500 mm). Ein Zusammenhang mit Herdengröße und Rasse konnte nicht erkannt werden.

Moderhinke kommt auch bei Muffel- und Steinwild vor und kann wechselweise zwischen Wild- und Haustieren übertragen werden.

Krankheitsentwicklung

Die primäre Infektion erfolgt mit *Dichelobacter nodosus*. Der Erreger haftet leichter bei schlecht gepflegten Klauen, rassebedingt weichem Klauenhorn (Fleischrassen) und Nässe (feuchte Einstreu und Weiden, schlammige Triebwege, hohe Niederschläge). Wahrscheinlich werden durch kleinste Verletzungen an der Haut im Zwischenklauenspalt die Voraussetzungen für das Haften der Erreger geschaffen. Die Infektion mit *D. nodosus* beginnt mit einer Aufweichung der obersten Schichten der Oberhaut im Zwischenklauenspalt, *F. necrophorum* bewirkt Entzündungen und Nekrosen in der Oberhaut. Durch ein spezifisches Enzym (Protease) von *D. nodosus* erfolgt die Zerstörung der Klauenlederhaut. *D. nodosus* wird dabei durch das Leukozidin von *F. necrophorum* vor dem Zugriff zellulärer Antikörper geschützt. Nach rund 4 Tagen kommt es zur Ausbildung der typischen Veränderungen (Loslösung von Sohlen- und Wandhorn) bis hin zum Ausschuhen.

Die Veränderungen verlaufen in Gebieten, in denen Moderhinke schon länger auftritt, weniger drastisch als bei einem Erstausbruch. Maßgebend sind auch Umweltfaktoren (Feuchtigkeit, Temperaturoptimum).

Die Häufigkeit des Auftretens ist im Frühjahr am höchsten, gefolgt von Herbst, Winter und Sommer und steht in direktem Zusammenhang mit der jeweiligen Niederschlagsmenge.

Auch andere Faktoren beeinflussen den Grad und die Häufigkeit der Moderhinke. Hier ist v. a. das Alter zu nennen. Ältere Schafe sind häufiger betroffen als junge. Bei Zwillingslämmern ist die Krankheit signifikant milder ausgeprägt als bei Einlingen, bei der Nachzucht von jungen Mutterschafen niedriger als bei solchen von älteren.

Bei Moderhinke kommt es zu einer bakteriell bedingten, fauligen Auflösung des Klauenhornes und zu einer massiven Entzündung.

(© Johann Gasteiner)

Die Plasma-Cortisolspiegel („Stresshormon") bei Schafen mit Moderhinke liegen signifikant über denen mit gesunden Klauen, wobei der Grad der Erkrankung keinen Einfluss zeigt. Dies kann als Maß für die Schmerzhaftigkeit des Prozesses herangezogen werden, und damit besitzt die Moderhinke auch Tierschutzrelevanz und kann bei Nichtbehandlung Rechtsfolgen für den Tierbesitzer haben.

Symptome

Die ersten klinischen Erscheinungen treten etwa 10 Tage nach der Infektion in Form von Haarausfall, Entzündung unter Absonderung eines serösen Exsudates und Nekrosen im Zwischenklauen- und Kronsaumbereich auf. Infolge hoher Schmerzhaftigkeit lahmen die Tiere und folgen der Herde mit nickenden Köpfen.

Je nach Ausprägung des Krankheitsbildes ist eine „gutartige" Form der Moderhinke (Entzündung im Zwischenklauenspalt, geringe Ablösungen im Ballenbereich, geringgradige Lahmheit, Tendenz zur Selbstheilung) von einer „bösartigen" Moderhinke (Loslösung des Klauenhornes vom Ballen bis zur Schalenspitze, hochgradige Lahmheit an mehreren Gliedmaßen, keine Selbstheilungstendenz und eventuell Streuen der Erreger über die Blutbahn mit eitrigen Entzündungen und Abszessbildungen in Leber, Niere, Lungen und Gelenken) zu unterscheiden.

Die Erreger überleben in Hornklüften bis zu zwei Jahre.

Erkrankte Tiere sind vorerst in der Bewegung stark eingeschränkt, zeigen Lahmheiten unterschiedlichen Grades, bewegen den Kopf im Gehen nickend oder schieben sich auf den Karpalgelenken „kniend" vor, bis sie in hochgradigen Fällen überhaupt festliegen.

Das vermehrte Liegen verursacht Liegeschwielen in der Brustbeingegend.

Das Klauenhornwachstum ist an infizierten Klauen v. a. im Wandbereich verstärkt (ca. 3 mm in 30 Tagen). Es wird jedoch verformtes Klauenhorn gebildet, wodurch in der Folge missgebildete Klauen entstehen.

Resistenz, Immunität

Eine natürliche Infektion hinterlässt keine lang dauernde und belastbare Immunität. Einerseits besteht je nach Hornbeschaffenheit eine gewisse Rassendisposition (Rassen mit weichem Klauenhorn sind anfälliger als Rassen mit hartem), andererseits sind manche Linien innerhalb einzelner Rassen gegenüber Moderhinke widerstandsfähiger. Die Vererbbarkeit der Widerstandskraft gegen Moderhinke dürfte sehr hoch sein. Die Resistenz wird auch durch Widder weitervererbt. Die Nachkommenschaft von drei als resistent bekannten Widdern und 20 empfänglichen Schafen war zu 68 %, 82 % und 100 % vor Erkrankung geschützt. Bei der Nachzucht von empfänglichen Widdern lag dieser Wert nur bei 60 %. Wahrscheinlich liegen die Mechanismen für die Resistenz auch an der Haut im Zwischenklauenspalt. Zielvorstellung dabei wäre, den Genotyp von Schafen so weit züchterisch zu beeinflussen, dass bösartige und mittelgradige Moderhinke nicht stärker ausgeprägt auftreten als die gutartige Form. Die Zucht auf eine Resistenz gegen Moderhinke hat aber noch keine Praxisreife erlangt.

Bekämpfung

Für die Bekämpfung der Moderhinke eignen sich folgende Maßnahmen oder deren Kombination:

1. Klauenbäder

Klauenbäder stellen die wichtigste Maßnahme in der Bekämpfung der Moderhinke dar.

Ein australisches Bekämpfungsprogramm sieht Klauenbäder in folgender Form vor: 5 cm tiefes Klauenbad der gesamten Herde für 1 Stunde in 20%iger Zinksulfat-/Sodiumlaurylsulfatlösung in dreiwöchigem Abstand, danach Auftrieb auf eine vorher nicht beweidete Fläche. Nach 21 Tagen werden alle Klauen untersucht, Tiere mit gesunden Klauen werden einem neuerlichen einstündigen Fußbad unterzogen und auf eine vorher nicht beweidete Fläche getrieben. Tiere mit kranken Klauen werden zur Behandlung separiert oder geschlachtet. Der Schutz vor Moderhinke durch Zinksulfat-Klauenbäder hält zwischen zwei und sechs Wochen.

Bei 10-minütigen Klauenbädern in 5-tägigem Abstand über 4 Wochen mit 5%iger Sodiumchloridlösung werden Heilungsraten von 36,4 % erreicht. Die Dauer des Fußbades scheint einen entscheidenden Einfluss auf die Heilungsrate zu haben.

Aus einer Kosten-Nutzen-Analyse geht hervor, dass, unabhängig von der Krankheitshäufigkeit und den mit der Moderhinke verbundenen wirtschaftlichen Einbußen, Klauenbäder in 10%iger Zinksulfatlösung die effizienteste Bekämpfungs-/Prophylaxemaßnahme darstellen. Die Durchführung von Klauenbädern in Verbindung mit der Schutzimpfung erkrankter Tiere war weniger kosteneffektiv.

Zu den Hauptproblemen bei der Anwendung von Klauenbädern gehören umwelthygienische Fragen sowie der Konzentrationsverlust beim Durchtrieb infolge von Verschmutzung und Harn- und Kotabsatz. Diese Verluste betragen bis zu 33 %.

Schaf kommt aus dem Klauenbad. (© Archiv Autoren)

Die Klauenpflege bzw. Klauenkontrolle muss regelmäßig durchgeführt werden. (© Archiv Autoren)

2. Einsatz von Antibiotika (Injektion)

Zwar ist die Behandlung der Moderhinke mit Antibiotika-Injektionen schwierig, da aufgrund des Krankheitsverlaufes die Erreger im wenig bis nicht durchbluteten Klauenbereich stark vor dem Zugriff gesichert sind, dennoch wurde beschrieben, dass ein lang wirksames Antibiotikum (Oxytetracyclin) eine gute Heilungsrate erzielte. Die behandelten Schafe wurden allerdings auf trockenem Untergrund gehalten. Unter Feldbedingungen ist die Heilungsrate nur in Kombination mit Klauenpflege und Klauenbädern befriedigend.

3. Verbesserung der Heilung durch Impfung

Ohne zusätzliche Managementmaßnahmen, wie Klauenpflege bzw. Klauenbäder bei bereits vorliegender Erkrankung, bietet die Impfung keinen befriedigenden Schutz bzw. Heilungserfolge.

Die Klauenpflege ist unbedingt an einem Ort durchzuführen, der später zu reinigen und zu desinfizieren ist. Klauenreste sind unschädlich zu beseitigen, dürfen also nicht im Stall-/Weidebereich liegen bleiben, da die Erreger der Moderhinke noch lange infektiös bleiben.

Vorbeugende Maßnahmen

Voraussetzung für eine möglichst effektive Bekämpfung ist die laufende Kontrolle der Herde auf klinische Anzeichen von Moderhinke. Empfohlen wird die Besichtigung der Klauen aller Tiere in dreiwöchigen Intervallen. Werden bei der Beobachtung der Herde in Bewegung einzelne lahmende Tiere erkannt, so sind diese näher zu untersuchen.

GELENKSENTZÜNDUNGEN

Infektiöse, meist bakteriell bedingte Gelenksentzündungen entstehen häufig aufsteigend über kleine Verletzungen im Klauenbereich oder über andere Verletzungen. Für Gelenksentzündungen kommen aber auch nicht infektiöse Ursachen infrage, wie altersbedingte Arthrosen oder degenerative Gelenksleiden aus anderen Gründen mit begleitenden Entzündungserscheinungen. Unter Polyarthritis versteht man eine gleichzeitige Entzündung mehrerer Gelenke.

Bei Jungtieren sind Gelenksentzündungen meist infektiös bedingt (verschiedene Bakterienarten) und nehmen oft von anderen Entzündungsherden (z. B. Nabelinfektion) ihren Ausgang.

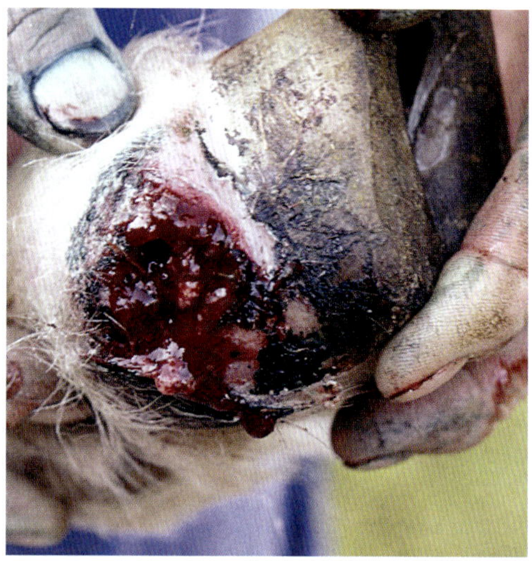

Nur bei frühzeitig erkannten und behandelten Gelenksentzündungen bestehen ausreichende Heilungschancen. (© Archiv Autoren)

Erkrankte Schafe zeigen einen spießigen, klammigen Gang, langsame Bewegungen sowie ein häufiges Stehen bzw. Liegen. Sie sind in Bewegung schon aus größerer Entfernung erkennbar, da Tiere mit Gelenksentzündungen meist auch deutlich lahmen.

Dabei wird die erkrankte Extremität geschont und die noch gesunde stärker belastet. Ein Schaf mit einer Gelenksentzündung z. B. an der rechten Vorderextremität wird im Ziehen scheinbar „in die linke Vorderextremität fallen", den rechten Vorderfuß nur kurz und schonend aufsetzen und dabei gleichzeitig mit dem Kopf „nicken". Weiters auffallend sind die Umfangsvermehrungen der erkrankten Gelenke.

Aus eitrigen Gelenksentzündungen können immer wieder Keime über den Blut- oder Lymphweg abgeschwemmt werden und in der Muskulatur oder in Organen zu Abszessbildungen führen.

Bei längerem Bestehen einer Gelenksentzündung kommt es zur Zerstörung der Gelenksknorpel.

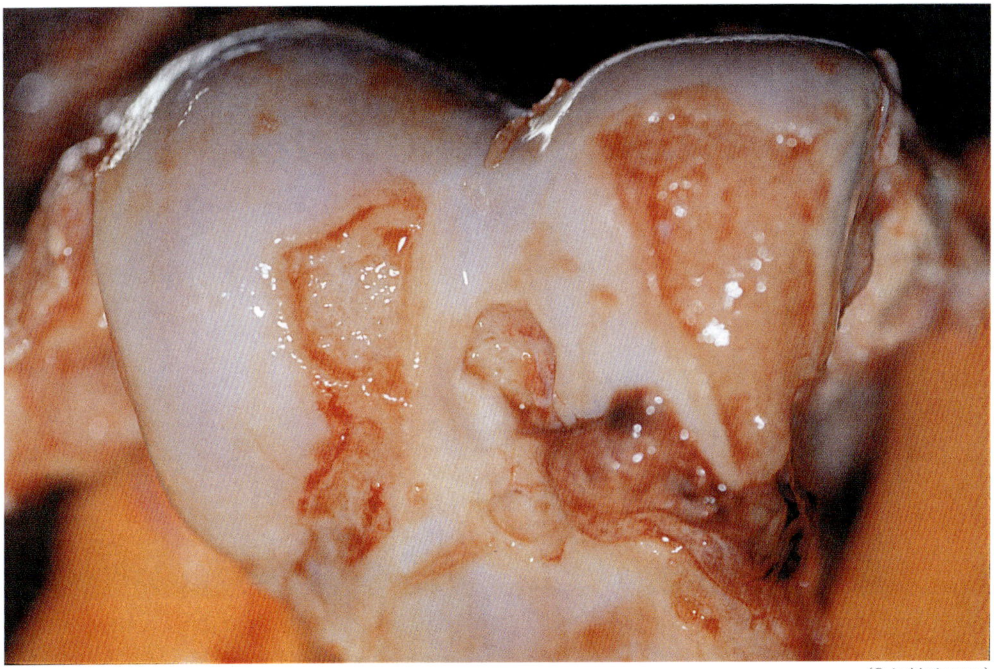

(© Archiv Autoren)

LUNGENERKRANKUNGEN

Erkrankungen der Atemwege können bei Schafen zu hohen Verlusten führen. Obwohl die Sterblichkeit bei der Mehrzahl der Erkrankungen relativ gering ist, werden Wachstum, Futteraufnahme, Gewichtszunahme, Produktion und Qualität der Wolle sowie die Zusammensetzung des Fleisches erkrankter Schafe negativ beeinflusst.

Je intensiver das Management, je mehr Tiere zusammen gehalten und je mehr Zukäufe aus unterschiedlichen Betrieben getätigt werden, umso größer ist das Risiko des Ausbruchs von Atemwegserkrankungen.

Virusbedingte Infektionen oder Lungenwürmer sind oftmals Wegbereiter für bakterielle Lungenentzündungen. (© Armin Deutz)

Neben den bakteriell und parasitär bedingten Erkrankungen der Atemwege spielen besonders beim Schaf chronische Virusinfektionen (Lungenadenomatose, Maedi-Visna) eine bedeutende Rolle.

Unter einigen Haltungsbedingungen ist besonders mit dem Auftreten von Atemwegserkrankungen zu rechnen:

- gemeinsame Aufstallung von Schafen unterschiedlicher Herkunft,
- neu zugekaufte Schafe, z. B. Böcke, die in die Herde integriert werden,
- das Mischen (auch zeitweise) von abgesetzten Lämmern,
- enge Aufstallung und Überbelegung der Buchten in Lämmermastanlagen,
- erhöhte Ammoniak- und Schwefelwasserstoff-Konzentrationen in der Stallluft,
- chronische Pansenübersäuerung in der Intensivmast (wegen der damit einhergehenden Immunsuppression).

Ansteckende Lungenentzündungen treten gehäuft bei Jungtieren auf und werden zumeist durch Zusammenwirken von mehreren Erregern hervorgerufen.

Lungenwürmer, aber auch verschiedene Arten von Viren sind häufige Wegbereiter bzw. auch Auslöser von Lungenentzündungen. Infolge einer sekundären bakteriellen Besiedelung kommt es oftmals zu einer Verschlimmerung des Krankheitsverlaufes.

Neben einer Optimierung der Haltungsbedingungen (Stallklima, Einstreu, Unterteilung des Bestandes, Quarantänisierung von Zugängen, Fütterung) stellt die Rein-raus-Belegung in Verbindung mit hygienischen Maßnahmen (Desinfektion bei jedem Belegwechsel) die Grundlage zur Vermeidung von gehäuften Lungenentzündungen dar.

ERKRANKUNGEN DER OBEREN ATEMWEGE

Bei Entzündungen im Bereich der oberen Atemwege (Nase, Rachen) treten Nasenausfluss, Niesen, seltener Husten und in fortgeschrittenen Fällen deutliche Atemgeräusche infolge Behinderung des Luftstromes auf. Typisch schniefende und schnarchende Geräusche sind bei Siebbeintumoren (Adenopapillomatose) oder bei Verlegung der luftführenden Wege durch Nasendassellarven zu hören.

ERKRANKUNGEN DER TIEFEN ATEMWEGE

Bei den Krankheiten der tiefen Atemwege wird zwischen akuten und chronischen sowie zwischen milden und schweren Verläufen unterschieden. Milde, meist viral bedingte Erkrankungen werden meist durch Parainfluenza-3-Virus- und Adenovirus-Infektionen hervorgerufen. Erfolgen auf den vorgeschädigten Schleimhäuten sekundäre bakterielle Infektionen, insbesondere mit *Mannheimia haemolytica* (früher Pasteurella), entwickeln sich oft ausgeprägte Lungenentzündungen, z. T. mit Todesfällen.

Chronisch eitrige Pneumonien (Lungenentzündungen) treten als Spätfolge einer Reihe von Lungenerkrankungen, systemischer Erkrankungen oder lokaler eitriger Infektionen auf. Befallen sind vor allem erwachsene Schafe.

Am häufigsten wird bei diesen Erkrankungen die Bakterienart *Trueperella (*vormals *Arcanobacterium) pyogenes* aus den Abszessen isoliert.

Abszesse infolge Pseudotuberkulose beschränken sich meist auf die Lungenlymphknoten und sind seltener im Lungengewebe selbst zu finden. Chronisch eitrige Lungenentzündungen sind infolge der Abszessbildung nicht therapierbar.

Maedi-Visna, Lungenadenomatose, Wurmpneumonien

Die Erreger der Maedi-Visna und der Adenomatose führen erst nach Inkubationszeiten von mehreren Monaten bis Jahren zu einer sich langsam entwickelnden, mit zunehmender Atemnot und Gewichtsverlust einhergehenden Erkrankung. Näher eingegangen wird auf diese Lungenerkrankungen in den jeweiligen Spezialkapiteln.

Typisch bei Wurmpneumonien, die vor allem bei Lämmern im Herbst/Winter zu finden sind, treten ab einer Woche nach der Infektion beschleunigte Atmung, Atembeschwerden besonders beim Ausatmen, trockener oder seltener krampfhafter Husten und Nasenausfluss auf.

Sofern bakterielle Sekundärinfektionen hinzukommen, treten auch Fieber und hochgradige Störungen des Allgemeinbefindens sowie Todesfälle auf.

Lungenwürmer

Diese Rundwürmer verlegen und schädigen die tiefen Atemwege, wodurch es zu Gewebezerstörung, Abwehrreaktionen und einer krankhaften Flüssigkeitsansammlung in der Lunge und in der Luftröhre kommt. Eine erhöhte Atemfrequenz, angestrengte Atmung sowie ständiger, zumeist feuchter Husten, aber auch Abmagerung und stumpfes, langes Haarkleid sind die auffälligsten Anzeichen dieser parasitären Bronchitis, die auch Wegbereiter für schwer verlaufende, chronische und bisweilen tödliche Lungenentzündungen sein kann.

Die von den Lungenwürmern produzierten Larven werden aus der Lunge aufgehustet, abgeschluckt und mit dem Kot wieder ausgeschieden.

Die Lungenwurmkrankheit ist eine „Erstinfektionskrankheit“. Krankheitserscheinungen treten besonders spektakulär nach dem erstmaligen Kontakt mit den Parasiten auf. Nach überstandener Erkrankung bildet sich eine gewisse Immunität aus. Bei besonders hohem Infektionsdruck können aber auch Erkrankungen bei erwachsenen Tieren nach neuerlicher Infektion auf der Weide auftreten.

Nach einer erfolgreichen Behandlung bleibt das Lungengewebe allerdings geschädigt, was zu Kümmern und vermehrter Anfälligkeit gegenüber künftigen Lungenerkrankungen führen kann. Die gezielte medikamentöse Vorbeuge in bekannt lungenwurmverseuchten Gebieten ist deshalb besonders wichtig.

Durch mittlerweile höhere Temperaturen in höheren Lagen sind Infektionen mit Lungenwurmlarven bereits in Seehöhen um 2000 m möglich.

Der Nachweis eines Lungenwurmbefalles in der Herde wird anhand der Untersuchung von Kotproben (Vorliegen von Lungenwurmlarven) gestellt.

Lungenadenomatose

Die Lungenadenomatose ist eine chronisch verlaufende Lungenerkrankung, die infolge einer langsamen Infiltration der Lungen zu zunehmender Atemnot und schließlich zum Tod führt. Ursprünglich wurde für die Entstehung der LA ein Herpesvirus verantwortlich gemacht. Nach heutigem Kenntnisstand handelt es sich beim Erreger allerdings um ein Retrovirus.

Die Infektion gesunder Schafe erfolgt durch Aufnahme von tumorvirenhaltiger Bronchialflüssigkeit erkrankter Schafe. Die LA zählt daher zu den Slow-Virus-Infektionen. Infolge der langen Inkubationszeit erkranken Schafe meist erst im Alter von zwei bis vier Jahren klinisch an LA.

Diagnose und Bekämpfung

Die Abklärung von Krankheitsfällen sowie die Bekämpfung der LA gestalten sich in der Praxis äußerst schwierig, da eine sichere Diagnose am lebenden Tier durch die klinische Untersuchung nicht möglich ist und serologische Routineverfahren nicht zur Verfügung stehen.

Das für LA typische Symptom, das Herausfließen von wässrig-schaumigem Nasenausfluss beim Hochheben des Tieres in der Nachhand, wird erst gegen Ende der Erkrankung gesehen. Der klinische Krankheitsverlauf gestattet allgemein nur eine Verdachtsdiagnose, die über weiterführende Untersuchungen abgesichert werden muss.

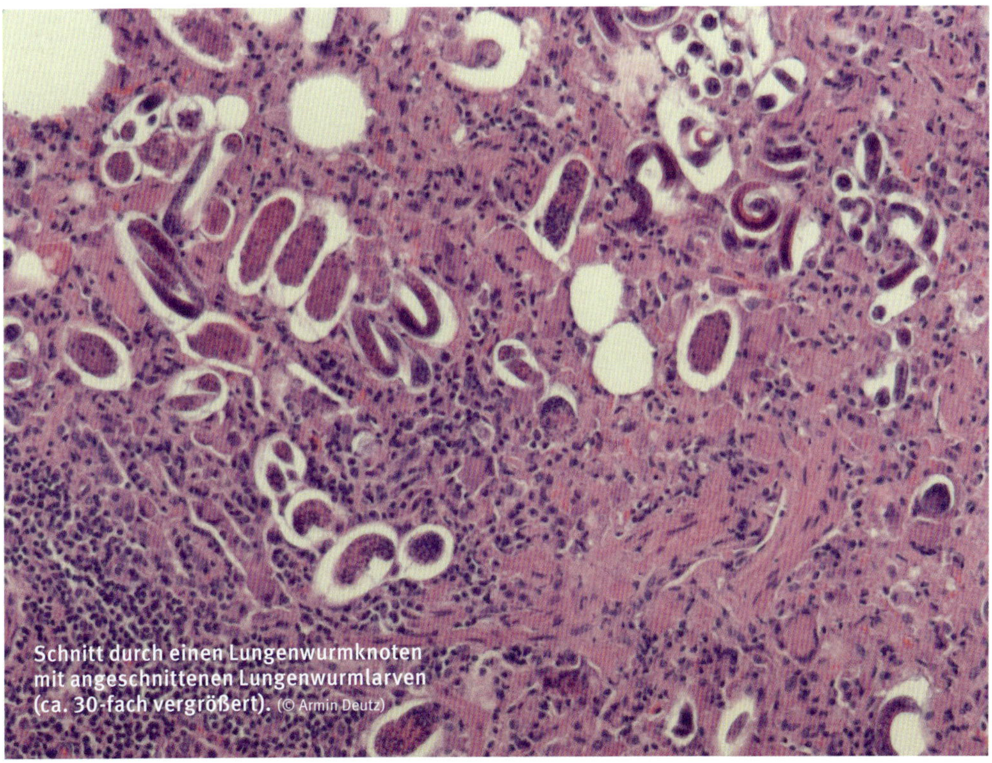

Schnitt durch einen Lungenwurmknoten mit angeschnittenen Lungenwurmlarven (ca. 30-fach vergrößert). (© Armin Deutz)

Zukäufe können Bestandsgesundheit gefährden

Die Zunahme der Schafhaltung ab den 1980er-Jahren hatte auch vermehrte Zukäufe zur Folge.

Durch die im Rahmen der üblichen Quarantänemaßnahmen durchgeführten klinischen und serologischen Untersuchungen kann ein Großteil der Infektionskrankheiten erkannt werden.

Bei Fehlen entsprechender Testmethoden gestaltet sich der Nachweis vor allem von Infektionskrankheiten mit langer Inkubationszeit als äußerst schwierig. Dies trifft in vollem Umfang auf die LA zu. Die Mehrzahl der diagnostizierten Fälle betraf Zukauftiere, die meist in einem Zeitraum von drei bis sieben Monaten nach dem Zukauf an Lungenadenomatose erkrankten und verendeten.

Geht man davon aus, dass aufgrund der von den Tierbesitzern beobachteten klinischen Symptome auf das Vorliegen von LA geschlossen werden kann, könnten in den einzelnen Betrieben bis zu 7 % der Tiere von der Krankheit betroffen gewesen sein. Eine exakte Feststellung der Erkrankungshäufigkeit ist schwierig, da sich die Besitzer aufgrund der chronisch fortschreitenden Symptomatik eher zur frühzeitigen Schlachtung entschließen, um der gänzlichen Entwertung der Tiere zuvorzukommen. Eine Diagnose wird in solchen Fällen in der Regel nicht gestellt, wäre jedoch notwendig, um die Verbreitung der LA abschätzen zu können.

KRANKHEITEN DES VERDAUUNGSTRAKTES UND DES BLUTES

PANSENÜBERSÄUERUNG

Die Pansenübersäuerung ist die häufigste und auch gefährlichste fütterungsbedingte Erkrankung von Wiederkäuern. Pansenübersäuerung entsteht nach Verfütterung von leicht verdaulichen, stärkereichen, zu kurzen, nicht strukturierten oder gemahlenen Futtermitteln (Getreide, Getreideschrot, Bruchmais, Mühlen- und Bäckereiabfälle usw.).

Da diese Futtermittel zumeist auch sehr gerne und dadurch auch in zu großen Mengen aufgenommen werden, wird die Aufnahme von strukturwirksamen Grundfuttermitteln zurückgedrängt.

Somit kommt es durch den Rohfasermangel zu einer reduzierten Wiederkäutätigkeit und verminderten Speichelproduktion und zugleich durch den sehr raschen Stärkeabbau zur Ansammlung großer Mengen freier Säuren im Pansen, insbesondere von Milchsäure.

Durch die Säurewirkung (Absinken des pH-Wertes) werden die Pansenmikroben und damit das gesamte Pansenmilieu schwerst geschädigt.

Es kommt zu massiven Entzündungen der Pansenschleimhaut, und nach Aufnahme in die Blutbahn können zentralnervöse Störungen (Fressunlust, Zähneknirschen, Lahmheiten, Festliegen, Koma) verursacht werden. Bei akuter Pansenübersäuerung tritt der Tod oft binnen Stunden ein.

Die Speicheldrüsen eines Schafes produzieren täglich – abhängig von der Fütterung – zwischen sechs und zehn Liter Speichel. Die Hauptaufgabe des Speichels ist die Regulierung des Säuregrades im Pansen, wie die Abpufferung der durch den Nährstoffabbau entstehenden kurzkettigen Fettsäuren durch das im Speichel enthaltene Natriumbikarbonat („Speisesoda“).

Bei der Aufnahme von oben angeführten Futtermitteln wird wenig gekaut und danach wenig bis gar nicht wiedergekäut, was eine deutlich verringerte Speichelproduktion und geringere Abpufferung des Pansensaftes zur Folge hat.

Neben Kraftfutter ist auch junges Weidegras sehr energie- und rohproteinreich und weist ebenso nur einen geringen Anteil an strukturwirksamer Rohfaser auf.

Eine Ergänzung mit strukturreichen Futtermitteln ist daher besonders bei Frühjahrs- und Herbstweide notwendig.

Chronische Pansenazidose

Außer dem beschriebenen akuten Verlauf resultiert aus länger anhaltenden relativ zu hohen Kraftfuttergaben die chronische Form der Pansenübersäuerung. Die Folgen sind: Verhornungen und Entzündungen der Pansenschleimhaut, Leberabszesse, verminderte Infektionsabwehr, Nierenschäden, Mineralstoffwechselstörungen, Kalziummangel, Organverfettungen, chronische Klauen- und Gliedmaßenschäden sowie unregelmäßige Fresslust, chronische Abmagerung und Durchfall bzw. weicher, schmieriger Kot.

Zur Vorbeugung empfiehlt sich das Zufüttern von Heu, Maissilage oder maishaltigem Kraftfutter vor dem Weideaustrieb. Wichtig ist, dass die Tiere vor dem Weidegang das Zufutter tatsächlich fressen und nicht direkt an der Futterraufe vorbei auf die Weide stürmen!

- Die Möglichkeit der Aufnahme von sehr jungem Wiesengras sollte zeitlich oder räumlich limitiert werden.
- Zusammensetzung des Kraftfutters: schnell fermentierbare Komponenten wie Gerste und Weizen durch langsamer abbaubare wie Körnermais, Trockenschnitte und Kleien ersetzen.
- Rohproteingehalt des Kraftfutters sollte nicht über 12 % liegen.
- Bei Ganztagesweidehaltung ist Kraftfuttergabe nur morgens und abends möglich, die maximale Kraftfuttermenge pro Tier und Tag nicht überschreiten.

PANSENFÄULNIS

Durch Verfütterung von faulenden Futtermitteln (Silagen, während der Lagerung feucht gewordenes Heu, faulige Rüben ...) kommt es im Pansen zu einem Anstieg des pH-Wertes, und die Pansenflora kippt. Erkrankte Tiere haben einen schlechten bis fehlenden Appetit, kümmern und magern ab. Auch Todesfälle sind möglich.

Zur Behandlung wird eine Pansenschlundsonde gesetzt. Pansenspülungen mit Wasser, Pansensaftübertragungen und Umstellung auf reine Heufütterung werden empfohlen.

PANSENBLÄHUNG (TYMPANIE)

Die linke Hungergrube ist bei Pansenblähung stark vorgewölbt und die Wiederkäu- und Pansentätigkeit sowie die Fresslust sind herabgesetzt oder fehlen zur Gänze. Durch den erhöhten Druck auf das Zwerchfell kommt es bei den Tieren zu Schweratmigkeit und Kreislaufproblemen. Unbehandelt kann binnen weniger Stunden der Tod durch Ersticken eintreten.

Durch Beklopfen der Pansenregion sowie durch Setzen einer Pansenschlundsonde erkennt der behandelnde Tierarzt die Form der Pansenblähung. Bei Pansenblähung mit oben liegender Gasblase entweicht das Gas aus der Sonde (kann auch ein Gartenschlauch sein). Bei schaumiger Durchmischung verstopft der schaumige Panseninhalt sehr rasch die Sonde und der Pansen kann in diesem Fall nicht abgegast werden.

Bei der schaumigen Durchmischung müssen deshalb mit einer Sonde oberflächenentspannende Präparate (spezielle Medikamente wie Siccaden®, im Handel sind auch „Bläh-Öle" erhältlich, im Notfall können auch Speiseöle oder Rizinusöl verwendet werden, aber kein Altöl!) mit viel Flüssigkeit in den Pansen eingegeben werden. Die vielen kleinen Schaumbläschen zerfallen, und das Gas kann abgelassen werden.

Auch die Übertragung von Pansensaft (1–2 Liter), welcher von gesunden Tieren per Schlundsonde frisch gewonnen wurde, ist sehr hilfreich.

> Um wiederholtes Blähen zu vermeiden, sollten die Tiere noch 2–3 Tage danach nur mit gröberem Heu, Wasser und einem Salzleckstein versorgt werden.

Der Tierarzt hat die Möglichkeit, durch bestimmte Injektionspräparate eine Entspannung des Schlundes und der Schlund-Pansen-Öffnung zu bewirken, wodurch Gase leichter aufgestoßen werden können.

Setzen eines Trokars

Der Pansenstich mit einem Trokar (linke Hungergrube!) war eine weit verbreitete Methode zur „Behandlung" geblähter Schafe. Die Komplikationen, welche im Anschluss an eine Trokarierung zumeist auftreten, sowie die Alternative, das Setzen einer Schlundsonde, lassen diese Methode als veraltet erscheinen.

Neben Wundkomplikationen besteht die große Gefahr, dass Panseninhalt in die freie Bauchhöhle gelangt und eine Bauchfellentzündung auslöst, die nur schwer zu behandeln ist.

Sollte aus verschiedenen Umständen keine Pansenschlundsonde gesetzt werden können, so kann der Pansenstich (links!) als letzte, lebensrettende Maßnahme von einem Fachmann durchgeführt werden.

> Im Anschluss an einen Pansenstich sollte jedoch sofort eine chirurgische Sanierung durch einen Tierarzt veranlasst werden.

Praktische Vorgehensweise bei Pansenblähung:

- Absetzen des verursachenden Futters bzw. Tiere auf andere Weide treiben, um Neuerkrankungen zu vermeiden.
- Geblähtes Tier fixieren und bei Erfahrung Schlundsonde setzen.
- Nur erfahrene Landwirte sollten Präparate in den Pansen einschütten, da die

große Gefahr besteht, dass die Sonde in der Luftröhre und nicht im Schlund sitzt (Einguss in die Lungen = Lungenentzündung/Tod des Tieres).

- Nur bei stehenden Tieren sollten über die Schlundsonde oberflächenentspannende Mittel und Wasser eingegeben werden. Bei festliegenden Tieren ist äußerste Vorsicht geboten (wieder große Gefahr des Fehlschluckens) – es sollte nichts eingegeben werden.
- Rasch den Tierarzt rufen.

Parasiten des Verdauungstraktes stellen bei Schafen ein weitverbreitetes Problem dar.
(© Johann Gasteiner)

PARASITEN DES VERDAUUNGSTRAKTES

Parasitär bedingte Schäden bei Schafen

Parasiten sind Lebewesen, die teilweise oder ganz auf Kosten eines Wirtstieres auf dessen Körperoberfläche (Ektoparasiten) oder in dessen Körper (Endoparasiten) leben.

Grundsätzlich kann davon ausgegangen werden, dass jeder Wiederkäuer Träger von Parasiten ist.

Die negativen Auswirkungen von Parasitosen stellen bei der Haltung von Schafen und Ziegen in ihrer Gesamtheit das wohl größte tiergesundheitliche Problem dar.

Ob es nun bei Einzeltieren oder Tieren eines gesamten Bestandes zu subklinischen (unerkannt oder mild verlaufenden) oder klinischen (schwerwiegend verlaufenden) Verlaufsformen kommt, möglicherweise sogar mit Todesfällen, hängt von einer ganzen Reihe von Faktoren ab. Die beim Wirtstier durch Parasiten verursachten Schäden lassen sich grob in fünf Kategorien unterteilen, wobei den unterschiedlichen Parasiten, unabhängig von ihrer spezifischen Lokalisation (Leber, Lungen, verschiedene Abschnitte des Verdauungstraktes), auch verschiedene „Schadwirkungen“ zugesprochen werden können.

Mechanisch: Parasiten können innere Gewebe zerstören, führen zu Wund- und Narbenbildung, und bei Massenauftreten kann es zu mechanischen Passagehindernissen, z. B. im Darm, kommen.

Enzymatisch: Parasiten zerstören Wirtszellen und Gewebe durch enzymatische Zersetzung.

Nährstoffentzug: Darmparasiten können Nährstoffe aus dem Futterbrei aufnehmen. Diese Nährstoffe fehlen dem Wirtstier.

Allergisch: Verschiedene biochemische Komponenten können allergische Reaktionen beim Wirtstier hervorrufen.

Blutentzug: Verschiedene Parasiten leben als Blutsauger vom Wirtstier und verursachen Anämie. Auch Blutverluste durch parasitär bedingte Blutungen kommen vor.

Kokzidien

Kokzidien ist ein Sammelbegriff für eine Vielzahl von Gattungen und Spezies mikroskopisch kleiner, einzelliger Lebewesen, welche bei allen Wiederkäuern vorkommen. Nur bestimmte Kokzidien spielen als Durchfallerreger eine wichtige Rolle.

Die Symptome bei der oftmals als Bestandsproblem auftretenden Kokzidiose der Jungtiere sind hochgradige Durchfälle, wobei dem Kot oftmals Blut, Schleim und Schleimhautfetzen beigemengt sind. Erkrankte Lämmer/Kitze bleiben in ihrer Entwicklung stark zurück, es können auch Todesfälle auftreten.

Kokzidien können im Kot von erkrankten Tieren durch eine mikroskopische, aber auch serologische Untersuchung nachgewiesen werden. Erst ein eindeutiger Nachweis von pathogenen Kokzidien sowie der gleichzeitige Ausschluss anderer Durchfallerreger sichert die Diagnose „Kokzidiose“.

Parallel zu Hygienevorkehrungen und allgemein gesundheitsverbessernden Maßnahmen (Vitamin- und Spurenelementeversorgung) ist eine tierärztliche Behandlung mit kokzidienwirksamen Präparaten möglich.

Rundwürmer des Magen-Darm-Traktes

Es gibt mehrere Arten von Labmagen-, Dünndarm- und Dickdarmwürmern, die besonders Jungtiere schädigen. Auch erwachsene Tiere können bei hohem Infektionsdruck schwer erkranken, sie können aber auch latente Träger sein und damit infektiöse Eier bzw. Larven mit dem Kot ausscheiden.

Das Krankheitsbild ist geprägt von Durchfällen, schlechtem Ernährungszustand und

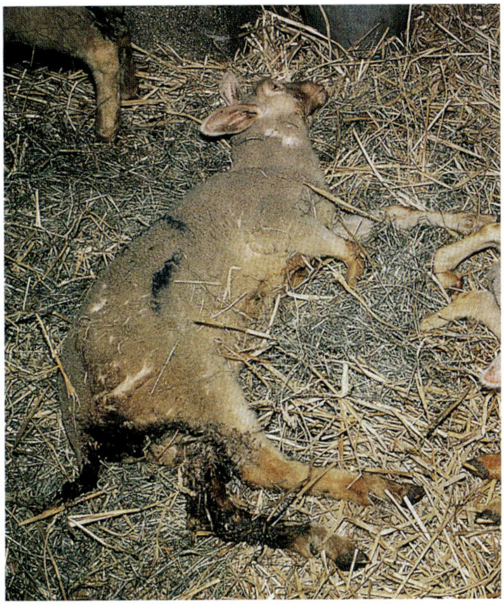

Besonders Lämmer sind durch Kokzidiose sehr gefährdet. (© Johann Gasteiner)

Kümmern. In ausgeprägten Fällen sind hochgradige Schwellungen (Ödeme) im Zwischenkiefer- und Halsbereich sowie Todesfälle zu verzeichnen.

Die Rundwürmer des Magen-Darm-Traktes sind gemeinsam mit den Lungenwürmern die bedeutendsten und am weitesten verbreiteten Parasiten bei unseren Wiederkäuern.

Bandwürmer des Darmtraktes

Diese „bandnudelartigen“, gegliederten Parasiten können sehr lang werden. Mit dem Kot werden einzelne, etwa reiskorngroße Glieder abgestoßen, in welchen sich wiederum infektionstüchtige Finnen befinden.

Der Krankheitsverlauf bei Bandwurmbefall kann von mild bis schwerwiegend reichen. Es können Durchfälle, Abmagerung und Kümmern beobachtet werden.

Kleiner und Großer Leberegel

Die Leberegelerkrankung, hervorgerufen durch die beiden Arten Kleiner und Großer Leberegel, ist eine zumeist chronisch verlaufende Erkrankung. Während die Jungegel die Leberzellen zerstören, leben die erwachsenen Egel in den Gallengängen der Leber. Die beim Wirtstier ausgelösten Abwehrreaktionen führen zur Verkalkung von Gallengängen und zu Leberfunktionsstörungen.

Die typischen Krankheitssymptome, welche vor allem beim Befall mit dem Großen Leberegel auftreten, sind verminderte Fresslust, Abmagerung, Fieberanfälle, Durchfall, stumpfes und struppiges Wollkleid sowie Blutarmut und Gelbsucht.

Bei Milchtieren kommt es weiters zu einem Milchleistungsabfall. Beim Befall mit Großen Leberegeln können auch Todesfälle auftreten.

Die Unterscheidung Großer und Kleiner Leberegel kann anhand einer parasitologischen Kotuntersuchung sowie an befallenen Lebern von geschlachteten/verendeten Tieren vorgenommen werden.

Es gibt Entwurmungsmittel, welche sowohl gegen Magen-Darm-Würmer und Lungenwürmer als auch gegen die erwachsenen Stadien von Leberegeln wirksam sind. Die Jugendstadien der Leberegel sind jedoch einer Bekämpfung nur schwer zugänglich.

Durch die medikamentöse Entwurmung vor dem Weideauftrieb sollen die in den Schafen überwinternden Parasiten abgetötet werden. Damit wird die Gefahr der Verseuchung der Weiden vermindert. Da jedoch der Schutz dieser Präparate vor neuerlicher Ansteckung mit Parasiten nur wenige Wochen anhält, sind unbedingt auch Maßnahmen zu ergreifen, welche den Entwicklungszyklus der Zwischenwirte der Leberegel (bestimmte Schnecken) ausschalten bzw. den Zugang der Weidetiere zu Feuchtgebietsarealen verhindern, in denen sich diese Schnecken befinden. Die Senkung des Grundwasserspiegels durch Meliorationen und damit Trockenlegung von Feuchtstellen auf Almen ist nur in Einzelfällen durchführbar und sinnvoll (bzw. erlaubt).

Parasiten finden sich bei Schafen aller Alterskategorien, aber Jungtiere sind am stärksten betroffen. (© Johann Gasteiner)

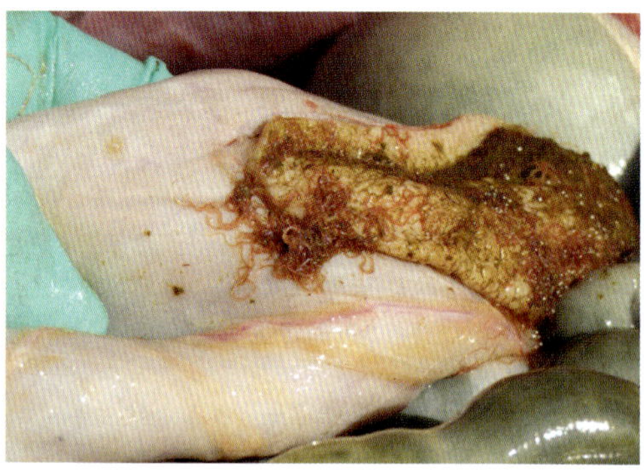

Eröffneter Labmagen; gut sichtbar ist der Massenbefall mit Roten Magenwürmern. (© Armin Deutz)

Weidetiere in bekannt leberegelverseuchten Gebieten sollten daher von Fluss-, Bach-, See- und Teichufern sowie von Feuchtstellen und Mooren strikt ferngehalten werden („Auszäunen"). Die Wasserversorgung der Weidetiere soll aus einem sauberen Trog oder, falls möglich, aus Selbsttränkeanlagen mit Wasser von Trinkwasserqualität erfolgen. An der Wasserstelle darf nicht erneut eine dauernde Feuchtstelle entstehen.

Bei Schlachtbefund Leberegelbefall (Leber „knirscht" beim Anschneiden, die Leberegel in Galle und Gallengängen sind mit bloßem Auge sichtbar bzw. nach Anschneiden der Leber aus den Gallengängen ausdrückbar) steht die Diagnose fest, es ist jedoch zusätzlich auch mit dem Vorhandensein anderer Parasiten zu rechnen, insbesondere mit Magen-Darm-Parasiten und Lungenwürmern.

Vorbeuge- und Bekämpfungsmaßnahmen

Da nicht jedes „Wurmmittel" gegen jeden Parasiten wirksam ist, muss der Einsatz von Antiparasitika möglichst gezielt und unter tierärztlicher Anleitung durchgeführt werden. Die Voraussetzungen dazu sind eine Untersuchung eventuell erkrankter Tiere sowie eine parasitologische Untersuchung eines repräsentativen Anteiles der Tiere im Bestand. Dadurch erlangt der Tierarzt Kenntnis über die vorrangig am Betrieb vertretenen Parasiten, und dementsprechend kann ein individuelles Bekämpfungsprogramm durchgeführt werden.

Auch die Wahl des anzuwendenden Präparates sowie die Applikationsweise (orale Eingabe flüssiger Präparate, Bolus, perkutan oder Injektion) richtet sich u. a. nach den Untersuchungsergebnissen. Einige Präparate werden zugleich zur Bekämpfung von Endoparasiten und blutsaugenden Ektoparasiten eingesetzt.

Es muss zwischen Heilbehandlungen und Vorsorgebehandlungen unterschieden werden. Während Heilbehandlungen bei erkrankten Tieren sofort durchgeführt und wiederholt werden, sind Vorsorgebehandlungen zu strategisch wichtigen Zeitpunkten zu setzen. Dabei sollten zumindest eine Frühjahrs- und eine Herbstentwurmung angestrebt werden. Bei hohem Infektionsdruck empfiehlt sich auch eine Entwurmung im Sommer.

Mit einer Entwurmung drei Wochen nach dem Austrieb und einer Wiederholungsbehandlung nach 3–5 Wochen kann einer Verseuchung der Weiden durch Parasiteneier und -larven und damit einem Ausbruch der Krankheit im Sommer/Herbst vorgebeugt werden.

Grundsätzlich sollen alle Weidetiere in ein planmäßiges Bekämpfungsverfahren einbezogen werden.

In leberegelverseuchten Gebieten sollen während der ersten drei Jahre jeweils zwei Winterbehandlungen (etwa sechs Wochen nach dem Aufstallen sowie Ende März) mit einem leberegelwirksamen Präparat durchgeführt werden. Damit wird sichergestellt, dass nur leberegelfreie Tiere auf die Weiden gelangen. Bei hohem Infektionsdruck ist auch eine Sommerbehandlung nötig.

Der Erfolg der medikamentösen Parasitenbekämpfung sollte durch eine neuerliche parasitologische Kotuntersuchung überprüft werden.

Weiters sind auch die Weideführung und das Weidemanagement zu beurteilen und zu überdenken. Mögliche Infektionsketten können bei Kenntnis der „Problem-Parasiten“ des jeweiligen Betriebes und der Entwicklungszyklen dieser Schmarotzer unterbrochen werden. Hierzu empfehlen sich die Umtriebsbeweidung sowie regelmäßiges Mähen von Weiden.

Faktoren, welche das Auftreten von Parasiten beeinflussen

Das Weidemanagement und der Infektionsdruck

Das Management auf der Weide beeinflusst entscheidend die Parasitendichte und damit den Infektionsdruck. Eine hohe Wirtsdichte je Flächeneinheit (hohe Belegzahlen auf Weiden) kann zu starker Verseuchung mit parasitären Entwicklungs- und Dauerstadien führen. Der Infektionsdruck steigt.

Es kann davon ausgegangen werden, dass die meisten Parasiteneier bzw. -larven den Winter überdauern. Die infektiösen Stadien werden von den Wiederkäuern bereits im Frühling beim Grasen aufgenommen, kumulieren und führen speziell bei Standweidehaltung und hohem Tierbesatz nach wenigen Wochen zu einer starken Vermehrung der Parasiten in den Tieren und auf der Weide. Werden solcherart „vorbelastete Weiden“ zusätzlich mit nicht entwurmten Schafen und Jungtieren beweidet, so ist mit sehr starker Verwurmung zu rechnen.

In Untersuchungen wurde erkannt, dass die „Wurmbürde“ bei einer strikten Rotationsweidehaltung (max. 10 Tage auf einer Weide, dann Wechsel) um ein Vielfaches geringer war als bei Standweidehaltung. Eine fachgerechte Entwurmung zu Weidebeginn ist dennoch unumgänglich, aber auf den Einsatz von Entwurmungsmitteln während der Weidezeit konnte bei intensiver Rotationsweide verzichtet werden.

Um die Reinfektionsraten zu senken, wird weiter empfohlen, im Weidemanagement auf das Herstellen und Bestoßen „reiner Weiden“ zu achten. Als reine Weide versteht man Flächen, auf welchen die Gefahr einer Reinfektion für Schafe/Ziegen entsprechend gering ist.

Reine Weiden sind:

- zumindest seit 1 Jahr nicht von Schafen beweidet,
- vor der Beweidung fand zumindest eine Mähnutzung statt,
- vor der Beweidung durch Schafe/Ziegen fand eine Beweidung durch Rinder oder Pferde statt (umgekehrt sollten jedoch Schaf-/Ziegenweiden nicht direkt von Rindern nachbeweidet werden).

Auch bestimmte Umweltbedingungen fördern das Auftreten von Parasiten. So sind unter anderem die klimatischen Verhältnisse (warm-feuchter Sommer, milder Winter) sowie die Wasserbedingungen auf den Weideflächen (Feuchtstellen und Moraste) von entscheidender Bedeutung für ein vermehrtes Auftreten von Parasiten bzw. Voraussetzung für die Existenz von Zwischenwirten einiger Parasiten.

Durch regelmäßige Reinigungsschnitte von Koppeln und Weiden gelangt Sonnenlicht (UV-Strahlung) bis an die Grasnarbe und schädigt/tötet die infektiösen Wurmeier bzw. Larven ab

Immunabwehr

Die Abwehrkraft des Einzeltieres ist ein weiterer, wichtiger Faktor. Jungtiere, die an einem Mangel (z. B. Nährstoff-, Vitamin- oder Spurenelementemangel) oder einer Grunderkrankung (z. B. Infektionen, Kalzinose) leiden oder besonderem Stress ausgesetzt sind, sind auch vermehrt durch zusätzlichen Parasitenbefall gefährdet.

Jungtiere sind aufgrund ihres noch „untrainierten" Immunsystems am anfälligsten gegenüber Parasitenbefall. Die weitere Entwicklung und Gesundheit von Jungtieren kann durch Parasitenbefall nachhaltig beeinträchtigt werden. Diese Tiere können zu chronischen Trägern und Ausscheidern von Parasiten werden, wodurch der Infektionskreislauf wieder geschlossen wird.

Wenn empfängliche, von bestimmten Parasiten freie Tiere (v. a. Jungtiere) in eine stark von Parasiten verseuchte Umwelt (z. B. auf eine Weide mit Leberegeln) gelangen, so ist das Immunsystem an diese Situation nicht angepasst. Als Folgen können Infektionen mit katastrophalen Verlaufsformen auftreten (Todesfälle, Häufung von Kümmerern).

Viele Untersuchungen beschäftigen sich in jüngerer Zeit mit der Erkennung bzw. Züchtung von Tieren, welche eine erblich günstige Resistenzlage gegenüber einer Verwurmung besitzen. So wurden bereits einige signifikante Unterschiede zwischen verschiedenen Schafrassen im Bezug auf ihre Resistenz gegenüber bestimmten inneren Parasiten herausgefunden. Diese Ergebnisse ließen sich bislang jedoch nur wenig in die Praxis umsetzen, da die Tiere in der Umwelt nicht nur mit einem bestimmten Parasiten, sondern mit einer Vielzahl davon konfrontiert sind.

Auf der Weide und bei hohen Stückzahlen ist der Parasitendruck besonders hoch. (© Archiv Autoren)

Die Diagnose und die chemische Parasitenvorbeugung und -bekämpfung

Durch eine parasitologische Kotuntersuchung kann der Tierarzt relativ einfach nachweisen, welche Endoparasiten gerade in einem Tier bzw. in den Tieren einer Herde parasitieren. Erst diese Diagnose macht eine zielgerichtete Entwurmung möglich.

Ein unkontrollierter oder ungezielter Einsatz (zu geringe Dosis) von Antiparasitika sowie eine Entwurmung zum falschen Zeitpunkt (Winter) hat vielfach zur Resistenzbildung bei den Parasiten gegen bestimmte Wirkstoffgruppen geführt. Dadurch hat eine Reihe von „Wurmmitteln" ihre Wirksamkeit in der Bekämpfung der Parasiten eingebüßt. Es wird daher empfohlen, das Entwurmungspräparat bzw. die Wirkstoffgruppe jährlich zu wechseln und die Präparate den Herstellerangaben entsprechend einzusetzen

Trächtige Tiere sollten unbedingt 2–4 Wochen vor dem Ablammtermin entwurmt werden. Das verwendete Präparat muss für den Einsatz bei trächtigen Tieren im entsprechenden Trächtkeitsstadium zugelassen sein, um eine Fruchtschädigung ausschließen zu können.

Neben der obligaten Frühjahrsentwurmung empfiehlt sich etwa sechs Wochen nach dem ersten Weidetrieb eine Untersuchung von mehreren Sammelkotproben von etwa 5–10 Tieren. Etwaige Wurmkuren während der Weideperiode sollten sich nach den Ergebnissen dieser Kotuntersuchungen richten.

Die Herbstentwurmung sollte ebenfalls wieder als Fixtermin angesehen werden. Die parasitologische Kotuntersuchung kann auch zur Kontrolle eines Behandlungserfolges herangezogen werden.

Neue Entwurmungsstrategien bei Schafen und Ziegen

Nicht zuletzt die Zunahme von Resistenzen gegen Anthelminthika („Wurmmittel"), insbesondere bei Schafen, wie auch wirtschaftliche, ökologische und lebensmittelhygienische Aspekte liefern Diskussionsstoff, um die altbekannten und altbewährten Parasitenbekämpfungsprogramme neu zu überdenken.

Herdenbehandlung notwendig?

Die Bekämpfung der Magen-Darm-Parasiten wird auch zukünftig nicht ohne Antiparasitika möglich sein, aber es stellt sich die Frage, ob die bisher übliche, teure, vorbeugende bestandsweise Behandlung notwendig und zielführend ist.

Gängige Praxis ist es, den gesamten Bestand zu behandeln, unabhängig davon, ob Einzeltiere eine relevante Parasitenbelastung haben oder nicht. Das fördert die Entwicklung von Resistenzen, indem zufällig gegen einen Wirkstoff resistente Parasiten mit hoher Wahrscheinlichkeit mit dem Präparat in Kontakt kommen und sich aufgrund des Selektionsvorteils im behandelten Tier vermehren können. Daneben wird die Rückstandsbelastung durch Behandlungen ein zunehmend öffentlichkeitswirksames Thema mit großen Gefahren für das Image von Produkten tierischen Ursprungs (Fleisch, Milch, Eier, Honig usw.).

Resistenzen ernst nehmen

Es existiert eine große Palette an Entwurmungsmitteln, die zwar unter verschiedenen Handelsnamen vertrieben werden, aber nur auf wenigen Wirkstoffgruppen basieren. Im Hinblick auf Rundwürmer sind das die drei Wirkstoffgruppen Benzimidazole, Levamisole und makrozyklische Laktone.

Resistenzen entstehen immer gegen eine gesamte Gruppe und nicht gegen ein einzelnes Präparat. Gibt es beispielsweise eine Resistenz gegen die Wirkstoffgruppe der Benzimidazole, bleibt diese über Jahrzehnte in der Parasitenpopulation zumindest des Tierbestandes bestehen. Vielen ist dieser Umstand nicht bekannt, auch nicht die Notwendigkeit, dass bei einem Auftreten von Resistenzen ein Wechsel der Wirkstoffgruppe und nicht eines Präparates notwendig ist.

Das Auftreten von Resistenzen ist auch humanmedizinisch zumindest für tropische Länder von großer Bedeutung, da die bei Mensch und Tier verwendeten Wirkstoffe zur Parasitenbehandlung meist identisch sind und Resistenzen dann in der Behandlung von Menschen Probleme bereiten.

Neue Behandlungsstrategien

Eine neue Behandlungsstrategie ist die selektive Behandlung (targeted selective treatment, TST). Sie sieht vor, nur solche Tiere gegen Rundwürmer zu behandeln, die Krankheitssymptome zeigen oder deren Leistung herabgesetzt ist. Bei diesem Konzept werden sowohl die Umweltbelastung als auch die Resistenzbildung minimiert. Eine geringere Anzahl behandelter Tiere scheidet insgesamt weniger Medikamente aus, womit geringere Mengen in die Umwelt (Weiden, Grundwasser usw.) gelangen. Ein geringerer Medikamenteneinsatz erhält auch einen größeren Anteil einer vollkommen auf Anthelminthika empfindlichen Parasitenpopulation und verhindert so die Ausbildung von Resistenzen.

Die Strategie der Selektivbehandlung sieht also vor, all die Tiere zu behandeln, die besonders anfällig für Parasiteninfektionen sind und die ein hohes Erkrankungsrisiko haben, wie Lämmer und Kitze in der ersten Weidesaison.

Notwendig für die selektive Behandlung von Einzeltieren ist es auch, die befallenen bzw. behandlungsbedürftigen Tiere innerhalb der Herde sicher zu erkennen. Solche „Marker" sind beispielsweise die Anzahl von Nematodeneiern im Kot (faecal egg counts), der Verschmutzungsgrad der Tiere infolge Durchfalles (diarrhoe index) sowie Leistungsdepression und Abmagerung.

Schon bisher wurde von starren Behandlungsschemata abgeraten und Kotuntersuchungen vor der Behandlung empfohlen. Dennoch wurde oft zu viel behandelt. Wesentlich ist, möglichst frequent – getrennt nach Altersgruppen – Sammeltier-Kotproben von den Schafen zu untersuchen. Unterschieden wird zwischen erwachsenen Tieren, den zum ersten Mal lammenden Schafen und den Lämmern.

Die Erfahrungen zeigen, dass so gut wie nie ein gesamter Bestand, sondern nur eine Gruppe behandelt werden muss. In manchen Betrieben brauchen die Muttertiere teilweise nur eine Behandlung pro Jahr, in manchen Jahren gar keine. Und sie sind es schließlich, die aufgrund ihres Gewichts die meisten Arzneimittelkosten verursachen.

In der Schafhaltung müssen wir uns gedanklich von dem Ziel der Parasitenfreiheit verabschieden.

Es ist sogar ein steter, geringgradiger Stimulus notwendig, um eine ausreichende Immunität gegenüber den Parasiten anzuregen. Die Immunitätsausbildung bei Lämmern verläuft sehr langsam, und so ist die Immunabwehr vor einem Dreivierteljahr kaum belastbar.

Eine weitere Möglichkeit liegt zum Beispiel in der Zusammenarbeit mit Ackerbauern, etwa bei der Nutzung von Zwischenfrüchten. Der Auswuchs auf Stoppeln ist ein wertvolles Futter, und zudem sind diese Flächen parasitologisch vollkommen unproblematisch, da dort keine Neuinfektionen stattfinden. Zusätzliche effiziente Maßnahmen in der Parasitenbekämpfung sind Koppelwechsel sowie Reinigungsschnitte auf Weideflächen.

EPERYTHROZOONOSE

Die Eperythrozooninfektion des Schafes ist eine meist gutartig verlaufende Infektion mit Mycoplasmen (sehr kleinen Bakterien). Infektionen verlaufen meist ohne klinische Symptome, in selteneren Fällen kann es jedoch zu schweren Erkrankungen kommen.

Übertragung durch Insekten

Die natürliche Übertragung erfolgt durch blutsaugende Insekten, wie Schaflausfliegen, Zecken sowie blutsaugende Fliegen und Mücken. Die Inkubationszeit (Zeit von der Infektion bis zum Auftreten der ersten klinischen Erscheinungen) beträgt bei experimenteller Infektion 3–21 Tage. Die Erreger überleben in den Insekten nur kurze Zeit, auch eine direkte Übertragung von Schaf zu Schaf durch Tierkontakte konnte nachgewiesen werden. Auch eine Übertragung des Erregers auf noch ungeborene Lämmer in der Gebärmutter wird angenommen. Vermutlich spielt aber die Übertragung im Zusammenhang mit zootechnischen Maßnahmen, wie Injektionen oder Schafschur, die bedeutendste Rolle. Durch den zunehmenden Einsatz von Impfstoffen und injizierbaren Antiparasitika steigt die Gefahr der Übertragung durch mit Erregern verunreinigte Injektionskanülen. Neben dem Schaf sind auch die Ziege und das Rind für *E. ovis* empfänglich.

Das Knochenmark ist wahrscheinlich der eigentliche Vermehrungsort der Bakterien. Im Knochenmark, der Bildungsstätte der roten Blutkörperchen, werden unreife rote Blutkörperchen befallen, die dann in die Blutbahn auswandern. Dort kommt es aufgrund des Befalls mit *E. ovis* zu einem beschleunigten Zerfall der roten Blutkörperchen mit meist schubweise verlaufender Blutarmut und Gelbsucht.

Neben der Zerstörung der roten Blutkörperchen wird das erkrankte Schaf durch den Verbrauch an Nährstoffen direkt aus dem Blutplasma geschädigt. Möglicherweise dienen das Knochenmark und die Milz dem Erreger außerdem als Rückzugsgebiet bei chronischen Infektionen.

Erkrankung häufig nicht diagnostiziert

Eine Eperythrozoonose im Schafbestand wird vom Landwirt meist nicht wahrgenommen. Neben Blutarmut sind zunächst unspezifische Symptome und Leistungsminderung in Form von herabgesetztem Wollwachstum und Wollausfall, mangelhaf-

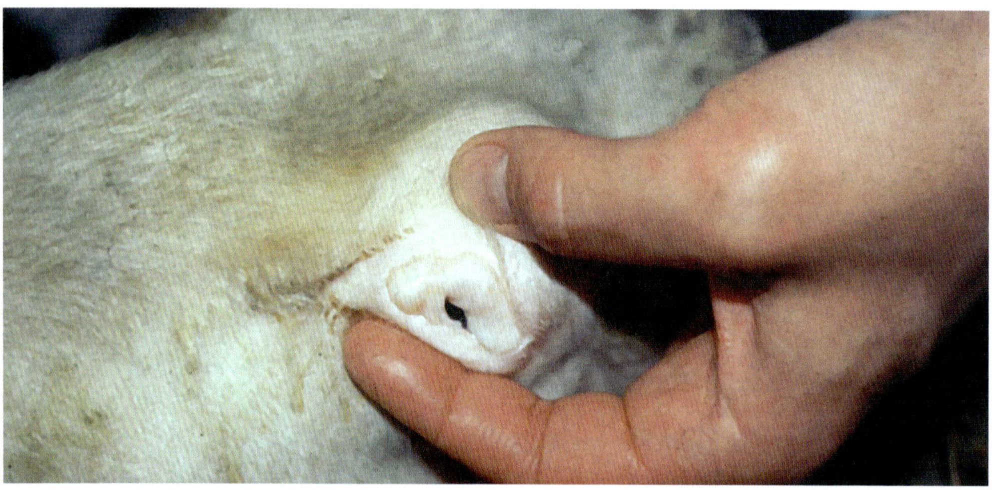

Blutarmut und Gelbsucht sind typische Symptome der Eperythrozoonose. (© Johann Gasteiner)

te Entwicklung des Euters vor der Geburt, Geburt lebensschwacher Lämmer, geringe Milchleistung der Muttertiere, Kümmern der Lämmer und allgemeine Resistenzminderung, gelegentlich Aborte und Todesfälle bei Lämmern zu beobachten. In stark befallenen Herden kann die Sterblichkeitsrate aber bis zu 25 % betragen.

Am Einzeltier kommen sowohl nach experimentellen Infektionen mit *E. ovis* als auch unter natürlichen Bedingungen verschiedene Verlaufsformen vor. Dabei ist der Verlauf der Infektion und auch die Länge der Inkubationszeit abhängig von der Infektionsdosis, der Pathogenität (krankmachenden Wirkung) des Eperythrozoon-Stammes und der Resistenzlage des Schafes.

Blutarmut als auffälligstes Symptom

Das Sektionsbild bei den Eperythrozoonose-positiven Tieren ist unspezifisch. Auffallend ist die Blutarmut, deren Ausmaß nicht allein durch den häufig gleichzeitig vorliegenden Endoparasitenbefall erklärt werden kann. Unterhautödeme, Gelbsucht, dünnes, wässriges Blut, Flüssigkeitsansammlung im Herzbeutel, Leber- und Milzschwellung können beobachtet werden, insbesondere bei Tieren mit chronischer Infektion.

Die Verdachtsdiagnose kann mit gefärbten Blutausstrichen bestätigt werden. In den letzten Jahren nehmen bei Schafen auch Fälle von Babesiose zu, einer parasitären Erkrankung mit Befall der roten Blutkörperchen, die ähnliche Symptome hervorrufen kann.

Behandlung und Vorbeugung

Da eine *E.-ovis*-Infektion wegen der diagnostischen Schwierigkeiten nur selten festgestellt wird, finden auch Behandlungen recht selten statt. Die wirksamsten Antibiotika gegen *E. ovis* sind Tetrazykline, die ihre Wirkung in den befallenen roten Blutkörperchen entfalten.

Die medikamentöse Behandlung ist mit guter Fütterung (Zufütterung von Mineralstoffmischungen) zur Behebung der Blutarmut und gegebenenfalls mit zusätzlichen Eiseninjektionen zu kombinieren. Durch eine Behandlung mit Tetrazyklinen wird aber keine absolute Erregerfreiheit des befallenen Schafes erreicht.

Zur Vermeidung indirekter Übertragungen sollten zumindest in infizierten Herden für Injektionen Einmalkanülen verwendet werden und Scherköpfe sowie chirurgische Instrumente nach jedem Tier gereinigt und desinfiziert werden. Klinisch erkrankte Tiere sollten aus der Herde entfernt werden. Eine regelmäßige Behandlung der Schafe gegen Endoparasiten und bei Befall auch gegen Ektoparasiten stellt ebenfalls eine Vorbeugungsmaßnahme dar.

KRANKHEITEN DER HARN- UND GESCHLECHTSORGANE BEI MÄNNLICHEN TIEREN

BRUCELLOSEN BEIM KLEINEN WIEDERKÄUER

Brucellosen sind durch Bakterien verursachte Tierseuchen, die auch beim kleinen Hauswiederkäuer Bedeutung haben. Die Schafbrucellose im engeren Sinn wird durch *Brucella (B.) melitensis* verursacht. Dieser Erreger ist, wie auch der Verursacher der Rinderbrucellose („Bang'sche Krankheit"), *B. abortus*, auf den Menschen übertragbar. In Oberösterreich beispielsweise traten 2018 von Rindern ausgehende Infektionen mit *B. melitensis* beim Menschen auf. Beim Schaf kann noch eine zweite Brucellenart, *B. ovis*, auftreten.

Sowohl die Brucellose der Schafe (Erreger: *B. melitensis*) als auch die Infektiöse Epididymitis (= Nebenhodenentzündung) des Schafbockes (Erreger: *B. ovis*) sind anzeigepflichtige Tierseuchen und unterliegen Bekämpfungsmaßnahmen nach dem Tierseuchengesetz.

Brucella-melitensis-Infektion bei Tier und Mensch

Die *Brucella-melitensis*-Infektion der Schafe kommt vor allem in den Mittelmeerländern vor, weiters in vielen tropischen und subtropischen Ländern. In Mitteleuropa waren Ausbrüche selten, und heute gehen Neuausbrüche meist auf importierte Schafe zurück. Schafe und Ziegen sind Hauptwirt für *Brucella melitensis*, daneben können Pferd, Esel, Rind, Schwein und Hund sowie der Feldhase infiziert werden.

Die als „Maltafieber" bezeichnete *Brucella-melitensis*-Infektion des Menschen ist eine gefürchtete Zoonose. Besonders gefährdet sind Landwirte, Tierärzte, Schlachthofarbeiter und andere Personen, die häufiger mit Schafen in Kontakt kommen.

Die klinischen Erscheinungsbilder der Brucellose beim Menschen sind vielgestaltig. Am Krankheitsbeginn sind Abgeschlagenheit, Kopf-, Gelenk- und Muskelschmerzen recht allgemeine und untypische Krankheitszeichen und lassen noch nicht unbedingt eine Brucellose vermuten. Später kommen schwere Fieberschübe, Leber-, Milz- und Lymphknotenschwellungen sowie Gelenksentzündungen, Hoden-, Leber- und Nierenbeckenentzündungen dazu. Ansteckungsquellen sind neben dem direkten Schaf- oder Ziegenkontakt der Genuss von erregerhaltiger Milch und Rohmilchprodukten oder das Einatmen von infektiösem Staub.

Krankheitsentstehung

Infektionsquellen sind hauptsächlich infizierte Böcke und weibliche Schafe. Der Erreger wird im Zuge von Geburten mit dem Fruchtwasser, den Eihäuten, abortierten oder normal geborenen Lämmern, dem Harn und bei Böcken mit dem Sperma ausgeschieden. Schafe infizieren sich durch Aufnahme des Erregers mit Futter und Wasser, durch das Einatmen von erregerhaltigem Staub, beim Deckakt durch infizierte Böcke sowie durch stechende Insekten und über die Schleimhäute. Infektionen können auch über Hautverletzungen (z. B. im Bereich der Klauen) entstehen.

Die Verseuchung gesunder Herden erfolgt fast ausschließlich durch Zukauf infizierter Schafe oder durch unmittelbaren oder mittelbaren Kontakt mit solchen Schafen, z. B. auf Gemeinschaftsweiden.

In Infektionsversuchen ließen sich Schafe oral, durch Injektion infektiösen Materials und über die Lidbindehaut des Auges infizieren.

Die aufgenommenen Erreger verbreiten sich über die Blut- und Lymphbahn im Körper. Daraufhin siedeln sich die Erreger in den Lymphknoten, insbesondere im Bereich der Eintrittspforte, und in der Milz an. Bei trächtigen Schafen finden sich Erreger auch im Mutterkuchen sowie in Teilen der Gebärmutter, bei laktierenden Schafen im Euter und den Euterlymphknoten. Der Zeitraum von der Infektion bis zum Ausbruch der ersten Symptome beträgt mehrere Monate. Eine Infektion kann aber auch ohne klinische Anzeichen verlaufen.

Krankheitsbild

Das auffälligste klinische Symptom sind Abortusfälle oder Frühgeburten, wobei aber ein Teil der infizierten Schafe normal ablammt. Nach der Durchseuchung des Bestandes werden die Schafe bis auf wenige Tiere wieder tragend, und die im Anschluss an die Infektion auftretende Immunität verhindert weitgehend weitere Verlammungen.

Während in akut verseuchten Herden ein hoher Prozentsatz der tragenden Schafe verlammt, kommen in chronisch verseuchten Beständen Abortusfälle vorwiegend bei neu eingestellten Schafen oder bei jungen Tieren vor. Seltener treten Euterentzündungen mit festen derben Knoten im Eutergewebe und stark veränderter Milch auf. Bei Böcken kommen gelegentlich Hoden- und Nebenhodenentzündungen vor, die Abszesse verursachen und im chronischen Verlauf zu einer Verkleinerung der infizierten Hoden führen können.

Brucella-ovis-Infektion

Die bei Schafen weltweit vorkommende Infektion mit *Brucella ovis* äußert sich klinisch bei Böcken in einer mit Samenstauung einhergehenden Nebenhodenentzündung und bei weiblichen Tieren in gelegentlichen Aborten. Der Erreger wurde erst vor rund 50 Jahren aus Hoden und Nebenhoden infizierter Schafböcke nachgewiesen. Dieser Erreger ist im Gegensatz zu anderen Brucelloseformen nicht auf den Menschen übertragbar.

Krankheitsentstehung

Brucella ovis wird von infizieren Böcken mit dem Sperma, von weiblichen Tieren mit den Eihäuten, mit abortierten Früchten und mit der Milch ausgeschieden. Auch Böcke ohne klinisch erkennbare Nebenhodenveränderungen können den Erreger mit dem Sperma ausscheiden.

Die Einschleppung des Erregers in eine Herde geschieht durch infizierte Böcke oder infiziertes Sperma. Infizierte Böcke halten in einer Herde die Verseuchung aufrecht. Sie sind Erregerreservoir und wichtigste Ansteckungsquelle.

Die Infektion der Böcke erfolgt durch das Decken weiblicher Schafe, die zuvor von infizierten Böcken gedeckt worden sind, durch direkten Kontakt mit infizierten Böcken („homosexuelles" Verhalten) und durch Aufnahme des Erregers (Futter, Wasser, Einstreu) entweder bei gemeinsamer Haltung mit infizierten Böcken oder durch Haltung nicht infizierter Böcke in zuvor von infizierten Böcken benutzten Stallungen. Junge Böcke sind besonders empfänglich für *B.-ovis*-Infektionen. Weibliche Schafe sind nicht so infektionsanfällig wie Böcke.

Krankheitsbild

Auffällig sind Hodenschwellungen besonders im Bereich des Nebenhodenschwanzes. Eine plötzlich auftretende, hochgradig schmerzhafte Schwellung nur eines Hodens gilt als ein höchst verdächtiges Krankheitssymptom. Bei einem Teil der infizierten Böcke fehlen klinisch erkennbare Veränderungen. Böcke mit beiderseitigem Verschluss der Nebenhodenkanäle sind unfruchtbar, in den anderen Fällen ist die Spermaqualität bei infizierten Böcken stark beeinträchtigt.

Die Krankheitssymptome bei weiblichen Schafen bestehen in gelegentlich auftretenden Aborten und herabgesetzter Fruchtbarkeit. In mit *B. ovis* infizierten Schafherden kann die Brunst- und anschließende Lammzeit verlängert sein.

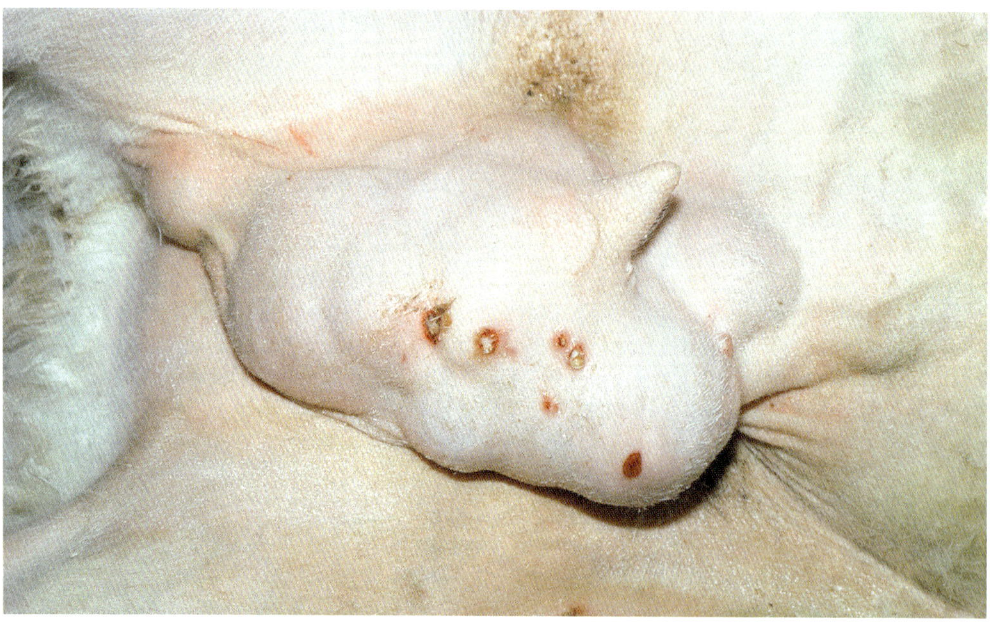

Chronische Mastitis mit derben, festen Knoten kann durch Brucellose ausgelöst werden. (© Armin Deutz)

HARNSTEINE BEI SCHAFBÖCKEN – UROLITHIASIS

Auslöser der Harnstein-Erkrankung (Urolithiasis) ist die Entstehung von Harnsteinen (Konkrementen) in den ableitenden Harnwegen. Erkrankungen infolge eines Verschlusses der ableitenden Harnwege treten bei Schafböcken immer wieder auf.

Urolithiasis führt zu einem schweren Krankheitsbild und oftmals zum Verlust des Tieres.

Neben der Harnstein-Erkrankung bei erwachsenen Böcken sind in der Praxis immer wieder auch Fälle von Harnstein-Erkrankungen bei männlichen Mastlämmern zu beobachten.

Ursachen der Harnsteinbildung

Die Entstehungsweise der Harnsteine ist teilweise noch ungeklärt, es scheint aber das Vorhandensein von Kristallisationskernen eine wichtige Voraussetzung zu sein. In den Nieren (Nierenbecken) und in der Harnblase setzen sich als Beginn der Harnsteinbildung mikroskopisch kleine Harnkristalle ab. Insbesondere in Abhängigkeit von der Fütterung (bei phosphor- und siliziumreichen und zugleich kalziumarmen Rationen) entstehen vermehrt Kristalle und daraus feiner Harngrieß, welcher sich in den ableitenden Harnwegen absetzt, aber auch mit dem Harn ausgeschieden werden kann.

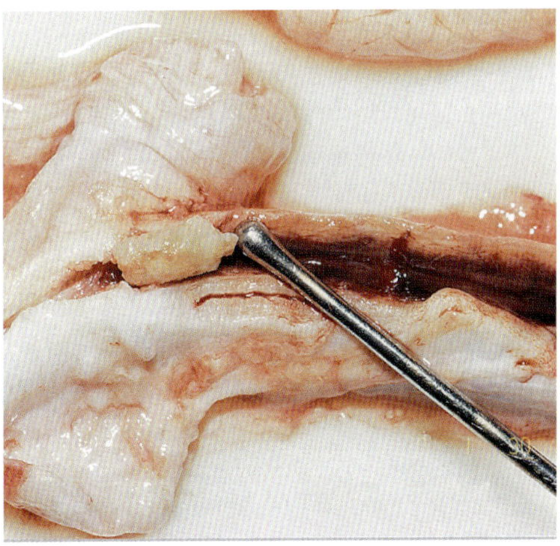

Harnsteine verlegen, wie hier am Präparat, die Harn ableitenden Wege. (© Johann Gasteiner)

Krankheits- und fütterungsbedingte Abweichungen des Harn-pH-Wertes fördern die Entstehung von Harngrieß und Harnsteinen. Bakteriell bedingte Infektionen des Harntraktes führen zu einer Alkalisierung des Harnes und fördern die Harnsteinbildung.

Entzündungsprodukte stellen in diesem Fall den Kristallisationskern dar. Ebenso kommt es unter andauernd sauren Bedingungen im Pansen (bei chronischer Pansenübersäuerung) zu einer Absenkung des Harn-pH-Wertes, und wieder werden Kristalle gebildet. Bei fütterungsbedingt saurem Harn wird die Phosphat- und Oxalatausscheidung über die Nieren zusätzlich erhöht. Eine vermehrte Kristallisation und Ausfällung von Harngrieß führt zu einer Schädigung der Nieren und Beeinträchtigung der Nierentätigkeit.

Die Kristalle verklumpen zu Grieß, Sand, kleineren Steinchen, und schließlich können mehr als erbsengroße Harnsteine entstehen. Stressoren wie lange Transporte, chronischer Wassermangel und Entzündungen der Harn bildenden und ableitenden Organe führen zu einer vermehrten Konzentrierung des Harnes, wodurch die Bildung von Harnsteinen stark begünstigt wird.

Die Fütterung als zentrale Ursache für die Harnsteinbildung

Als besonderer krankheitsbegünstigender Faktor gilt vor allem die Fütterung. Durch längerdauernde und hohe Kraftfutteraufnahmen kommt es zu Änderungen der Harnzusammensetzung, sodass der Kolloidschutz des Harns nicht mehr vorhanden ist. Außerdem kann die erhöhte Aufnahme von Carbonaten, Silikaten (vor allem im Grünfutter) und Phosphaten (vor allem bei Fütterung von Getreideschrot und das daraus resultierende Ca-P-Verhältnis des Futters von 1:2) zu einer Erhöhung kristallogener Substanzen im Harn führen.

In der Praxis erkranken dann oftmals junge Zuchtböcke, welche durch überhöhte Kraftfuttergaben in Mastkondition gebracht wurden, um ein ansprechendes äußeres Erscheinungsbild abzugeben.

Endokrine Störungen des Calciumstoffwechsels (z. B. bei Hyperparathyreoidismus) und Störungen des Harnsäurestoffwechsels können ebenfalls eine Ursache sein. Die Größe der Steine reicht von Reiskorn-, Linsen- und Erbsengröße bis hin zu mehreren Zentimetern.

Männliche Tiere und ihre besonderen anatomischen Verhältnisse

Erkrankungen durch Harnsteine treten nur bei männlichen Tieren klinisch in Erscheinung. Bei weiblichen Tieren können zwar ebenso Harnsteine entstehen, diese werden jedoch meist komplikationslos über die Harnröhre ausgeschieden. Mechanische Verschlüsse der Harn ableitenden Wege durch Harnsteine finden sich aufgrund der speziellen anatomischen Gegebenheiten nur bei männlichen Schafen und Schafböcken. Die Harnröhre ist bei Schafböcken zentral im Penis eingebettet. Der Verlauf der Harnröhre ab Beginn des Harnblasenhalses ist durch mehrere Engstellen charakterisiert. Nach dem Umschlag um den hinteren Beckenrand (1. Engstelle) verfolgt der Penis und damit die Harnröhre eine S-förmige Krümmung (2. Engstelle), bis die Harnröhre nach außen in Form eines 2–4 cm langen, wurmartigen Fortsatzes mündet (3. Engstelle, *Processus urethralis*).

Harnsteine, aber auch größere Mengen von Harngrieß und Harnsand können sich an diesen Engstellen anlagern und führen somit zum teilweisen oder gar vollständigen mechanischen Verschluss der Harnröhre.

Krankheitserscheinungen

Durch das Festsetzen eines oder mehrerer Harnsteine sowie durch die daraus entstehende Schleimhautschwellung in der Harnröhre kommt es zum Harnrückstau in die Blase. Dieser Zustand ist durch die vermehrte Blasenfüllung und den vermehrten Druck auf die Blase sehr schmerzhaft für das Tier. Der Harnrückstau kann außerdem zu einer Schädigung des Nierengewebes und zu einer damit verbundenen Harnvergiftung (Rückstau harnpflichtiger Substanzen in das Blut = Urämie) führen.

Als typische Symptome von Urolithiasis finden sich eine sägebockartige Stellung mit gekrümmtem Rücken und aufgezogenem Bauch, unterständigen Gliedmaßen und Pressen auf Harn. Oftmals kommt es aufgrund der Schmerzen zu Zähneknirschen.

Harntröpfeln (evtl. blutig) kann ebenfalls vorkommen, wobei das Wollvlies um die Region der Vorhautöffnung mit Harngrieß verklebt sein kann. Infolge des Harnpressens und auch als eine Folge der starken Schmerzen steigt die Atemfrequenz stark an, die Atmung wird pumpend, und es kann Schaum vor dem Maul und in den Nüstern stehen. Aufgrund dieser Symptome werden akute Erkrankungen durch Harnsteine in der Praxis von Tierbesitzern fälschlich immer wieder mit einer akuten Lungenerkrankung verwechselt, bei welcher z. B. jedoch immer Fieber nachzuweisen ist.

Besteht eine akute Urolithiasis über mehrere Tage, so kann das eine Blasenruptur (Blasenriss) zur Folge haben. Dabei wird die Harnblase für den Harn durchlässig, Harn sammelt sich literweise in der Bauchhöhle und kurzfristig kann sogar eine scheinbare Besserung der Symptome eintreten.

Nach einer Ruptur der Harnblase kommt es jedoch binnen weniger Stunden bis Tage zum Festliegen des Tieres und zum Tod aufgrund einer sich entwickelnden Bauchfellentzündung und Harnvergiftung.

In dieser sogenannten Intoxikationsphase (Harnvergiftung) finden sich zusätzlich graue verwaschene Schleimhäute, und der Ammoniak-Geruch des erkrankten Tieres wird, ausgehend von Haut und Atemluft, ungewöhnlich stark stinkend. Dieser Zustand einer akuten Harnvergiftung (Urämie) führt zu einer Reihe weiterer Komplikationen.

Eine Magen-Darm-Entzündung ist als direkte Folge der Urämie anzusehen. Als Symptome für eine Urämie gelten:

1. Wirkungen auf den Verdauungstrakt: Appetitlosigkeit, Übelkeit, Erbrechen, Durchfälle, urämischer Geruch und Abmagerung.
2. Im Blutserum kann man überhöhte Werte von Harnstoff, Kreatinin und Harnsäure feststellen. Weiters kommt es häufig zu einer Entgleisung des Elektrolythaushaltes und zu massiven Veränderungen des Blutbildes.
3. Als Ausdruck von Störungen des Herzens und der Blutgefäße können Herzmuskelentzündungen und Ödeme („Flüssigkeitslunge“) auftreten.
4. Aufgrund der Einwirkung verschiedener Gifte auf das Gehirn kann es bei urämischen Tieren zu zentralnervösen Erscheinungen wie Taumeln, Torkeln, scheinbarer Blindheit, Apathie und Festliegen mit Ruderbewegungen kommen.

Behandlung

Bei der Untersuchung des Tieres ist unbedingt die Penisspitze vorzuverlagern, und der wurmartige Harnröhrenfortsatz ist auf das Vorliegen von verschließenden Harnsteinen zu überprüfen. Beim Festsitzen eines Steines an der Penisspitze muss der Harnröhrenfortsatz mit einem Scherenschlag amputiert werden. Tiefer sitzende Harnsteine können evtl. mit einem Katheter sondiert werden. In manchen Fällen kann der Harnstein auch in die Blase zurückgespült werden, um dann durch einen operativen Eingriff über die Bauchhöhle bzw. endoskopisch entfernt zu werden. Limitierend für den Einsatz dieser Methoden sind deren Kosten und weniger deren technische und medizinische Umsetzbarkeit. Kann der Katheter bis in die Harnblase geführt werden, so fließt spontan Harn ab und es kommt zu einer raschen Besserung der Symptomatik.

Bei unkomplizierten Fällen können bereits Gaben eines Spasmolytikums und die damit verbundene „Entkrampfung" zum Abgehen des Harnsteines und damit zur Heilung führen. In Verbindung mit der Gabe eines Diuretikums und Entzündungshemmern kann bei Fällen im frühen Stadium durchaus Heilung erzielt werden.

Chirurgische Methoden, die Harnröhre an der Lokalisation des Steines längs zu spalten, um diesen zu entfernen, werden in der Praxis kaum noch durchgeführt, sind eher selten von bleibendem Erfolg gekrönt und verhindern die künftige Zuchttauglichkeit des betreffenden Tieres.

Der Erfolg der Therapie ist abhängig von Stadium und Schweregrad der Erkrankung sowie von der Lokalisation der Steine. Ist es bereits zu einer Zerreißung der Harnblase gekommen, so ist das betreffende Tier rasch tierschutzgerecht zu töten.

Therapeutisch unterstützend sollte bei erkrankten Tieren, denen Harnsteine entfernt werden konnten, die Harnproduktion durch entsprechende Medikamente gefördert werden. Eine systemische Antibiose ist dann ebenfalls angebracht.

Vorbeugende Maßnahmen

Der übermäßige Einsatz von Kraftfuttermitteln ist speziell bei männlichen Tieren zu überdenken. Insbesondere Getreideschrote haben einen hohen Gehalt an Phosphaten und führen bei intensiverem Einsatz sehr rasch zur Pansenübersäuerung. Auch mit entsprechend guten Grundfuttermitteln und einem moderaten Kraftfuttereinsatz lässt sich bei männlichen Tieren eine gute Körperkondition erzielen.

Grundsätzlich sollte darauf geachtet werden, dass allen Tieren Wasser von entsprechender Qualität jederzeit nach Belieben zur Verfügung steht.

Außerdem lässt sich durch eine Futterumstellung (z. B. durch Zugabe von Luzerne, welche viel Kalzium enthält) das Kalzium-Phosphor-Verhältnis verbessern. Als weitere Maßnahme sollten Salzlecksteine zur freien Verfügung gestellt werden, was zu einer Anregung des Durstes führt und somit die Wasseraufnahme erhöht.

Zur Mast bestimmte Lämmer sollten allmählich entwöhnt werden, auch hier ist die Wasserversorgung von höchster Priorität.

Ein Zusatz von 1–1,5 % Kalzium- oder Ammoniumchlorid zum Futter reguliert den pH-Wert des Harnes und kann der Bildung von Phosphatsteinen vorbeugen.

ERKRANKUNGEN DER GESCHLECHTSORGANE BEI WEIBLICHEN TIEREN

EUTERENTZÜNDUNG

Unter Euterentzündung (= Mastitis) versteht man eine Entzündung der Milchdrüse. Dabei unterscheidet man subklinische (ohne äußerlich erkennbare Krankheitszeichen) und klinische (erkennbare Veränderungen des Euters oder der Milch) Formen von Mastitiden. Ursachen von Euterentzündungen sind Infektionserreger und ihre Stoffwechselprodukte, mechanische Einwirkungen (Stoß, Verletzungen), Hitze, Kälte usw. Im Folgenden wird auf die infektiös bedingten Mastitiden, die den überwiegenden Teil der Gesundheitsstörungen des Euters verursachen, eingegangen.

Das Spektrum der Mastitiserreger muss weit gefasst werden. Als häufigste Erreger sind verschiedenste Bakterienarten (Staphylokokken, Streptokokken, *Escherichia coli, Pasteurella spp., Arcanobacterium pyogenes,* Mycoplasmen, Chlamydien u. v. a.) zu nennen. Daneben können auch Pilze und sogar Viren Euterentzündungen verursachen.

Zur Entstehung einer Euterentzündung genügen meist nicht Infektionserreger alleine, sondern es bedarf zusätzlicher nachteiliger Faktoren seitens des Tieres oder der Umwelt. Man spricht deshalb bei der Mastitis, wie bei einigen weiteren wichtigen Infektionskrankheiten, von einer Faktorenkrankheit.

Faktoren, die sich im Mastitisgeschehen gegenseitig beeinflussen, sind:

- **Erreger** (Art, Zahl, krank machende Wirkung, Antibiotikaempfindlichkeit usw.),
- **Tier** (Empfänglichkeit, unspezifische und spezifische Abwehrmechanismen, Laktationsstadium, Leistung, Verletzungen, andere Krankheiten usw.),
- **Umwelt** (Haltung, Hygiene, Melktechnik, Klima, Fütterung, Stress, „Milchräuber" usw.).

Aus dieser Aufzählung ist ersichtlich, dass das Erkrankungsrisiko durch Optimierung der beeinflussbaren Faktoren wesentlich vermindert werden kann.

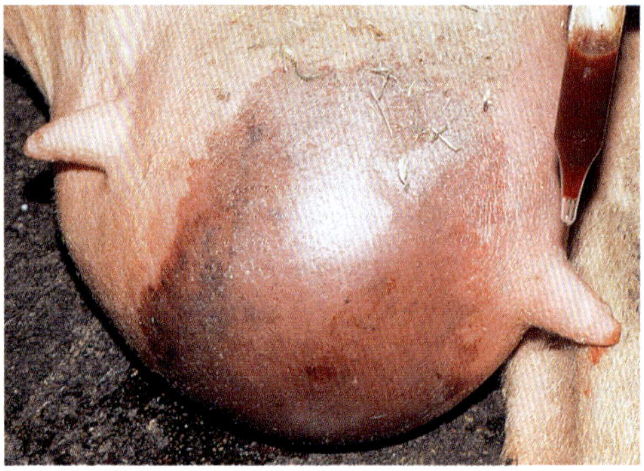

Eine akute Mastitis führt häufig zum Verlust des Schafes. (© Armin Deutz)

Beispiel: In unseren Untersuchungen konnten wir erheben, dass beispielsweise „Milchräuber" ein wesentlicher Übertragungsfaktor von Schafmastitiden sind. Darunter versteht man Lämmer, welche an fremden Muttertieren saugen oder zu saugen versuchen und dadurch Krankheitserreger von Euter zu Euter übertragen können. Im Falle, dass sie vom fremden Muttertier abgewehrt werden, fügen sie diesem meist durch Bisse Zitzenverletzungen zu, die wiederum ein Risikofaktor für Euterentzündungen sind.

Die Hauptfehler in der Haltung von Milchschafen sind Hygieneprobleme, mangelhaftes Anrüsten, Blindmelken, zu lange Melkzeiten, falsche Melkreihenfolge (euterkranke vor eutergesunden Tieren), falsch durchgeführtes Hygieneprogramm, nasse Euter- und Zitzenreinigung sowie ungezielte Behandlungen.

Mastitisformen

Wie anfangs erwähnt, kann man die Euterentzündungen in eine subklinische (ohne auffällige Symptome) und klinische Form unterteilen. Klinische Mastitiden trennt man wiederum in akute (Schwellung, Verhärtung, Rötung, Ödem, Schmerzhaftigkeit, vermehrte Wärme des Euters und meist Fieber) und in subakute bzw. chronische (schleichender Krankheitsverlauf, verringerte Milchleistung, geringfügige Milchveränderungen, erhöhter Zellgehalt, Knoten etc.).

Subklinische Mastitiden verursachen durch ihre „Unscheinbarkeit" enorme Schäden:

- verringerte Milchmenge, erhöhter Milchfettgehalt,
- Infektionsgefahr für eutergesunde Tiere durch Keimausscheidung und -anreicherung in der Umgebung,
- quantitative Veränderung der Milchbestandteile, Abnahme der wertbestimmenden Inhaltsstoffe und damit milchtechnologische Nachteile,
- lebensmittelhygienische Aspekte (Rohmilch › Lebensmittelinfektionen).

Besonders im Bereich der Direktvermarktung und der Produktion von Rohmilcherzeugnissen sind die lebensmittelhygienischen Aspekte zu berücksichtigen, indem laufend die Eutergesundheit des Bestandes beobachtet wird.

Diagnose

Zu erkennen sind subklinische Mastitiden durch eine Zellgehaltsbestimmung und eine bakteriologische Milchuntersuchung. Bei den meist unauffälligen chronischen Mastitiden findet man wie oben angeführt neben einer Erhöhung des Zellgehaltes auch klinische Veränderungen am Euter und/oder Milchveränderungen.

Um subklinisch und chronisch euterkranke Tiere aus der Herde herauszufinden, sind folgende Maßnahmen zu kombinieren:

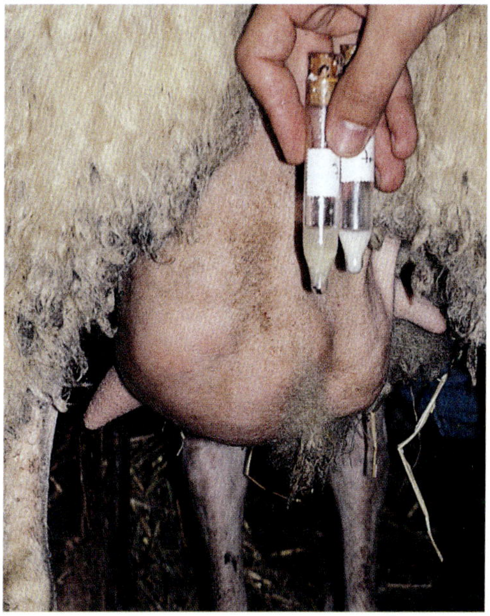

Die bakteriologische Milchuntersuchung ist Grundvoraussetzung zur Sanierung von Mastitis-Problembetrieben. (© Armin Deutz)

- Schätzung (z. B. Schalmtest) oder Zählung (z. B. Fossomatic) des Zellgehaltes,
- klinische Euteruntersuchung,
- aseptische Milchprobenentnahme für eine bakteriologische Milchuntersuchung.

Die bakteriologische Milchuntersuchung im Labor soll mit verschiedenen Methoden den Erreger aus Milchproben identifizieren und seine Antibiotikaempfindlichkeit feststellen. Voraussetzungen für ein aussagekräftiges Untersuchungsergebnis sind eine saubere Milchprobenentnahme in dafür vorgesehene sterile Proberöhrchen und ein möglichst exakter Vorbericht.

Je nach Art des Erregers, seiner Antibiotikaempfindlichkeit und dem klinischen Zustand des Patienten kann der Tierarzt seine Therapie dem jeweiligen Fall anpassen. Die klinische Euteruntersuchung z. B. auf Knoten ist am leichtesten am ausgemolkenen Euter durchzuführen.

Bei akuten Euterentzündungen kann man natürlich das Ergebnis eines Untersuchungslabors nicht abwarten, sondern muss sofort und intensiv mit Behandlungsmaßnahmen beginnen.

Wichtiger Teil einer solchen Therapie ist ein häufiges (z. B. in zweistündigen Intervallen) Ausmelken, um möglichst viele Krankheitserreger, deren Enzyme und Stoffwechselprodukte aus dem Euter zu entfernen.

Beim Schaf verlaufen akute Euterentzündungen aber häufig derart rasant (besonders *Staphylococcus-aureus*-Mastitiden), dass es wenige Stunden nach dem Erkennen der Mastitis für eine Behandlung und eine Ausheilung der Euterhälfte schon zu spät sein kann. Bei derartigen Euterentzündungen färben sich akut infizierte Euterbereiche dunkelblau bis schwarz, werden kühl, sterben ab, werden durch Bindegewebe vom gesunden Euter abgegrenzt und können in ihrer Gesamtheit aus dem Euter fallen, wobei eine eiternde Wundhöhle zurückbleibt. Wenn aber die Abgrenzung vom gesunden Bereich zu langsam erfolgt, verendet das Tier an der Giftwirkung der bakteriellen Stoffwechselprodukte und Enzyme sowie an einem Herz-Kreislauf-Schock.

Problem Hemmstoffe

Hemmstoffe in der Milch besitzen gesundheitspolitische Relevanz (Allergien, Resistenzen, Einfluss auf die Darmflora?), sind verantwortlich für Produktionsausfälle durch Fermentationsstörungen in der Milchwirtschaft, bereiten wirtschaftliche

Schäden für betroffene Landwirte, bergen Haftungsfragen für Landwirte und Tierärzte und können negative Auswirkungen auf das derzeit noch positive Image von Milch und Milchprodukten haben.

Vorschläge zur Vermeidung von Hemmstoffen in der Milch sind eine Aufklärung der Landwirte über die Hemmstoffproblematik, ein nachweisliches Informieren über Wartezeiten durch den Tierarzt, das Markieren behandelter Tiere, die Verwendung eines separaten Milchzeuges für behandelte Tiere, kein Liefern von Milch auch aus unbehandelten Nachbarhälften und kein Verfüttern hemmstoffhaltiger Milch an Milchschafe.

Insgesamt ist zu sagen, dass es bei Verwendung von Euterpräparaten (besonders von Trockenstellern!), die für den Einsatz bei Milchkühen entwickelt wurden, bei der Behandlung von Milchschafen verlängerte Wartezeiten geben kann. In Zweifelsfällen sind vor der Milchanlieferung unbedingt Hemmstofftests durchführen zu lassen.

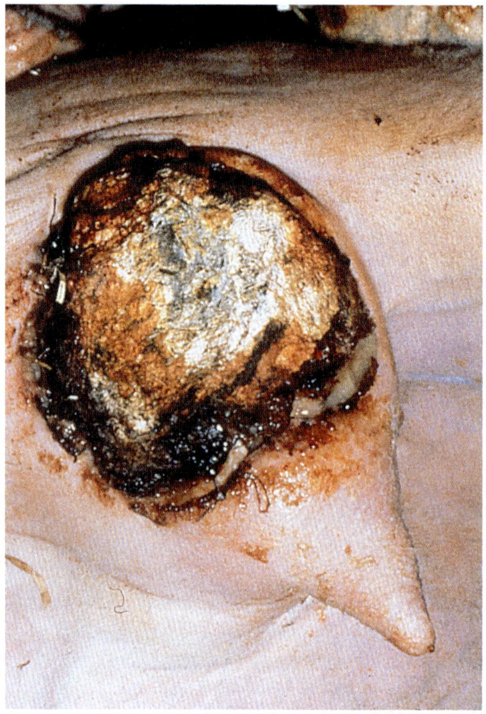

Abgestorbenes Eutergewebe im Zuge einer *Staphylococcus-aureus*-Mastitis. (© Armin Deutz)

Zusammenfassend kann für die Eutergesundheit von Milchschafen empfohlen werden:

- regelmäßige Überprüfung des Zellgehaltes – zumindest in Verdachtsfällen (z. B. wöchentlicher Schalmtest),
- regelmäßige Kontrolle der Euter (Asymmetrie, Knoten), auch bei „Nicht-Milchschafen“,
- Beachtung stall-, weide- und melkhygienischer Grundsätze,
- optimale Einstellung der Melkmaschine,
- bakteriologische Milchuntersuchung in regelmäßigen Abständen sowie bei Verdacht auf Euterentzündungen (hoher Zellgehalt, asymmetrische Euter, Knoten usw.),
- getrennte Aufstallung oder Ausmerzen euterkranker Tiere,
- Achtung auf „Milchräuber“ unter den Lämmern.

KRANKHEITEN DES NERVEN-SYSTEMS

LISTERIOSE

Listeriose ist eine bakteriell bedingte Infektionskrankheit bei Tieren und beim Menschen. Bei Schafen kann die Erkrankung verschiedene Krankheitsbilder hervorrufen. Neben Aborten, vermehrter bis seuchenhafter Lämmersterblichkeit und Euterentzündungen sind Infektionen des zentralen Nervensystems (Gehirn) und damit verbundene Ausfallserscheinungen am häufigsten anzutreffen.

Der klassische Übertragungsweg ist die Aufnahme von erregerhaltigem Material (vor allem Silage), und nur selten wird die Erkrankung von Tier zu Tier übertragen. Eine direkte Übertragung von listeriosekranken Tieren auf den Menschen wird von manchen Autoren für möglich gehalten. Meistens sind jedoch sekundär kontaminierte Lebensmittel (v. a. Milchprodukte) der Ausgangspunkt von Ausbrüchen bei Menschen, wobei Kleinkinder, Schwangere und Personen mit geschwächter Immunabwehr besonders gefährdet sind.

Mangelnde Silagequalität ist eine häufige Ursache von Listeriose. (© Archiv Autoren)

Erreger der Listeriose

Erreger der Listeriose ist *Listeria monocytogenes* (*L. m.*), seltener auch *Listeria ivanovii.* Listerien sind Stäbchenbakterien, in der Umwelt weit verbreitet, relativ resistent und brauchen zur Vermehrung einen pH-Wert über 5. Dadurch ergeben sich auch die Zusammenhänge zwischen den in der Praxis vermehrt zu beobachtenden Fällen von Listeriose an silagefütternden Schafbetrieben und der Silagequalität.

Wird die Silage zu trocken (T-Gehalt über 50 %; optimal ist ein T-Gehalt von 35 %) eingebracht, kommt es nur zu einer minderen Säuerung und somit zu pH-Werten von pH › 5. Diese Silagen sind in Folge dann sehr instabil, und es kommt sehr leicht zu Nacherwärmungen, was wiederum zu einer starken Vermehrung der Listerien in der Silage führen kann.

Es sind mehrere Serotypen von *L. m.* bekannt. Bei Infektionen des Gehirns wird am häufigsten Serotyp 4b gefunden. *L. m.* vermehrt sich intrazellulär. Antikörper schützen somit nicht vor einer Erkrankung. Bei Schafen ist auch *L. ivanovii* als Erreger von Aborten, nicht aber von Hirnerkrankungen beschrieben.

Eine Enzephalitis ist eine Entzündung des Gehirns, wie sie bei Listeriose auftritt. Sind auch die Hirnhäute (Meningen) von der Entzündung betroffen, spricht man von einer Meningoenzephalitis (z. B. Infektion mit dem FSME-Virus). Bei zusätzlicher Beteiligung des Rückenmarks spricht man von einer Enzephalomyelitis (z. B. Kinderlähmungsvirus Polio).

Andere mögliche Folgen einer Infektion mit *L. monocytogenes* sind Augenveränderungen (Entzündung der Lidbindehäute und der Augen selbst), Blutvergiftung (vor allem bei Lämmern mit der möglichen Folge einer Meningoenzephalitis), Euter- bzw. Hodenentzündung, Abort und Lungenentzündung.

Krankheitsentstehung

Da der Kontakt mit Listerien für Schafe höchstwahrscheinlich ein alltägliches Ereignis ist, dürften zusätzliche Faktoren notwendig sein, damit eine Erkrankung ausgelöst wird (verschiedene Stressoren wie Transporte, Mängel an Vitaminen und Spurenelementen, Abwehrschwäche, hoher Infektionsdruck, parasitär bedingte Schädigungen der Darmschleimhaut).

Der häufigste Infektionsweg sind kleinste Verletzungen in der Schleimhaut von Mundhöhle, Nasenhöhle und den Lidbindehäuten. Die Bakterien steigen dann über die Nervenbahnen, vor allem entlang von Ästen des *Nervus trigeminus* oder anderer Hirnnerven, zum Hirnstamm auf. Dort entsteht eine eitrige Enzephalitis mit mikroskopisch kleinen Abszessen, in deren Verlauf die Kerngebiete verschiedener Hirnnerven betroffen werden können. In der Folge entsteht auch eine nicht-eitrige Meningitis.

Krankheitserscheinungen bei Listerien-Enzephalitis

Infektionen mit Listerien treten in der Praxis immer wieder auf, und am häufigsten finden sich Infektionen des Gehirns. Je nach Ort und Grad der Veränderungen im Gehirn stehen unterschiedliche Ausfallserscheinungen verschiedener Hirnnerven im Vordergrund. Typischerweise findet man Gleichgewichtsstörungen, Nackensteifheit, Schiefhalten des Kopfes, Kreisbewegungen, herabhängende Ohren und Blindheit. Die verschiedenen Reflexe (Halte-, Stell- und Abwehrreflexe) sind beeinträchtigt oder aufgehoben. Auch Erbrechen wird als frühes Symptom beschrieben.

Erkrankte Tiere können aufgenommene Futterbissen oftmals nicht mehr abschlucken, der Futterbissen hängt dann längere Zeit im Maul („Pfeifenraucher"). Auch das Speicheln kann sehr ausgeprägt sein, da der produzierte Speichel nicht mehr abgeschluckt werden kann. Fieber muss bei erkrankten Tieren nicht bestehen. Störungen des Allgemeinbefindens (Schwäche, Festliegen, Futterverweigerung ...) sind die Folgen spezifischer Schäden im Gehirn und wohl auch als Folge von Austrocknung und Übersäuerung anzusehen. Bei Schafen mit den beschriebenen Symptomen ist differenzialdiagnostisch auch an Entzündungen des Mittel- und Innenohres zu denken, weiters an akuten Vitamin-B-Mangel (CCN), andere bakteriell bedingte Enzephalitiden, Tollwut, Bleivergiftung, Hirnbasisabszesse, an die nervöse Form der Ketose und an Scrapie.

Nachweis von Listeriose

Eine Diagnose am lebenden Tier kann nicht eindeutig gestellt werden. Die Ergebnisse der klinischen Untersuchung, die zumeist doch Ausfallserscheinungen feststellt, die Befunde aus der Liquoruntersuchung sowie die oftmals bestehende Entzündung der Lidbindehäute erlauben dem Tierarzt eine fundierte Verdachtsdiagnose. Der Vorbericht „Verfütterung von Silage“ erhärtet diese Verdachtsdiagnose. Am toten Tier wird die Diagnose durch pathologisch-histologische Untersuchungen und durch den Erregernachweis gestellt.

Behandlung von Listeriose

Solange die betroffenen Tiere noch stehfähig sind, ist ein tierärztlicher Behandlungsversuch möglich. Innerhalb einiger Tage kann sich durchaus Besserung einstellen. Die Ausfallserscheinungen bilden sich langsam zurück. Aborte sind bei der enzephalitischen Form eher selten.

> Neben der Verabreichung hirngängiger Antibiotika und von Entzündungshemmern ist die Korrektur von Störungen des Flüssigkeits- und Säuren-Basen-Haushaltes sehr wichtig. Auch ein Kippen der pH-Verhältnisse im Pansen muss durch entsprechende Behandlungen verhindert werden.

Festliegende Tiere, Tiere mit Ruderbewegungen und apathisch-schläfrige Tiere sollten nicht mehr behandelt, sondern tierschutzgerecht euthanasiert werden.

Vorbeugung von Listeriose durch richtige Bereitung und Fütterung von Silagen

Hauptinfektionsquelle für kleine Wiederkäuer dürfte in den meisten Fällen die Verfütterung von vermehrt listerienhaltigen Silagen, zumeist von Gras-, aber auch von Maissilagen sein. Bei ungenügend abgesäuerten Silagen (pH-Wert › 5) kann es zu einer starken Vermehrung der Listerien kommen. Diese zu hohen pH-Verhältnisse können grundsätzlich auf zwei mögliche Ursachen zurückgeführt werden: Fehler in der Silagebereitung und Fehler nach dem Öffnen des Silos.

1. Fehler bei der Silagebereitung

Grundsätzlich ergeben sich bereits große Probleme hinsichtlich der Gärqualität, wenn verregnetes, mit Erde verschmutztes oder auch überständiges Futter siliert wird. Sowohl Nasssilagen (Trockensubstanzgehalte unter ca. 27 %) als auch zu trockene Silagen (über 40 %) zeigen oftmals keine optimale Vergärung.

Vor allem in zu trockenen Silagen kommt es zu einer ungenügenden Absäuerung, die Silagen sind in der Folge sehr instabil und

Schafen darf nur frisch entnommene und qualitativ einwandfreie Silage vorgelegt werden.
(© Archiv Autoren)

bieten eine ideale Voraussetzung zur Vermehrung von Listerien. Teilweise können durch den Einsatz von Silierhilfsmitteln (vor allem Ameisen- bzw. Propionsäure) „Problemsilagen“ stabilisiert und in der Folge Fälle von Listeriose vermieden werden. Zu lange Schnittlängen, eine ungenügende Verdichtung des Siliergutes, aber auch undichte Silofolien oder der Verzicht auf einen Folienschutz stellen weitere, in der Praxis häufig zu beobachtende Fehlerquellen dar. Werden Silagen in Form von Rundballen zugekauft, so kann eine Beurteilung der Silagequalität durch Einsatz eines Probenbohrers vorgenommen werden.

2. Fehler nach dem Öffnen des Silos

Ein wesentliches Problem bei der Verfütterung von Silagen an kleine Wiederkäuer dürfte im Managementbereich zu suchen sein. Aufgrund der zumeist geringen Tierzahl und des damit verbundenen geringen täglichen „Futterverbrauches“ kommt es zu einer nachträglichen Erwärmung der Silage. Dies führt zu einem Anstieg des pH-Wertes und in der Folge zu einer raschen Vermehrung von unerwünschten Mikroorganismen, darunter auch Listerien.

Um diese Nacherwärmung zu verhindern, sollte das Siliergut relativ feucht (ca. 30 % Trockensubstanzgehalt) eingeführt und die Silage nach dem Öffnen entsprechend rasch verfüttert werden. Als täglicher Vorschub (Entnahmemenge Fahrsilo) bei maschineller Entnahme durch beispielsweise einen Siloblockschneider (was auf Schafbetrieben selten ist) werden wenigstens 20 cm (alle 2–3 Tage Abnahme einer ganzen „Reihe“) empfohlen. Bei händischer Entnahme entsteht eine noch größere Oberfläche, wodurch der Vorschub noch größer sein müsste. Dieser Vorschub ist jedoch nur bei entsprechend hohen Tierzahlen gewährleistet, andernfalls wird immer qualitativ minderwertige, mit Listerien belastete Silage verfüttert werden.

Unter warmen Witterungsbedingungen geht der Verderb von Silage noch rascher vor sich, weshalb in dieser Zeit, ohne entsprechenden Vorschub, eine Verfütterung von Silagen an kleine Wiederkäuer unter keinen Umständen zu empfehlen ist.

Bei Verfütterung von Grassilage aus Rundballen sollte darauf geachtet werden, dass sie so klein wie möglich gepresst werden, damit sie rasch aufgebraucht werden können. Geöffnete Rundballen sollten nicht im warmen Stall, sondern (immer unter Dach) beispielsweise in der Tenne gelagert werden. Solcherart gelagert, sollten in der kalten Jahreszeit geöffnete Rundballen nach spätestens einer Woche gänzlich verfüttert sein. Auch der Einsatz von Präparaten, welche den Verderb der Silage verzögern (verschiedene Säuren wie Ameisen- oder Propionsäure), ist in diesem Zusammenhang zur Erhaltung der Futterqualität und der Tiergesundheit sehr hilfreich.

DREHKRANKHEIT

Der „Drehwurm“ stellt das Finnenstadium (Larven) eines Hundebandwurmes dar. Nach Aufnahme von Bandwurmgliedern durch Schafe verteilen sich die Larven des Bandwurmes über den Blutweg im Körper und nisten sich vorzugsweise im Gehirn und im Rückenmark ein. Durch diesen Sitz im ZNS kommt es zu verschiedensten Formen von Bewegungsstörungen („Drehkrankheit“) und Ausfallserscheinungen.

Die Drehkrankheit kommt heute in Mitteleuropa nur noch sehr selten vor. Symptome der „Drehkrankheit“ sind jedoch auch bei anderen Erkrankungen, wie bei bakteriell und viral bedingten Hirnhauterkrankungen, CCN, Kupfermangel, Listeriose, Hirnabszessen und Tumoren, zu finden.

STERNGUCKERKRANKHEIT (CCN)

Bei der Sternguckerkrankheit (Cerebrocorticalnekrose, CCN) handelt es sich um einen akuten Vitamin-B_1-Mangel (Thiamin). Betroffen sind zumeist jüngere Schafe, z. B. bei reiner Milchfütterung, oder während einer Futterumstellungsphase wie z. B. auf Mastrationen mit hohem Kraftfutter- und Maissilageanteil.

Durch den Mangel an Thiamin kommt es zu Gehirnschäden (Hirnödem und in der Folge druckbedingtes Absterben von Gehirnteilen) mit entsprechenden Ausfallserscheinungen wie Blindheit, Schielen, Muskelzittern und Muskelzuckungen, Festliegen, Leerkauen, Streckkrämpfen der Vorderextremitäten und krampfähnlichem Durchstrecken des Hals-Kopf-Bereiches (Opisthotonus). Aus diesem Grund schielen die erkrankten Tiere zumeist nach oben, daher auch die Bezeichnung Sterngucker.

Der Tierarzt kann aufgrund der Symptome eine Vermutungsdiagnose aussprechen. Die Behandlung von CCN (mehrmalige Injektion größerer Mengen von Vitaminen des B-Komplexes) im Anfangsstadium ist zumeist sehr erfolgreich, wodurch eine Vermutungsdiagnose bestätigt wird.

Erkrankungen mit ähnlichen Erscheinungsbildern sind z. B. bakteriell und viral bedingte Hirn- und Rückenmarksentzündungen, Bleivergiftung, nervöse Form der Ketose, Tollwut, Tetanus, Weidetetanie und auch Scrapie.

Vorbeugend kann nur die behutsame Umstellung auf kraftfutterhaltige Rationen empfohlen werden, bei Ausbruch von Krankheitsfällen sollte dem Futter Vitamin B_1 zugemischt werden (3–10 mg/kg Futter). Auch Gaben von Bierhefe erhöhen die Versorgung mit Vitaminen des B-Komplexes.

Schaf mit „Sternguckerkrankheit“.
(© Johann Gasteiner)

ALLGEMEINERKRANKUNGEN INFEKTIONSKRANKHEITEN

MAUL- UND KLAUENSEUCHE

Die Maul- und Klauenseuche (MKS) ist eine hochansteckende, weltweit gefürchtete und teils verlustreiche Tierseuche. An dieser Virusinfektion erkranken vor allem Rinder, Schweine, Schafe und Ziegen sowie seltener zahlreiche Arten von Wild- und Zootieren.

Vom Erreger der MKS, einem Virus, sind sieben Serotypen bekannt. Das MKS-Virus ist hitzelabil und kältestabil. In Kot überlebt es bei tiefen Temperaturen bis zu sechs Monate, in Gefrier- und Pökelfleisch bleibt es monatelang infektiös.

Nach der Virusübertragung durch direkten Tierkontakt oder über Vektoren (Personen, Geräte, Schuhe, Kleidung, Fahrzeuge, kleine Nagetiere, Vögel, Insekten, Futtermittel) und Infektion sind bei infizierten Tieren nach 2–12 Tagen (= Inkubationszeit) erste Symptome an der Maulschleimhaut, den Klauen und inneren Organen (Schlund, Vormägen, Herz) festzustellen. Infizierte Tiere scheiden auch schon während der Inkubationszeit Viren aus.

An den Klauen kann es besonders bei Schweinen/Wildschweinen zum sogenannten Ausschuhen (Loslösen des Klauenhornes vom Klauenbein) kommen, später zum Festliegen, zu sekundären bakteriellen Entzündungen und schließlich zum Verenden.

Zur Ansteckung eines Rindes reichen ca. 10 Viren – ein erkranktes Rind scheidet aber mindestens 1 Mio. Viren/Tag, ein Schwein bis zu 400 Mio. Viren/Tag aus! Der klinische Verlauf der Maul- und Klauenseuche ist bei Schafen nicht so auffällig und verzögerter als bei Rind und Schwein, weshalb die große Gefahr besteht, dass ein Ausbruch über Tage oder sogar Wochen unbemerkt bleibt und inzwischen Tiere in weiteren Betrieben infiziert werden.

Typische Krankheitszeichen

Verdächtige Krankheitserscheinungen, die auf MKS hindeuten, sind verstärkter Speichelfluss, schmatzende Geräusche mit dem Maul, Beeinträchtigung der Nahrungsaufnahme, Bewegungsunlust, Lahmheit, manchmal Festliegen. Schmerzhafte Blasen befinden sich in der Maulschleimhaut und in der Haut, besonders oberhalb der Klauen, im Zwischenklauenspalt, auch um die Afterklauen und an anderen wenig behaarten Hautstellen (z. B. um das Maul). Bei der Sektion sind teilweise auch Blasen in der Speiseröhre, in der Vormagenschleimhaut sowie seltener eine Entzündung der Herzmuskulatur mit Vernarbungen („Tigerherz") festzustellen. Die Blasen in der Maulschleimhaut und an den Klauen platzen nach einigen Tagen auf und hinterlassen zuerst rote runde Hautschäden, die dann unter Schorfbildung abheilen. Fieber, Speichelfluss und Lahmheiten dauern an.

Krankheitsübertragung, -einschleppung

Der weitaus häufigste Übertragungsweg ist jener von Tier zu Tier (zwischen Betrieben über den Tierverkehr), seltener erfolgt die Übertragung durch Menschen (z. B. kotverschmutztes Schuhwerk), Gegenstände, Fahrzeuge und Futter. Ein hohes Risiko bergen Lebensmittel oder Speisereste von erkrankten Tieren (Rohwürste, Fleisch, Fleischprodukte, Milch und Milchprodukte), die an Klauentiere verfüttert werden. Eine Krankheitseinschleppung ist aber auch durch weitere tierische Produkte, wie Häute, Felle oder Wolle, möglich.

MKS beim Menschen

Die bisher beschriebenen, seltenen Infektionen von Menschen nach Schmierinfektionen infolge von direkten Tierkontakten oder Rohmilchgenuss verliefen mit nur relativ geringgradigen Symptomen, wie Übelkeit, Kopf- und Gliederschmerzen, Fieber sowie Bläschenbildung im Mund- und Rachenraum und an Fingern und Zehen.

SCRAPIE (TRABERKRANKHEIT)

Die Traberkrankheit ist eine übertragbare degenerative Erkrankung des Nervensystems beim Schaf und selten bei der Ziege, die tödlich verläuft. Scrapie kommt weltweit in zahlreichen Ländern vor, seit etwa 250 Jahren ist sie vom klinischen Bild in Deutschland, Frankreich und Großbritannien bekannt. Zur Verbreitung der Traberkrankheit hat offensichtlich der weltweite Export von Zuchtschafen aus verseuchten Ländern beigetragen.

Die Krankheit gehört zu einer Gruppe ähnlicher, langsam verlaufender Erkrankungen („slow infections") bei Säugetieren, die als transmissible spongiforme Enzephalopathien (TSE) bezeichnet werden und wovon BSE (Bovine spongiforme Enzephalopathie) über drei Jahrzehnte enorme Probleme für die Rinderhaltung bereitete.

In Großbritannien kam es 1985 nach dem Verfüttern von nicht ausreichend vorbehandeltem Tierkörper- und Knochenmehl infizierter Schafe an Rinder zum Ausbruch von BSE und der dramatischen Ausbreitung in den Folgejahren.

Erreger

Der Erreger ist ein unkonventionelles, infektiöses Protein (Prion), das sich aus einem normalerweise bei vielen Tierarten und beim Menschen in den Nerven- und anderen Zellen vorhandenen zellulären Prionprotein (PrPc) ableitet. Der Erreger ist sehr widerstandsfähig gegen übliche Desinfektionsmaßnahmen.

Krankheitssymptome

Das Erkrankungsalter bei Schafen liegt üblicherweise zwischen 1,5 und 5 Jahren.

Erste klinische Symptome sind Verhaltensstörungen, wie Schreckhaftigkeit, Ängstlichkeit, unruhiger oder eigenartig starrer Blick, hochgestellte Ohren, eigenartiges Lippenspiel („Bibbern“, „Gnubbern“), Ohrenzittern, nickende und seitliche Kopfbewegungen, vermehrter Speichelfluss, Zusammenstürzen beim Abfangen und beim Erschrecken.

Spätere auffällige und krankheitstypische Symptome sind der traberartige Gang („Traberkrankheit“) mit den Vordergliedmaßen und der „hahnentrittige“ Gang der Hintergliedmaßen, ein feines Muskelzittern an Kopf und Nacken, Schreckhaftigkeit, Gewichtsverlust sowie Vlies- und Hautschäden. Infolge des Juckreizes stampfen die Tiere mit den Gliedmaßen, sie benagen und scheuern Schwanzansatz, Kruppe, seitliche Brustwand und Beine, was zu Vliesschäden und Hautverletzungen führt. Beim Kratzen durch den Menschen ist ein „Bibbern“ der Lippen festzustellen.

Die Nachhandschwäche führt zu einem unsicheren und schwankenden Gang, zum Schleifen der Zehen auf dem Boden, zu unkoordinierten Bewegungen, zum Stolpern und Zusammenknicken in den Gelenken. Nach einer Phase des Festliegens meist in Seitenlage kommt es zum Tod der Tiere. Die Krankheitsdauer kann zwischen wenigen Wochen und sechs Monaten schwanken, im Mittel beträgt sie ein bis zwei Monate.

Die Traberkrankheit hat eine Inkubationszeit (Zeit zwischen Infektion und Auftreten der ersten klinischen Symptome) von zwei bis fünf Jahren. Der Krankheitsverlauf ist nicht in allen Fällen durch ausgeprägte klinische Symptome gekennzeichnet. Juckreiz und Entkräftung können fehlen. Unterschiede im Krankheitsbild und -verlauf sind nicht nur genetisch bedingt, sondern beruhen offenbar auch auf einer unterschiedlichen Virulenz des Erregers.

Anzeigepflicht

Die Traberkrankheit ist gemäß Richtlinie Verordnung (EG) Nr. 999/2001 mit Vorschriften zur Verhütung, Kontrolle und Tilgung bestimmter transmissibler spongiformer Enzephalopathien eine anzeigepflichtige Tierseuche, es laufen Überwachungsprogramme.

Empfänglichkeit genetisch festgelegt

Die unterschiedliche Empfänglichkeit für die Traberkrankheit ist genetisch begründet. Eine Genotypisierung bestimmter Genabschnitte ermöglicht es, den Grad der Empfänglichkeit des einzelnen Tieres zu bestimmen. Der Genotyp ARR/ARR hat das geringste Risiko, an der Traberkrankheit zu erkranken.

Die Zuchtstrategie in Risikogebieten sollte so ausgerichtet sein, dass die Böcke nach Möglichkeit den Genotyp ARR/ARR oder zumindest den Genotyp ARR/AHQ aufweisen. Bei den weiblichen Zuchttieren sollten vor allem Schafe mit den Genotypen VRQ/VRQ, ARQ/VRQ und ARH/ARQ nicht mehr zur Zucht verwendet werden. Wenn die weiblichen Zuchttiere nicht genotypisiert werden, sollte nur die weibliche Nachzucht aus den Nachkommen der ARR/ARR-Böcke ausgewählt werden.

MAEDI-VISNA

Seit den 1980er-Jahren werden gezielte Untersuchungen auf Maedi-Visna bei weiblichen und männlichen Zuchtschafen durchgeführt. In einem österreichweiten Tiergesundheitsprogramm beispielsweise werden in Schafbetrieben Untersuchungen auf *Brucella ovis* und Maedi-Visna durchgeführt. Diese Maßnahme garantiert den Erhalt des hohen Gesundheitsstandards in Schaf- und Ziegenzuchtbetrieben.

Das Maedi-Visna-Virus der Schafe zählt zur Gattung Lentivirus der Familie *Retroviridae*.

Charakteristisch für Lentiviren ist eine lebenslange Persistenz (Erreger ist zeitlebens im infizierten Tier vorhanden = Dauerträgertum), verbunden mit langen Inkubationszeiten (Zeitraum von der Ansteckung bis zum Auftreten der ersten klinischen Erscheinungen) von Monaten bis Jahren und schwer vorauszusagenden Krankheitsverläufen, sofern es überhaupt zum Ausbruch der Erkrankung kommt. Viele infizierte Tiere zeigen keine oder nur unauffällige Krankheitssymptome, scheiden aber den Erreger dauernd aus.

Das Virus wird hauptsächlich zellgebunden, aber auch frei in der Milch und im Nasensekret infizierter Tiere ausgeschieden. Von untergeordneter Bedeutung sind Übertragungsmöglichkeiten über kontaminierte Injektionskanülen (z. B. bei Reihenimpfungen oder im Rahmen der Parasitenbekämpfung), durch Insekten oder die intrauterine Übertragung vom Muttertier auf die ungeborene Frucht.

Krankheitssymptome

Das Ausmaß der Organveränderungen und die verschiedenen befallenen Organe werden vom Virusstamm und von der Abwehrlage des Wirtstieres beeinflusst. Zielorgane der Infektion sind insbesondere Lunge, Gelenke, Euter und zentrales Nervensystem, wo sich durch die chronische Entzündung Organveränderungen ergeben.

Während beim Schaf hauptsächlich chronische Lungenentzündungen (Maedi = isländisch „Schweratmigkeit") und selten Hirnhautentzündung und Gehirn-Rückenmarksentzündung (Visna = isländisch „Verfall/Auszehrung") beobachtet werden, überwiegen bei der Ziege Gelenksveränderungen. Die neurologische Erkrankungsform tritt bei der Ziege in Mitteleuropa nur selten auf. Virusstämme von Schafen und Ziegen können sehr nahe miteinander verwandt sein.

Behandlung und Bekämpfung

Gegen Maedi-Visna der Schafe gibt es grundsätzlich keine antivirale Behand-

Durch gezielte Untersuchungen wird ein hoher Gesundheitszustand überwacht und erhalten.

(© Johann Gasteiner)

lungsmöglichkeit. Aufgrund der genetischen Variationsmöglichkeiten des Erregers sowie weiterer immunologischer Faktoren war bisher eine Impfstoffentwicklung nicht möglich.

Daher beschränken sich die Strategien zur Eindämmung von MV auf Bekämpfungs- und Sanierungsmaßnahmen auf Bestandsebene durch Ausschluss von Seroreagenten (= im Bluttest positive Tiere) aus der Herde und auf eine Unterbindung der Infektionsketten, insbesondere vom Muttertier auf das Lamm über Kolostrum- oder Milchaufnahme und horizontal zwischen Herdenmitgliedern über die Inhalation virushaltiger Aerosole.

Neben dem Durchschnittsalter der Herde und den Haltungsbedingungen wird diese Lentivirusinfektion zumindest beim Schaf offensichtlich vom prädisponierenden Faktor Rasse mitbestimmt. Eine erhöhte Infektions- und Erkrankungsrate konnte wiederholt bei den Rassen Ostfriesisches Milchschaf und Texel festgestellt werden.

Auch die wirtschaftlichen Einbußen durch subklinische Infektionen mit MV werden unterschätzt, doch lassen sich diese nur schwer darstellen, weil allgemein akzeptierte Standards zur Produktivitätsbeurteilung fehlen und sich die vorhandenen Studien in Bezug auf Studiendesign, untersuchte Rassen, unterschiedliche Haltungsformen und weitere Faktoren unterscheiden.

Somit ist für Schafhalter die Notwendigkeit zur MV-Sanierung mitunter nicht eindeutig erkennbar. Einen Anreiz zur Sanierung stellen für einige Züchter lediglich Exportauflagen bzw. Auflagen von Zuchtverbänden dar.

PSEUDOTUBERKULOSE

Unter Pseudotuberkulose versteht man eine durch Bakterien (*Corynebacterium pseudotuberculosis*) hervorgerufene Infektionskrankheit von Schafen. Die Erkrankung kommt praktisch weltweit vor und stellt in warm-trockenen Gebieten eine besonders schwer verlaufende und deshalb verlustbringende Erkrankung dar. In unseren Breiten verläuft die Erkrankung zumeist mild und wird daher eher als lästig und unhygienisch angesehen.

Die Erreger der Pseudotuberkulose dringen in die Lymphbahnen ein und werden in den Lymphknoten quasi gefiltert. Durch die vermehrte Ansammlung der Bakterien in den Lymphknoten kommt es zur Abszessbildung. Zwei bis sechs Monate nach der Infektion brechen diese Abszesse auf, und es entleert sich zumeist weißlich-grauer, dickbreiiger Eiter.

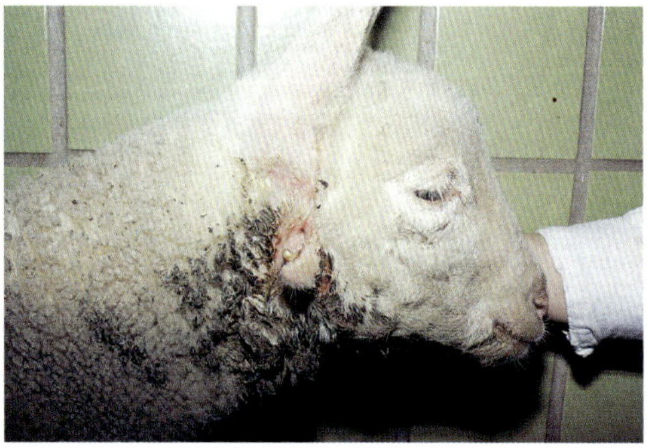

Bei Pseutotuberkulose kommt es zur Abszessbildung in den Lymphknoten, oftmals im Bereich des Kopfes. (© Johann Gasteiner)

Krankheitsymptome

Neben den unter der Haut liegenden Lymphknoten (Kopf-, Hals-, Bug-, Kniefalten- und Euterlymphknoten) können auch innere Lymphknoten und Lymphorgane von der Abszessbildung betroffen ein. Je nach Lage dieser Abszesse kann es zu Störungen der Organfunktionen kommen (Schluckstörungen, Verdauungsstörungen durch Behinderung der Magen-Darm-Tätigkeit, Atemprobleme ...).

Nachdem bei infizierten Tieren die Abszesse aufgebrochen sind, findet sich der erregerhaltige Eiter in der gesamten Umgebung der Tiere. Insbesondere an hölzernen Aufstallungen, Putzgeräten, Zäunen und Scheuerpfählen werden die Erreger abgestreift. Durch indirekten oder direkten Kontakt gelangen die Bakterien über kleinste Hautverletzungen in weitere Tiere des Bestandes. Auch Stacheldrähte, Hautparasiten, verschmutzte Klauenwerkzeuge und Badeflüssigkeiten können zu Infektionen führen. Bei Aufbrechen von abszedierenden Lymphknoten in das Euter werden die Erreger über die Milch ausgeschieden, wodurch die Jungtiere wieder infiziert werden können.

Knotige Veränderungen unter der Haut an Stellen, an welchen sich Lymphknoten befinden, legen die Vermutung bereits nahe, dass es sich um Pseudotuberkulose handeln könnte. Da solche Knoten und Abszesse jedoch auch von anderen Bakterien verursacht werden können (Staphylokokken, Streptokokken, *Arcanobacterium pyogenes*), sollte die Diagnose durch eine bakteriologische Untersuchung von frischem Abszessmaterial abgesichert werden.

Neben Schafen können sich auch andere Tierarten und sogar der Mensch nach Erregerkontakt infizieren. Bei der Übertragung der Erkrankung spielen diese jedoch keine Rolle als Infektionsquelle.

Behandlung und vorbeugende Maßnahmen

Tiere freier Herden werden zumeist durch Zukauftiere infiziert. Daher sollte bei jedem Zukauf auf die Gesundheit der Zukauftiere und ihrer Stammherde geachtet werden. Auch kleine Hautverletzungen sollten sofort gesäubert und desinfiziert werden.

Neben allgemeinen Regeln der Hygiene und Absenkung des Verletzungsrisikos für die Tiere (Entfernen von Stacheldrähten, Desinfektion von Klauenwerkzeugen ...) sollten Schafe mit aufgebrochenen Abszessen bis zur Ausheilung von der Herde abgetrennt werden. Die Fistelöffnung soll bis zur Heilung gereinigt und desinfiziert werden, bei Knoten im Euter oder bei immer wiederkehrenden Beschwerden empfiehlt sich die Abschaffung des Tieres.

Der Einsatz von Antibiotika bringt zumeist nicht den gewünschten Erfolg. Das Medikament kann nicht in entsprechender Konzentration an den Wirkort gelangen, und deshalb sind die Erreger in der Abszesskapsel vor der Wirkung des Antibiotikums geschützt.

PARATUBERKULOSE

Infektionen mit dem weltweit verbreiteten Erreger von Paratuberkulose, *Mycobacterium avium* ssp. *paratuberculosis* (MAP), finden sich hauptsächlich bei Rindern, Schafen, Ziegen sowie bei Wild- und Zoowiederkäuern. MAP konnte aber auch bei Schweinen, Pferden, Affen, Kaninchen u. a. sowie im Darm des Menschen nachgewiesen werden.

MAP wird von infizierten und erkrankten Tieren mit dem Kot und auch mit der Milch ausgeschieden und kann bis zu einem Jahr in der Umwelt überleben. Die Verunreinigung der Milch mit erregerhaltigem Kot trägt neben der direkten Erregerausscheidung über die Milch ganz wesentlich zur Verbreitung von MAP bei. Die Infektion erfolgt in erster Linie durch Aufnahme von erregerhaltiger Milch und kontaminiertem Futter im Jungtieralter. Eine Übertragung durch Magen-Darm-Würmer gilt aufgrund verschiedener Untersuchungen ebenfalls als möglich.

Von der Infektion bis zum Auftreten der ersten Krankheitserscheinungen dauert es bei Schafen etwa ein bis vier Jahre, bei Rindern zwei bis zehn Jahre. Diese lange Inkubationszeit erschwert die Erkennung und Sanierung von Paratuberkulose und fördert die Verbreitung des Erregers.

Klassische Symptome dieser Tierseuche sind Leistungsrückgang, chronische Abmagerung bei guter Fresslust und Schwellung innerer Lymphknoten. Gelegentlich tritt breiig-wässriger Kot wie bei Wurmbefall auf, welcher oftmals eine zusätzliche Komplikation bei Paratuberkulose darstellt. Der Allgemeinbefund (Puls, innere Körpertemperatur, Atmung) von erkrankten Tieren ist lange Zeit in der Norm. Das Krankheitsbild kann sich über mehrere Monate bis Jahre hinziehen, bis das Tier schließlich getötet wird oder infolge von Entkräftung und Auszehrung verendet. Parallel bestehende tiergesundheitliche Bestandsprobleme wie Kalzinose oder starker parasitär, viral oder bakteriell bedingter Infektionsdruck können zu einer raschen Ausbreitung der Paratuberkulose im Tierbestand führen.

Tritt in einem Bestand ein Krankheitsfall von Paratuberkulose auf, so ist mit bis zu 30 % unerkannt (subklinisch) infizierten Tieren im betreffenden Betrieb zu rechnen. Diese Tiere scheiden den Erreger ebenfalls aus und tragen so zur Verbreitung der Erkrankung wesentlich bei. Klinisch erkrankte Tiere stellen somit nur die Spitze des Eisberges dar.

Die Erkennung von subklinisch infizierten Trägern von MAP stellt auch in Zeiten von verbesserten serologischen Methoden und PCR ein großes diagnostisches Problem dar. Die Sanierung paratuberkulosepositiver Be-

Paratuberkulose wird auch durch die Aufnahme von erregerhaltiger Milch übertragen.
(© Armin Deutz)

triebe gestaltet sich daher in der Praxis als sehr schwierig (teuer, langwierig und wenig erfolgreich).

Eine gegenseitige Infektion zwischen Rindern, kleinen Wiederkäuern und Wildwiederkäuern ist möglich. Grundsätzlich sind die Typen von MAP nicht speziesgebunden.

Verbreitung

Paratuberkulose bei Schafen ist weltweit verbreitet. Import- und Zukauftiere können mit keiner Untersuchungsmethode mit Sicherheit als „frei von Paratuberkulose“ erkannt werden, auch, weil sie meist noch zu jung für einen Paratuberkulosetest sind. Einer verstärkten Verbreitung der Seuche nach Import/innergemeinschaftlicher Verbringung steht somit nichts im Wege. Auch in Österreich traten in den letzten Jahren vermehrt Fälle von Paratuberkulose bei Rindern, Schafen, Ziegen, Zoo- und Wildwiederkäuern auf.

Bekämpfung

Paratuberkulose kann nicht geheilt werden und endet für die erkrankten Tiere immer tödlich.

Die Sanierung eines Problembetriebes wird durch Erkennung und Keulung infizierter/erkrankter Tiere angestrebt. Parallel dazu wird durch betriebshygienische Maßnahmen versucht, den Infektionsdruck zu vermindern und damit die Neuinfektionsraten zu senken (strikte Trennung von jungen und erwachsenen Tieren).

Hohe Untersuchungskosten bei fehlender Unterstützung durch die öffentliche Hand, Untersuchungsmethoden mit ungenügender diagnostischer Sicherheit, die lange Inkubationszeit der Erkrankung, „stille Erregerausscheidung“ sowie jahrelang nötige Anstrengungen zur Sanierung setzten bislang die Aussichten auf dauerhafte Erfolge in der Bekämpfung der Paratuberkulose stark herab.

Zusammenfassung

Im Rahmen von Zukäufen/Importen/innergemeinschaftlicher Verbringung von empfänglichen Tieren bestehen die größten Risiken, den Erreger der Paratuberkulose in bislang freie Herden/Regionen einzuschleppen. Die vorbeugende Einzeltieruntersuchung besitzt nur eine beschränkte Aussagefähigkeit. Die Aussagekraft von Herdenuntersuchungen hinsichtlich der Frage, ob eine Herde/ein Betrieb frei von MAP ist oder nicht, ist sehr hoch. Der einzige Garant für einen risikolosen Zukauf wäre somit nur durch regelmäßige Bestandsuntersuchungen von Zuchtbetrieben gegeben, wodurch das Freisein von Paratuberkulose überwacht würde. Einzeltiere aus nachweislich paratuberkulosefreien Herden haben eine ungleich höhere Wahrscheinlichkeit, MAP-frei zu sein, als getestete Einzeltiere aus Betrieben mit unbekanntem Status.

Derzeit gibt es in Europa wohl kaum Zuchtbetriebe, welche einer solchen Forderung eines Käufers nachkommen könnten.

Die Chancen, eine Herde von Paratuberkulose nachhaltig zu sanieren, sind als gering zu bezeichnen.

Neben den bereits erwähnten Problemen hinsichtlich der einzelnen Untersuchungstechniken, der Kosten, der gesetzlichen Bestimmungen und von immer noch ungeklärten fachlichen Fragen ist das Haltungssystem der Tiere einer MAP-positiven Herde wohl der entscheidende Faktor für den Infektionsdruck und damit die Ausbreitungstendenz der Erkrankung innerhalb der Herde. Haltungssysteme mit innigem Muttertier-Jungtier-Kontakt sind zwar tiergerecht, im Zusammenhang mit der Paratuberkulose wird dadurch aber die Erregerausbreitung innerhalb einer Herde regelrecht gefördert.

CLOSTRIDIOSEN

Die Bakteriengattung *Clostridium* umfasst eine Vielzahl von Arten, welche alle streng anaerobe Sporenbildner sind. Ihr natürlicher Lebensraum ist der Erdboden, und manche Arten besiedeln regelmäßig den Magen-Darm-Trakt von Säugetieren. Die Sporen (= Dauerformen) von Clostridien sind äußerst resistent gegenüber Umwelteinflüssen und können so sehr viele Jahre überdauern und infektionstüchtig bleiben.

Pathogene Clostridien sind oft Gasbildner (Gasödeme) und bilden besonders starke Gifte, weshalb Infektionen mit Clostridien im Allgemeinen besonders rasch und zumeist tödlich verlaufen.

Durch Clostridiosen verursachte Erkrankungen bei Schafen sind Rauschbrand, Pararauschbrand, Bradsot-Erkrankungen, Lämmerdysenterie, Breinierenkrankheit, Struck des Schafes, Enterotoxämie, nekrotisierende Mastitis und Tetanus. Eine wirksame Vorbeugung gegen clostridienbedingte Infektionen bietet die Impfung.

Wundstarrkrampf (Tetanus)

Das Bakterium *Clostridium tetani* bildet ebenso wie alle anderen Clostridien-Arten als Dauerform Sporen, wodurch sie in der Umwelt (Erdboden) jahrelang überleben können. Wenn *Clostridium tetani* günstige Lebensbedingungen vorfindet, kommt es zur Vermehrung und Toxinbildung (d. h. giftige Stoffwechselprodukte entstehen). Der Wundstarrkrampf ist eine klassische Wundinfektion. Bei dem von *Clostridium tetani* gebildeten Gift handelt es sich um ein sehr starkes Nervengift, das zentralnervöse Symptome auslöst.

Alle Säugetiere können an Tetanus erkranken, Schafe, Ziegen und Pferde (sowie auch der Mensch) sind gegenüber dieser Erkrankung besonders empfindlich. Eine häufige Ursache von Wundstarrkrampf bei Jungtieren ist eine Infektion über den Nabel.

Krankheitssymptome

Nach einer Inkubationszeit von mehreren Tagen bis Wochen kommt es zu unkontrollierbaren Muskelkrämpfen. Zu Beginn der Erkrankung nehmen diese Tiere die für Wundstarrkrampf typische starre, sägebockartige Stellung ein. Im weiteren Krankheitsverlauf kann das Maul nicht mehr geöffnet werden (Kiefersperre), es kommt zum Festliegen und der Kopf wird nach oben und rückwärts gebogen (Opisthotonus), das dritte Augenlid fällt vor, und die Ohren stehen steif vom Kopf ab. Bei festliegenden Tieren werden auch die Gliedmaßen starr vom Körper weggestreckt und können nicht mehr gebeugt werden (auch nicht vom Untersuchenden). Die Skelettmuskulatur fühlt sich bretthart an. Weitere Symptome sind Schweratmigkeit und Pansenblähung.

Der Tod tritt nach wenigen Tagen aufgrund der Lähmung der Atemmuskulatur durch Ersticken ein. Äußere Reize, wie plötzlicher Lärm, Licht oder auch Berührung, führen zu verstärkten Krampfanfällen. Bei Wiederkäuern kommt es aufgrund des Sistierens der Magen-Darm-Peristaltik sowie infolge der Inappetenz zur Pansenblähung und zum Kippen des Vormagenmilieus, weshalb die Prognose bei diesen Tierarten besonders schlecht zu beurteilen ist.

Übertragung

Der Wundstarrkrampf wird nicht von einem erkrankten Tier auf andere Tiere übertragen, da die Erreger nicht ausgeschieden werden. Tetanus tritt deshalb zumeist nur in Form einer Einzeltiererkrankung auf.

Ansteckung

Da es sich beim Tetanus um eine Wundinfektion handelt, ist der Vorbericht (Verletzungen, Kastration, Schurwunden, Kupieren ...) besonders wichtig. Die Erreger des Tetanus vermehren sich besonders in verschmutzten, unversorgten und tieferen Wunden (Luftabschluss), welche auch leicht übersehen werden können. Es sind auch Fälle von Tetanus bekannt, wo keine äußeren Verletzungen nachweisbar waren. Man spricht dann vom kryptogenen Tetanus (das heißt, man weiß nicht konkret, woher die Infektion stammt, die Ursache könnte möglicherweise eine Infektion über den Darm oder über Zahnfleischwunden während des Zahnwechsels sein).

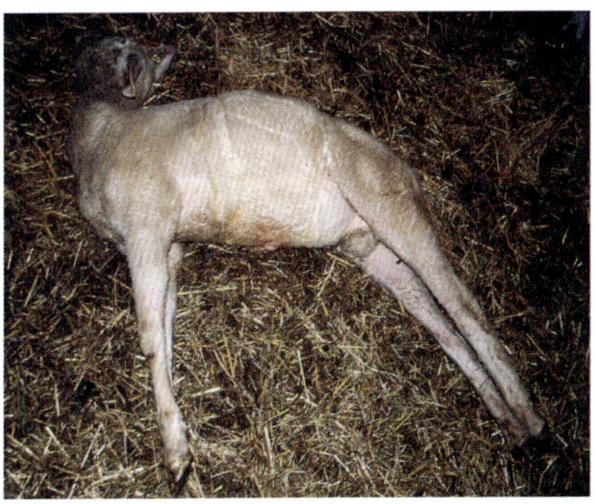

Bei Tetanus kommt es zu schweren Krämpfen, und die Krankheit endet tödlich. (© Johann Gasteiner)

Diagnose

Aufgrund der klinischen Symptome, der klinischen Untersuchung sowie aufgrund des Vorberichtes (offene Verletzung ...) kann die Diagnose Tetanus vom Tierarzt gestellt werden. Bei bereits verendeten Tieren ist es jedoch schwieriger und aufwendiger, die endgültige Diagnose Tetanus zu stellen. Dazu muss entweder der ganze Tierkörper oder verändertes Gewebe von der vermuteten Eintrittsstelle an eine veterinärmedizinische Untersuchungsanstalt eingesandt werden. Aus wirtschaftlichen Gründen wird dann jedoch zumeist auf weiterführende Untersuchungen und damit auf eine exakte Diagnose verzichtet.

Erkrankungen mit einem ähnlichen Krankheitsbild sind Schädel-Hirn-Traumata, Gehirn- und Hirnhautentzündungen infektiösen Ursprunges (Tollwut, Listeriose, Streptokokken), verschiedene Vergiftungen sowie akuter Vitamin-B-Mangel.

Behandlung

Die Behandlung von an Wundstarrkrampf erkrankten Rindern, Schafen oder Ziegen ist praktisch aussichtslos. Bei gesicherter

Diagnose (Tierarzt) und fortgeschrittenem Krankheitsstadium sind an Tetanus erkrankte Tiere tierschutzgerecht zu töten.

Vorbeugende Maßnahmen

Operationen und blutige Eingriffe dürfen nur unter sauberen und sterilen Bedingungen vorgenommen werden, Wunden und Verletzungen sind entsprechend zu versorgen. Eine fachgerechte Wundreinigung, Desinfektionsmaßnahmen und eine vorbeugende antibiotische Versorgung können helfen, etwaige Wundinfektionen zu verhindern.

Gegen Tetanus kann wirksam vorbeugend geimpft werden (passive Immunisierung durch Verabreichung eines Hyperimmunserums). Diese Impfung ist insbesondere nach blutigen Operationen und Verletzungen angezeigt. Zusätzlich wird eine Behandlung mit Antibiotika durchgeführt.

Bei Neugeborenen muss sofort im Anschluss an die Geburt eine fachgerechte Nabeltoilette durchgeführt werden, die am nächsten Tag wiederholt werden sollte.

(© Armin Deutz)

(© Archiv Autoren)

ALLGEMEINERKRANKUNGEN STOFFWECHSELERKRANKUNGEN, MINERALSTOFF- UND SPUREN-ELEMENTMANGEL

Unter dem allgemeinen Begriff „Stoffwechselerkrankungen“ wird eine Vielzahl von Erkrankungen zusammengefasst, wobei im Zusammenhang mit landwirtschaftlichen Nutztieren in erster Linie die relativ häufig vorkommenden Störungen des Mineralstoffwechsels (Gebärparese), des Energiehaushaltes (Trächtigkeitsketose) und des Vormagensystems (Pansenübersäuerung) gemeint sind. Diese Erkrankungen sind im Gegensatz zu anderen Stoffwechselerkrankungen nicht angeboren, sondern erworben. Als Folge der genannten Stoffwechselstörungen kann es zum Festliegen der erkrankten Tiere kommen.

Zu beachten gilt es in jedem Fall, dass all diese Stoffwechselstörungen nicht nur klinisch, sondern sehr viel häufiger auch subklinisch auftreten. Subklinische Erkrankungen werden vom Tierbesitzer bzw. vom Tierarzt, wenn überhaupt, nur durch weiterführende Untersuchungen wahrgenommen, bleiben deshalb oft unbehandelt und können folglich genauso wie klinische Erkrankungen entsprechende gesundheitliche Folgeschäden nach sich ziehen.

GEBÄRPARESE

Die Gebärparese tritt ebenso wie die Trächtigkeitsketose um den Ablammtermin auf. Bereits hochtragende Schafe (zumeist sind es ältere Tiere) können vor der Ablammung, insbesondere bei Mehrlingsträchtigkeit, daran erkranken.

Krankheitssymptome

Die Tiere sondern sich von der Herde ab, können dieser nicht mehr folgen, fressen schlecht, werden apathisch, zittern, beginnen zu taumeln und liegen schließlich fest.

Im Falle einer Hypokalzämie ist der Regelmechanismus zur Bereitstellung von Kalzium gestört. Die Aufnahme von Mineralstoffen über den Darm ist vermindert, wenn im Rahmen der Vorbereitungsfütterung ein absolutes Überangebot an Kalzium und auch Phosphor bestand.

Aber auch ein absoluter Mangel an Kalzium in der Ration führt zu verminderten Kalziumgehalten im Blut mit den entsprechenden Ausfallserscheinungen. Die zunehmende Mineralisierung des Skelettes der Früchte muss über den Mineralstoffhaushalt ebenso gedeckt werden wie der Abgang an Mineralstoffen über die einsetzende Laktation. Im Falle eines Phosphormangels kann ursächlich von einer zu niedrigen Versorgung im Rahmen der Vorbereitungsfütterung ausgegangen werden.

Folgende Faktoren haben einen negativen Einfluss auf den Kalzium- und Phosphor-Stoffwechsel:

- absolut zu hohes oder zu niedriges Angebot an Kalzium, Phosphor und auch Vitamin D_3 über die Nahrung,
- Störung des Regelkreises Parathormon-Calcitonin,
- älteres Muttertier,
- mehrere Feten,
- einsetzende Laktation und hohe Milchleistung (besonders bei Milchschafen),
- Stressoren wie Transporte, extreme Witterungsbedingungen, Krankheiten (Parasiten, Infektionen).

Diagnose und Behandlung

Die diagnostische Unterscheidung zwischen Parese und Ketose erfolgt über eine Untersuchung des Blutserums, wobei Mischformen häufig sind. Lediglich anhand der klinischen Symptomatik ist eine Unterscheidung zwischen diesen beiden Erkrankungen sehr schwierig.

Wird in der Hochträchtigkeit bzw. in der beginnenden Laktation minderwertiges Futter eingesetzt, kann der Nähr- und Mineralstoffbedarf nicht gedeckt werden und es kann zu Stoffwechselerkrankungen kommen. (© Archiv Autoren)

Elektrolytkonzentrationen im Blutserum gesunder Kontrolltiere sowie bei Schafen mit Gebärparese bzw. Trächtigkeitsketose.

Parameter (mmol/l)	gesunde Schafe	festliegende Schafe	
		Gebärparese	Ketose
Kalzium	2,3	1,3	2,3
Phosphor	1,6	1,3	1,6
Magnesium	1,0	1,2	1,0

Die Behandlung besteht aus der tierärztlichen Verabreichung einer Ca-Lösung. Der Serum-Phosphorspiegel wird durch Injektionspräparate bzw. auch durch orale Medikation beeinflusst, wobei mit einem verzögerten Wirkungseintritt zu rechnen ist.

Vorbeugende Maßnahmen

Eine Vorbeugung von Gebärparese, aber auch von Trächtigkeitsketose wird nur durch eine adäquate Nährstoffversorgung gewährleistet, wobei auf entsprechend qualitativ hochwertige Futterkomponenten zu achten ist (Keimzahlen, Verschimmelung-Verpilzung-Mykotoxine, Rohaschegehalte, Nährstoffgehalte). Regelmäßige Futtermitteluntersuchungen sind durch Tabellenwerte nicht zu ersetzen. In Abhängigkeit von diesen Ergebnissen ist die Mineralstoffversorgung der Tiere zu beachten, und entsprechend dem Leistungsstadium (Beginn oder Ende Laktation, hochtragend) sind Mineralstoffgaben individuell anzupassen.

Eine Gabe von Mineralstoffpräparaten nach dem Gießkannenprinzip, aber auch der Verzicht auf den Einsatz von Mineralstoffmischungen ist bei Problembetrieben als Hauptursache für die Gebärparese anzusehen.

TRÄCHTIGKEITSKETOSE (AUCH: TRÄCHTIGKEITSTOXIKOSE)

Eine Störung des Energiestoffwechsels kann bei Schafen jeden Alters und jeder Rasse auftreten. Eine Häufung von Erkrankungen findet sich bei älteren Tieren, bei Tieren mit Mehrlingsträchtigkeit sowie bei hoher Milchleistung. Durch das Größenwachstum der Feten, insbesondere im letzten Drittel der Trächtigkeit, steigt der Energiebedarf sehr stark an.

Sinkt die energetische Versorgung des Muttertieres ab, so hält der Stoffwechsel dennoch immer zuerst die Versorgung der Feten aufrecht, was zulasten der Energieversorgung des Muttertieres geht. Dadurch kann auch ein klinisch gesundes Mutterschaf bei der Geburt zu geringe Energiereserven haben und sich in einer sehr labilen Stoffwechsellage befinden. Jede zusätzliche Belastung (Schwergeburt, subklinische/klinische Parese, Parasitenbefall, Kalzinose, Euterentzündung, fieberhafte Infektionen bzw. jeder die Fresslust störende Stressor) wird nun unweigerlich zu einer Entgleisung des Energiestoffwechsels mit dem Krankheitsbild der Trächtigkeitsketose führen.

Krankheitssymptome

Zunächst finden sich schleichende Symptome wie gestörte Fresslust, taumelnder Gang, Apathie und allgemeine Schwäche. Das Absinken des Blutzuckerspiegels (unter 1,9 mmol/l) führt allmählich zu einem schockartigen Zustand (hypoglykämischer Schock) mit Störungen des Allgemeinbefindens und der Wahrnehmung bis hin zum Koma. Das erkrankte Schaf kommt zum Festliegen in Froschhaltung oder Seitenlage.

Ketonkörper, welche im Rahmen der Energiebereitstellung im Körper aus Körperfett nun massenhaft entstehen, können in Blut und Harn, aber auch in der Milch mit speziellen Testmethoden (Teststreifen bzw. Labor) nachgewiesen werden.

Im Rahmen der Ketose kommt es bei den betroffenen Schafen zu degenerativen Leberveränderungen, welche das Krankheitsbild zusätzlich verschärfen können. Die Leber selbst verfettet im Rahmen der überschießenden Einschmelzung von Körperfett massiv und kann ihre Stoffwechselfunktion nicht mehr erfüllen. Es kommt zum Anstieg der „Leberwerte“, und klinisch kann eine Gelbsucht nachgewiesen werden.

Behandlung

Ohne Behandlung beträgt die Sterblichkeit der Trächtigkeitsketose mehr als 90 %, und auch die Behandlung bereits klinisch erkrankter Schafe bzw. festliegender Schafe ist beileibe nicht immer von Erfolg gekrönt. Im akuten Fall ist eine Dauertropfinfusion einer Glukoselösung angebracht. Intravenöse „Sturzinfusionen“ von Glukose können durchaus zum plötzlichen Verenden des Schafes führen.

Zur Therapie und evtl. auch zur Vorbeugung der subklinischen Ketose sind Gaben von Natriumpropionat, Propylenglykol (Glukoplastika; 2 x täglich bis 40 g) wirksam und können mit der Injektion eines Glukokortikoids kombiniert werden. Zucker bzw. Zuckerlösungen (Gefahr der Pansenübersäuerung) oder auch Alkohol dürfen kleinen Wiederkäuern nicht eingegeben werden.

Vorbeugende Maßnahmen

Die Vorbeugung von Ketose konzentriert sich hauptsächlich auf die Fütterung der hochtragenden und frisch laktierenden Schafe. Es ist eine leicht verdauliche und energetisch aufgewertete Ration zu füttern, wobei es bei den Altmelkenden und Trockenstehenden gilt, Verfettung und insgesamt natürlich eine Pansenübersäuerung zu verhindern.

WEIDETETANIE

Die Weidetetanie kann unabhängig von der Ablammung und auch bei jüngeren Tieren auftreten. Der geringe Magnesiumgehalt der jungen Weidegräser sowie der Rohfasermangel frischer, üppiger Weiden (Weidedurchfälle und daraus resultierende Mineralstoffverluste) sind die Hauptursachen für akuten Magnesiummangel. Die Folgen sind schwere Krämpfanfälle und Festliegen von Weidetieren.

Weidetetanie kann bei fehlender/mangelhafter Mineralstoffergänzung auch zu einem Bestandsproblem, speziell im Frühling und Herbst, führen. Der Vorbericht „Weidehaltung" sowie die akute Krampfigkeit liefern dem Tierarzt bereits gute Hinweise für das Vorliegen einer Weidetetanie. Durch eine Blutuntersuchung kann die Diagnose abgesichert werden.

Wenn auf einem Betrieb Fälle von Tetanie auftreten, muss die Mineralstoffversorgung der Tiere überprüft werden.

Ein geringer Magnesiumgehalt junger Weidegräser und evtl. Weidedurchfall sind die Wegbereiter für Weidetetanie. (© Archiv Autoren)

NACHGEBURTSVERHALTEN UND FRUCHTBARKEITSSTÖRUNGEN ALS FOLGE VON MINERALSTOFFMANGEL

Der mangelhafte/fehlende Abgang der Nachgeburt ist eine häufige Ursache für nachfolgende Infektionen und Fruchtbarkeitsprobleme. Wenn die Nachgeburt nicht innerhalb von 12 Stunden vollständig abgeht, ist eine tierärztliche Untersuchung und Behandlung des Schafes erforderlich. Leider ist die Kontrolle des Nachgeburtsabganges oft nur schwer möglich.

Ein Mangel an Kalzium kann durchaus mit einem Nachgeburtsverhalten in Zusammenhang stehen.

Durch das Fehlen von Kalzium ist die Muskulatur in der Gebärmutter nicht in der Lage, die Nachgeburt auszutreiben. In weiterer Folge kommt es, vor allem bei unbehandelten Tieren, zur bakteriellen Besiedelung und Zersetzung, und es entsteht eine Gebärmutterentzündung.

Schlechte Fruchtbarkeitsergebnisse treten häufig aufgrund von Schwierigkeiten in der Brunstbeobachtung und Haltung sowie bei mangelhafter Fütterung auf. Die Bedeutung von Phosphor, Selen, Mangan und Jod ist hinsichtlich des Brunstgeschehens besonders hervorzuheben. Eine ausgewogene Mineralstoff-, Spurenelement- und Vitaminversorgung (ß-Carotin) hat deshalb größte Bedeutung für das Fruchtbarkeitsgeschehen.

SPURENELEMENTE

Bei den Spurenelementen sind vor allem Mangan, Zink, Kupfer und Selen von besonderer Bedeutung. Bei diesen Elementen kann in der Fütterung ein Ergänzungsbedarf bestehen.

Vor allem als Bestandteile von Enzymen bzw. als Hilfsstoffe (Aktivatoren) erfüllen Spurenelemente vielfältige Aufgaben im tierischen Organismus.

Hohe Mangangehalte (Mn) weisen das Skelett, die Leber und die Nieren auf. Manganmangel kann zu vermindertem Zuwachs, zu schlechter Skelettausbildung und herabgesetzter Fruchtbarkeit führen.

Zink (Zn) greift im Stoffwechsel als Enzymaktivator wesentlich in die Zellteilung ein. Bei Schafen kann sich starker Zinkmangel in Form von Hautschäden (Euter, Hinterbeine) und vermehrten Klauenproblemen zeigen.

Kupfermangel (Cu) führt vor allem zu einer Verschlechterung der Pigmentierung und der Struktur der Haare.

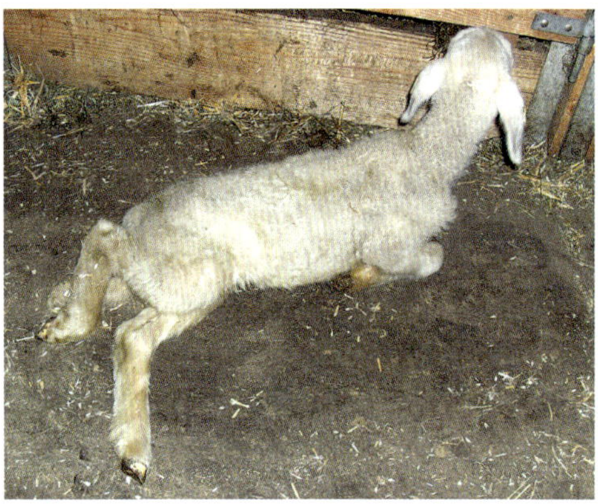

Akuter Selenmangel führt bei Lämmern zu Muskelschwäche („Weißmuskelkrankheit") und Festliegen. (© Johann Gasteiner)

Selen- und/oder Vitamin-E-Mangel

Diese Mangelerkrankung tritt vor allem bei Tieren in Extensivhaltung auf, wenn auf den Einsatz von Mineralstoffmischungen und Kraftfutter verzichtet wird.

Das Spurenelement Selen sowie das Vitamin E haben wichtige Aufgaben in der Verhütung „oxidativer" Schädigungen von Körperzellen. Dabei werden für Zellen schädliche Stoffe entgiftet. Selen und Vitamin E können sich in dieser Funktion weitgehend vertreten.

Die Selenversorgung der Tiere hängt sehr stark von der Zusammensetzung der Ration, dem Selengehalt des Bodens sowie von der Selenverfügbarkeit im Boden ab. Diesbezüglich können starke regionale Unterschiede bestehen.

Der Vitamin-E-Gehalt des Futters wird von Wetterbedingungen bei der Werbung sowie von nachfolgenden Lagerbedingungen beeinflusst. Nach einem verregneten Sommer ist der Vitamin-E-Gehalt in Grundfuttermitteln zumeist geringer.

Symptome

Ein akuter Mangel an Vitamin E/Selen macht sich insbesondere bei Jungtieren durch Saugschwäche, Muskelschwäche und -zittern, Festliegen (Weißmuskelkrankheit) sowie durch Herzschwäche und Atemnot bemerkbar.

Bei Jungtieren kann bis etwa zwei Wochen nach dem ersten Auftrieb auf die Weide die „paralytische Myoglobinurie" auftreten. Die erkrankten Tiere liegen fest, der Harn ist schwarzbraun verfärbt und die Rückenmuskulatur ist derb bis hart.

Bei erwachsenen Schafen kann es durch Mangel an Vitamin E/Selen zu verminderter Fruchtbarkeit sowie zu einer Beeinträchtigung der Fresslust kommen.

Behandlung und vorbeugende Maßnahmen

Bei akuten, nachgewiesenen Mangelzuständen wird eine ein- bis zweimalige Injektion durch den Tierarzt zu einer Stabilisierung des Vitamin E/Selengehaltes im Tier führen, die durch den Mangel hervorgerufenen Schäden bedürfen aber möglicherweise einer längeren Heilungsphase. Parallel zur Behandlung sollten die Haltungsbedingungen (Einstreu!) optimiert werden.

Eine Ergänzung durch „selenangereichertes“ Mineralfutter ist möglich und wird angeraten, sollte jedoch in Abstimmung mit dem Selengehalt in den Grundfuttermitteln erfolgen, um eventuelle Überversorgungen zu vermeiden.

Bei chronischem Selenmangel in der Ration sollten Mineralfutter mit ausreichendem Spurenelementgehalt zum Einsatz kommen.

Neben der Beratungsfunktion und -kompetenz des Hoftierarztes wird hier ausdrücklich auf die extreme Giftigkeit von Selen bei Überdosierung hingewiesen.

Zinkmangel

Zink ist ein essenzielles Spurenelement, es ist also lebensnotwendig. Zink ist nach Eisen das zweithäufigste Spurenelement im Körper und muss ständig über die Nahrung zugeführt werden, da es im Tier nicht gespeichert werden kann. Es übernimmt im Körper eine ganze Reihe von wichtigen Funktionen.

Zink spielt eine wesentliche Rolle im Zucker,- Fett- und Eiweißstoffwechsel und ist am Aufbau der Erbsubstanz beteiligt.

Auch das Zellwachstum, insbesondere das der äußeren Haut, das Immunsystem, aber auch viele Hormone und ihre Wirkung sind von der optimalen Versorgung mit Zink abhängig.

Ein Mangel an Zink ist auch in der Praxis immer wieder anzutreffen bzw. wird er aufgrund seines charakteristischen Erscheinungsbildes immer wieder vermutet.

Ursachen

Durch eine versuchsweise zinkfreie Ernährung von kleinen Wiederkäuern konnte das Krankheitsbild des Zinkmangels ausgelöst werden. Zink ist im Körper an ein Eiweiß gebunden und findet sich vor allem in den Haaren, in der Haut, in Knochen, in der Muskulatur, in der Prostata und in den Hoden. Insbesondere chronische Hauterkrankungen und Haut- sowie Hornbildungsstörungen, allgemeine Entwicklungsstörungen und Fruchtbarkeitsprobleme stehen bei Zinkmangel im Vordergrund des Krankheitsgeschehens.

Ein Überangebot an Kalzium, aber auch an Cadmium im Futter stört somit antagonistisch die Aufnahme von Zink aus dem Verdauungstrakt, wodurch ein sekundärer Zinkmangel entstehen kann.

Krankheitssymptome

Zinkmangel tritt vorzugsweise bei Lämmern und insbesondere bei mutterlos aufgezogenen Jungtieren auf. Aber auch von erwachsenen, zumeist laktierenden Tieren sind Krankheitsfälle bekannt. Beginnende, jedoch unspezifische Symptome sind verminderte Fresslust, Kümmern und evtl. verstärkter Speichelfluss. Es besteht vermehrter Haar- und Wollausfall am gesamten Körper. Dadurch kommt es auch zu einer „Brillenbildung“, also Haarlosigkeit rund um die Augen, das Maul und Haarlosigkeit an den Sprunggelenken, da diese Regionen mechanisch permanent beansprucht werden. Nachwachsende Haare sind auffallend dünn und fallen bei der geringsten Beanspruchung wieder aus.

Auf der faltigen Hautoberfläche bilden sich krustig-schuppige Auflagerungen, die insbesondere im Nasen-Oberlippen- und Maulbereich sowie um die Sprunggelenke sehr stark ausgeprägt sein können (Hyper- und Parakeratose). An den veränderten Hautstellen besteht trotz Rötung, Verkrustung und Verhornung kein Juckreiz. Im Bereich des Hornansatzes kann es ebenfalls zu blutig-krustigen Veränderungen kommen, allenfalls wachsende Hörner sind missgebildet und weisen keine Ringbildung auf.

Auch die Maulschleimhaut (Zungen, Wangen, Gaumen) sowie die Schleimhaut der Speiseröhre und der Vormägen können Verhornungsstörungen im Sinne einer Parakeratose aufweisen, wodurch vermehrte Speichelsekretion, Appetitmangel und Kümmern erklärt werden können.

Auch laktierende Schafe haben einen höheren Bedarf an Zink, da es in hohem Maße über die Milch abgegeben wird. Bei dieser Tiergruppe ist deshalb eine adäquate Zinkversorgung bei gleichzeitiger Vermeidung einer Überversorgung mit Kalzium von besonderer Bedeutung

Zinkmangel während der Trächtigkeit führt sowohl beim Muttertier als auch beim Jungtier nach der Ablammung zu einer verminderten Kondition. Fruchtbarkeitsstörungen oder chronische Klauenerkrankungen und Lahmheiten können in engem Zusammenhang mit Zinkmangel stehen.

Nachweis

Aufgrund der Symptomatik, insbesondere aufgrund der Hautveränderungen an den beschriebenen Stellen, kann der untersuchende Tierarzt eine Vermutungsdiagnose stellen, welche durch entsprechende, weiterführende Laboruntersuchungen abgesichert werden sollte.

Vorbeugende Maßnahmen

Aufgrund der geringen Speicherkapazität ist der Organismus auf eine regelmäßige, das heißt tägliche, Zufuhr von Zink angewiesen. Der Bedarf von Zink wird mit > 30 ppm/Tag und Tier angegeben. Das entspricht einer täglichen Versorgung von wenigstens 0,8 mg/kg Körpergewicht. In höheren Konzentrationen ist Zink in Weizenprodukten, Fischmehl und Seetang vorhanden.

Zink ist wesentlicher Bestandteil von Mineralstoffmischungen, wobei sowohl organische (Methioninzink) als auch anorganische (Zinksulfat-, Zinkoxidverbindungen) zum Einsatz kommen können. Nach dem derzeitigen Stand des Wissens nimmt der Organismus von Wiederkäuern organisch und anorganisch gebundenes Zink gleichermaßen als Zinkquelle an.

Nur durch den regelmäßigen und richtigen Einsatz von vitaminisierten Spurenelement- und Mineralstoffmischungen sind Mangelerkrankungen vermeidbar.

Allgemeine Mengenempfehlungen zu Mineralstoffgaben bei Schafen können aufgrund stark unterschiedlicher Einmischraten nicht abgegeben werden, sondern sind dem entsprechenden Beipacktext/Sackanhänger zu entnehmen.

Überversorgung mit Zink

Schäden durch übermäßige Zufuhr von Zink sind eher selten. Neben einem möglichen Eintrag aus industriellen Emissionen auf Pflanzen und Böden könnte eine abnorm hohe Überversorgung mit zinkhaltigen Wirkstoffmischungen (mehr als 2000 mg Zink/kg Körpergewicht) bzw. Mischungsfehler zum seltenen Krankheitsbild der Zinkvergiftung führen. Dabei stehen Wachstumsstörungen, Futterverweigerung und Nierenerkrankungen im Vordergrund.

WIE VIEL SALZ BENÖTIGEN SCHAFE?

Die Frage der Notwendigkeit der Vorlage von Salz an kleine Hauswiederkäuer, ob als Bergkern, Viehsalz oder mineralisierter Leckstein bzw. in verschiedenen Mineralstoffmischungen, liefert seit Langem Diskussionsstoff. Obwohl Pflanzenfresser mit ihren Salzvorräten gut haushalten können, sind Salzvorlagen – abhängig von einigen Faktoren – anzuraten bis notwendig.

Der Bedarf an Mineralstoffen wird vom Körpergewicht, vom Trächtigkeits- bzw. Säugestadium und der Leistung (Zuwachs etc.) entscheidend beeinflusst. Kalzium (Ca), Phosphor (P), Magnesium (Mg) und Natrium (Na) sind hier sicherlich von größter Bedeutung, was allfällige Mangelzustände betrifft.

Bei freier Futterwahl auf Weiden, aber auch bei ausgeglichener Rationsgestaltung im Rahmen der Fütterung ist eine Versorgung mit den Mengenelementen, insbesondere mit Kalium (K), Schwefel (S), Chlor (Cl) und auch Magnesium (Mg), im Allgemeinen gegeben.

Die Versorgung mit Viehsalz ist insbesondere bei Weidehaltung sehr wichtig. (© Archiv Autoren)

Demnach brauchen diese Mengenelemente nicht über Mineralstoffmischungen zusätzlich verabreicht werden.

Mineralstoffe werden für den Stoffwechsel genauso benötigt wie organische Futterkomponenten. Die meist in wasserlöslicher Form aufgenommenen Mineralien, wie z. B. die Mengenelemente Kalzium, Phosphor, Natrium, Kalium, Chlor, Magnesium, oder die Spurenelemente (Selen, Eisen, Jod usw.) werden entweder direkt im Gewebe eingebaut, bilden einen Bestandteil von Stoffwechselprodukten oder spielen eine Rolle in der Regulierung des osmotischen Druckes und Säuregrades von Körperflüssigkeiten. Mineralstoffe haben also eine essenzielle Bedeutung im Körper. Über den Blutweg gelangen sie in alle Zellen und wirken entweder alleine oder als Teil körpereigener Wirkstoffe (z. B. Hormone).

Funktionen des Salzes

Vieh- bzw. Kochsalz (Natriumchlorid) besteht aus den Elementen Natrium und Chlor. Natrium ist ein wichtiger Bestandteil von Körperflüssigkeiten und daher für die Nährstoffaufnahme und -ausscheidung bedeutend.

Natrium hat wie Magnesium und Kalium einen entscheidenden Einfluss auf die Nervenfunktionen und die Muskelkontraktion. Es kommt im Körper besonders im Speichel (Pufferfunktion!), Blutserum und in der Muskulatur vor, wo Natrium am Ablauf der Muskelbewegungen beteiligt ist. Chlor kommt im Blut vor und ist notwendig bei der Verdauung im Magen (Labmagen beim Wiederkäuer), wo es einen Bestandteil der Salzsäure bildet. Im Stoffwechsel ist Chlor ein Begleiter von Natrium und Kalium.

Da die Futtermittel unserer landwirtschaftlichen Nutztiere ausreichend Chlor enthalten, sind bisher keine Chlor-Mangelerscheinungen bekannt, ein Natriummangel ist aber durchaus möglich.

Da in Pflanzen 4- bis 80-mal mehr Kalium als Natrium enthalten ist, müssen Wiederkäuer täglich große Kaliummengen ausscheiden und diese durch Natrium ersetzen. Falls täglich Natrium zur Verfügung steht, können sie „salzsüchtig“ werden und den Überschuss nur durch größere Wasseraufnahmen ausscheiden. Dieser erhöhte Wasserbedarf muss besonders bei Heufütterung und bei Tieren mit hoher Milchleistung berücksichtigt werden.

Folgen eines Natriummangels

Ein Natriummangel senkt die Eiweiß- und Energieverwertung und wirkt sich negativ auf die Fruchtbarkeit aus. Weiters können Wachstum, Milchproduktion sowie Milchfettgehalt vermindert sein. Der Natriumbedarf ist bei laktierenden Tieren stark erhöht. Wiederkäuer können aber wegen des guten Haushaltes mit Natrium mehrere Wochen ohne größere Natrium-Zufuhr auskommen.

Bedarfswerte von Schafen und Ziegen

Der tägliche Bedarf an NaCl wird für Schafe und Ziegen mit 5–10 g angegeben. Nach längerem Salzentzug bzw. salzarmer Ernährung kann es zu suchtartiger Aufnahme von kochsalzhaltigen Futtermitteln kommen.

Gefahr Salzvergiftung

Als toxische Dosis wird eine Aufnahme von mehr als 2 g je kg Lebendgewicht angegeben. Die Toxizität hängt auch sehr stark von der Menge des zur Verfügung stehenden bzw. aufgenommenen Wassers ab. Bei Wassermangel kommt es sehr viel rascher zu Krankheitserscheinungen einer Salzvergiftung als bei entsprechend hoher Wasseraufnahme.

Bei Salzvergiftung nimmt der Appetit der Tiere stark ab, und es besteht ausgeprägtes Durstgefühl, sodass auch abgestandenes Wasser aus Pfützen aufgenommen wird. Mit Fortdauer des Salzüberhanges kommt es zu nervösen Erscheinungen (Zittern) und zu kolikartigen Schmerzäußerungen und Harndrang.

Die Herz- und Atemfrequenz ist erhöht. Auch akute Fälle mit Festliegen sind möglich, in diesem Fall tritt der Tod des Tieres binnen weniger Stunden ein. Bei chronischer Vergiftung (Überversorgung über das Futter oder salzhaltige Tränke, evtl. auch permanent feuchte Lecksteine, wovon viel aufgenommen werden kann) kommt es zur Teilnahmslosigkeit und zu dauernd weichem Kot bis Durchfall. Die Tiere trocknen aus, magern chronisch ab und zeigen vermehrt Ödembildung sowie Blutarmut.

WASSER

Da das Wasserangebot in sehr enger Beziehung zur Salzversorgung steht, sollen die Aufgaben von Wasser im Körper der Tiere näher beschrieben werden. Wasser ist lebensnotwendig und mit ca. 65 % Hauptbestandteil des Körpers. Die vielfältigen Aufgaben von Wasser im Organismus können wie folgt zusammengefasst werden:

- **Wasser als Lösungsmittel:** Wasser ist als universelles Lösungsmittel Bestandteil aller Körperflüssigkeiten, zum Beispiel von Blut, Lymphe und Harn. Darin sind sowohl Nährstoffe als auch Stoffwechselabbauprodukte gelöst.
- **Wasser als Transportmittel:** Im Verdauungstrakt und im Blut sorgt das Wasser für den Stofftransport von einem Ort im Körper zu einem anderen (und letztlich auch aus dem Körper hinaus).
- **Wasser als Kühlmittel:** Bei großer Hitze und Muskelarbeit verhindert vermehrtes Schwitzen ein zu starkes Ansteigen der Körpertemperatur. Wenn Schweiß verdunstet, wird Wärme verbraucht und die Haut kühlt ab.
- **Wasser als Baustoff:** Wasser gehört zu den wichtigsten Bauelementen im Körper. Es ist Bestandteil aller Zellen, Gewebe und Körperflüssigkeiten.
- **Wasser als Reaktionspartner:** Ständig laufen in jeder Körperzelle, aber auch im Verdauungstrakt Reaktionen ab, an denen Wasser beteiligt ist bzw. die Wasser erst möglich macht.

Der Wasserbedarf wird zu einem gewissen Teil direkt über die Nahrungsaufnahme gedeckt, da ja die Pflanzen einen mehr oder weniger großen Wassergehalt haben. Je höher der Wassergehalt der aufgenommenen Pflanzen bzw. der eingesetzten Futtermittel ist, umso weniger Wasser müssen Schafe aufnehmen. So haben etwa Rüben einen Wassergehalt von etwa 88 %, Anwelksilagen einen Wassergehalt von 65–70 % und Heu weniger als 14 %. Zum Wasserbedarf gibt es daher auch viele unterschiedliche Angaben.

Der tägliche Wasserbedarf ist in erster Linie abhängig vom Feuchtigkeitsgehalt der aufgenommenen Ration sowie von den Umgebungstemperaturen bzw. auch der Luftfeuchtigkeit.

Unter herkömmlichen Fütterungsbedingungen wird der Wasserbedarf mit 0,5 l/10 kg Körpergewicht angenommen. Dieser Bedarf steigt bei Fütterung mit sehr trockenen Futtermitteln auf mehr als 4 l/10 kg Körpergewicht und sinkt bei Saftfuttergaben unter 0,5 l/10 kg Körpergewicht.

Wassermangel kann insbesondere bei sehr tiefen Minus-Temperaturen im Winter oder langen Trockenperioden im Sommer auftreten. Bei akutem Wassermangel wird das Wiederkäuen („Eindrücken") eingestellt, das Milieu der Pansenfauna kippt, und es entwickelt sich trotz mit Futter gefülltem Pansen sehr rasch ein lebensbedrohlicher Zustand.

VERGIFTUNGEN

VERGIFTUNGEN DURCH GIFTPFLANZEN

Als Folge der Intensivierung der Grünlandbewirtschaftung kamen giftpflanzenbedingte Erkrankungen und Verluste bei Pflanzenfressern in solchen Gebieten nur noch vereinzelt vor. In jüngerer Zeit ist wieder eine zunehmende Tendenz an Schadensfällen, welche durch Aufnahme von Giftpflanzen und -teilen verursacht werden, zu beobachten. Dieser Trend lässt sich auf verschiedene Ursachen zurückführen.

Die unterschiedlichen Bewirtschaftungsformen landwirtschaftlicher Nutzflächen können ebenso wie eine Grünland-Extensivierung (Brachen) das Risiko eines verstärkten Besatzes mit Giftpflanzen bergen.

Auf intensiven Grünlandflächen sind üblicherweise kaum Giftpflanzen zu finden. (© Archiv Autoren)

Eine weitere mögliche Ursache liegt in der zunehmenden Vorliebe vieler Freizeitgärtner für Zierpflanzen mit giftigen Inhaltsstoffen (Oleander, Eibe, Buchsbaum, Seidelbast ...). Haben Pflanzenfresser direkten Zugang zu solchen Pflanzen bzw. werden Pflanzen oder -teile unsachgemäß auf Wiesen oder Weiden entsorgt, so kann es dadurch ebenfalls zu Vergiftungsfällen kommen.

Abgrenzung der Symptomatik Vergiftung – Infektionskrankheit

Besonders bei akuter Erkrankung mehrerer Pflanzenfresserarten (Schafe, Ziegen, Rinder und Pferde) sollte neben einer infektiösen Ursache auch an die Möglichkeit einer Vergiftung (Pflanzenvergiftung) gedacht werden.

Der Verdacht auf eine Vergiftung ist insbesondere unter folgenden Umständen gegeben:

- mehrere Tiere oder auch unterschiedliche Tierarten erkranken,
- Zusammenhang mit der Futter- oder Wasseraufnahme,
- Krankheitserscheinungen treten zumeist plötzlich auf,
- Krankheit ist nicht übertragbar,
- erkrankte Tiere zeigen kein Fieber (außer evtl. zentral erregende Gifte),
- weitgehende Therapieresistenz,
- neben Störungen des Verdauungstraktes (Durchfall, Koliken) stehen oft Veränderungen mit zentralnervösen Krankheitserscheinungen im Vordergrund (Störungen des Verhaltens, der Bewegungsfähigkeit und der Empfindungen wie Sehen, Hören, Tastsinn ...).

Die Abgrenzung Infektionskrankheit – Vergiftung erfordert einen exakten Vorbericht durch den Tierhalter. Da sich der direkte Giftnachweis zumeist sehr schwierig gestaltet, sind genaue Nachforschungen bezüglich der Pflanzengesellschaft des gerade genutzten Grünlandes sowie des Raufutters notwendig. Bei verendeten Tieren empfiehlt sich bei Verdacht eine baldige Untersuchung des Panseninhaltes auf Giftpflanzen und -teile durch eine entsprechende Untersuchungsstelle.

Beziehungen zwischen Dosis und Wirkung

„Alle Dinge sind Gift und nichts ist ohne Gift. Allein die Dosis macht, dass ein Ding kein Gift ist.“ Diese mehr als 500 Jahre alte Feststellung von Paracelsus (1493–1541) besitzt auch heute noch ihre volle Gültigkeit. Als praktisches Beispiel dient hier der Goldhafer, der ein wertvolles Futtergras darstellt. Bei starkem Goldhafervorkommen kann jedoch durch dessen mehrmonatige Verfütterung das Krankheitsbild der Enzootischen Kalzinose ausgelöst werden.

Für die Einteilung von Giftstoffen wird der Begriff letale Dosis (= tödliche Menge, LD) angewandt. Dabei gibt die orale LD50 jene Menge an Gift an, nach deren Verabreichung über den Verdauungstrakt 50 % der Versuchstiere aufgrund der Giftwirkung verenden.

Klassifizierung von Giftstoffen.

Kategorie	orale LD50 mg/kg
sehr giftig	≤ 25
giftig	> 25 ≤ 200
mindergiftig	> 200 ≤ 2000

Weiters muss zwischen akut, subakut und chronisch toxisch wirkenden Substanzen unterschieden werden. Die Giftwirkung ist dabei abhängig von der Menge des einwirkenden Giftes sowie der Dauer bzw. Häufigkeit der Gifteinwirkung.

Die bedeutendsten Pflanzengifte

Eine Vergiftung erfolgt hauptsächlich nach Aufnahme des Giftes über den Verdauungstrakt. Die meisten pflanzlichen Giftstoffe sind sekundäre Pflanzenstoffe (Exkrete), welche nach Verstoffwechselung von Kohlenhydraten, Fetten und Aminosäuren entstehen. Pflanzliche Gifte gehören in erster Linie zur Gruppe der Glykoside (z. B. Blausäure, Digitalis-Saponin), Alkaloide (z. B. Atropin, Nikotin, Papaverin) oder Gerbstoffe.

Mykotoxine (Pilzgifte) sind giftige Stoffwechselprodukte bestimmter Pilze. Wenn die Wachstums- bzw. Lagerbedingungen von Futtermitteln die Vermehrung dieser Pilze erlauben (warm, feucht, ungenügender Luftabschluss, Hygienezustand), so kann durch diese Pilzgifte eine Vielzahl von Krankheitserscheinungen ausgelöst werden.

PFLANZENVERGIFTUNG DURCH AUFNAHME VON HERBSTZEITLOSEN

Die Herbstzeitlose stellt die bedeutendste heimische Giftpflanze dar. Die im Herbst violett blühende Herbstzeitlose ist ein auf manchen Feuchtwiesen massenhaft verbreitetes Unkraut. Die Samen werden erst im darauffolgenden Frühling ausgebildet. Die Pflanzen werden von Weidetieren zwar auch in grünem Zustand aufgenommen, häufiger werden jedoch Vergiftungsfälle durch Herbstzeitlose in Heu oder Grassilage verursacht.

Das Gift der Herbstzeitlose wird durch Heuwerbung oder Silierung nicht neutralisiert.

Das in allen Pflanzenteilen enthaltenene Alkaloid Colchicin ist ein Mitosegift (= stört die Zellteilung) und ein Kapillargift (= Schädigung der Wände von Blutgefäßen). Nach Aufnahme von Teilen der Herbstzeitlose kommt es im Magen-Darm-Bereich zu schwerwiegenden Schleimhautreizungen. Dadurch werden hochgradige, teilweise blutige Durchfälle ausgelöst. Eine Dosis von 0,25 mg Colchicin pro kg Körpergewicht führt bereits zu starkem Durchfall, eine Dosis ab 1 mg Colchicin pro kg Körpergewicht ist tödlich.

Krankheitssymptome

Die Tiere erkranken zumeist 1–3 Tage nach erstmaliger Aufnahme von Herbstzeitlosen, da Colchicin im Magen-Darm-Trakt erst umgesetzt wird.

Die erkrankten Tiere zeigen gestörte bis aufgehobene Fresslust, Pansenstillstand, vermehrten Speichelfluss, Schweißausbruch, Unruhe, kolikähnliche Erscheinungen, Zittern, Taumeln, Nachhandlähmungen, Festliegen und Kreislaufstörungen. Weiters besteht ein hochgradiger, gelblich-brauner, stinkender, bisweilen blutiger Durchfall. Etwa die Hälfte der an diesen Symptomen leidenden Tiere verendet binnen der ersten 12 Stunden nach Krankheitsbeginn. Da Colchicin von vergifteten Tieren über die Milch ausgeschieden wird, können damit gefütterte Jungtiere ebenfalls Vergiftungserscheinungen wie Durchfall zeigen.

Im Panseninhalt toter Schafe können bei genauerer Untersuchung möglicherweise Reste von Blättern der Herbstzeitlosen oder deren Samen nachgewiesen werden.

Behandlung

Nach sofortigem Futterwechsel empfiehlt sich eine Pansenspülung mit großen Mengen von Wasser, um noch im Pansen verbliebene Giftpflanzenteile zu entfernen. Neben einer anschließenden Pansensaftübertragung werden schleimig einhüllende Präparate, Tierkohle sowie atemanregende Präparate verabreicht. Zur Kreislaufstabilisierung und rascheren Giftausschwemmung empfiehlt sich auch eine Dauertropfinfusion.

Bedeutende heimische Giftpflanzen.

Giftpflanze	Krankheitserscheinungen
Farne (Adlerfarn, Wurmfarn)	• chronische Vergiftung • Blut in Kot und Harn – Blutarmut • Erblindung
Sumpf-Schachtelhalm	• Giftwirkung auch im Heu erhalten • plötzlicher Milchrückgang, Durchfall • Unruhe, Schwanken, Taumeln, Apathie • Milch wird wässrig-blau
Scharfer Hahnenfuß	• nur in grünem Zustand bei Massenvorkommen giftig • Durchfälle, Bauchkrämpfe, Blut im Harn
Lupine	• Muskelzittern, Krämpfe, Lähmungen, Tod • chronische Abmagerung, Gelbsucht • fruchtschädigende Wirkung möglich
Eibe	• alle oberirdischen Teile der Eibe sind äußerst giftig • Unruhe, Krämpfe, Taumeln, Blindheit, Niederstürzen, Durchfall, Ersticken • plötzliche Todesfälle • Gift wird über Milch ausgeschieden
Klappertopf	• nur in grünem Zustand giftig • Erbrechen, Krämpfe, blutiger Durchfall und Nierenentzündung
Jakobskreuzkraut	• gerne auf Brachgebieten • Leberschäden, Koliken, Durchfall, Blutarmut, Allergien
Blaugrünalgen	• entstehen in kleineren stehenden Gewässern bei anhaltender Wärme • sehr giftig (Wasseraufnahme) • Unruhe, Muskelzittern, Atemlähmung • plötzliche Todesfälle möglich • zumeist chronische Vergiftung
Pilzgifte (Mykotoxine)	• Fruchtbarkeitsstörungen • Durchblutungsstörungen, Verwerfen • Leberschäden, Minderleistung • Störungen des Immunsystems

Es gibt noch eine Vielzahl von heimischen Giftpflanzen, welche jedoch zumeist aufgrund ihres Geschmackes (scharf, bitter, ätherische Öle) von den Weidetieren üblicherweise nicht aufgenommen werden. Dazu zählen u. a. Sumpfdotterblume, Einbeere, Bingelkraut, Wiesenschaumkraut, Eisenhut, Fingerhut, die meisten Wolfsmilcharten, die Nachtschattengewächse (besonders die oberirdischen Teile der Kartoffel), Seidelbast, Almrausch, Buchsbaum, verschiedene Kohlarten, der Weiße Germer, Steinklee sowie Eichenblätter und Eicheln. Beliebte Zierpflanzen wie Thujen, Oleander, Goldregen, Maiglöckchen und die Engelstrompete sind ebenfalls sehr giftig.

Es sind mehr als 200 Pflanzenarten bekannt, welche bei landwirtschaftlichen Nutztieren Vergiftungserscheinungen hervorrufen können. Bei gleichzeitiger Erkrankung mehrerer Tiere, insbesondere auf der Weide, ist immer eine mögliche Pflanzenvergiftung in Betracht zu ziehen.

Die Diagnose wird durch Zusammenfassung der Befunde aus Vorbericht, klinischer Symptomatik, Zerlegungsbefund und Giftpflanzennachweis (Raufutterbeurteilung, Panseninhalt, Flurbegehung) gestellt. Ein direkter Giftnachweis ist unter praktischen Bedingungen zumeist undurchführbar oder zu kostenintensiv.

Aufgrund ihrer bleibenden Giftwirkung nach Konservierung stellen jedoch in unseren Breiten die Herbstzeitlose und ab einer bestimmten Aufnahmedauer bzw. Menge auch der Goldhafer die bedeutendsten Giftpflanzen des alpinen Grünlandes dar. Während es nach Aufnahme von Herbstzeitlosen ähnlich der Eibenvergiftung binnen weniger Tage zu akuten Krankheitserscheinungen kommt, wird das Krankheitsbild der Enzootischen Kalzinose erst nach Verfütterung größerer Mengen Goldhafers über mehrere Monate hinweg ausgelöst.

ENZOOTISCHE KALZINOSE (WEIDEKRANKHEIT)

Durch länger dauernde Aufnahme einer Ration, welche mehr als 20–30 % Goldhafer enthält, kommt es bei Wiederkäuern zur Ausbildung der klinischen Symptome der Kalzinose. Als krankheitsauslösender Faktor im Goldhafer konnte sein hoher Gehalt an Vitamin-D-ähnlichen Substanzen ermittelt werden.

Der Vitamin-D-Bedarf von Schafen und auch Ziegen kann durch vermehrte Aufnahme von Goldhafer bis um das 20-fache überschritten werden. Die Auswirkungen im Organismus kommen einer Vitamin-D-Vergiftung gleich. Durch gesteigerte Aufnahme von Kalzium und Phosphor aus dem Darm kommt es zu einer Erhöhung des Kalzium- und Phosphorspiegels im Blutserum.

Innere Organe, insbesondere die Herzklappen, die Lungen, die Nieren, die großen Arterien und die Sehnen, lagern massiv Kalk ein. Diese kalzinotisch veränderten Organe und Blutgefäße zeigen bei der Sektion je nach Schweregrad der Erkrankung eine feste bis harte, starre Konsistenz (typisch: „Bimssteinlunge"). Die Kalkablagerungen sind in besonders ausgeprägten Fällen tastbar und sichtbar, die veränderten Gewebeteile knirschen beim Anschneiden.

Krankheitssymptome

Erst nach mehrmonatiger Aufnahme von goldhaferhaltigem Futter ist bei den betreffenden Tieren mit Krankheitserscheinungen zu rechnen. Bei Schafen und Ziegen äußert sich die Kalzinose, ähnlich wie bei Rindern, mit folgenden Krankheitserscheinungen: vermehrtes Liegen, Verweilen auf den Karpalgelenken („knieende“ Haltung, wie sie auch bei der Moderhinke zu beobachten ist), schmerzhaftes und deshalb unwilliges Aufstehen, vorbiegige Haltung der Karpalgelenke, aufgekrümmter Rücken, Bewegungsunlust sowie steifer und spießiger Gang.

Weiters finden sich Fressunlust, chronische Abmagerung, verminderte Milchleistung, stumpfes, glanzloses Haarkleid, erhöhte Atemfrequenz und erschwerte Atmung, die Pulsgefäße sind vermehrt gespannt, es besteht eine beschleunigte Herztätigkeit und oftmals sind Herzrythmusstörungen nachweisbar. Erkrankte Tiere zeigen mit Fortdauer der Erkrankung Fruchtbarkeitsstörungen und körperlichen Verfall.

Bei der Kalzinose handelt es sich um ein Herdenproblem, es sind zumeist mehrere Tiere eines Bestandes mehr oder weniger stark vom klinischen Krankheitsbild, aber auch subklinisch, also vorerst nicht erkennbar, betroffen. Die Verkalkungen sind nicht heilbar.

Krankheitsbegünstigende Faktoren

Goldhafer: Zum Zeitpunkt des Schossens findet sich der höchste Anteil an Vitamin-D-artigen Substanzen im Goldhafer.

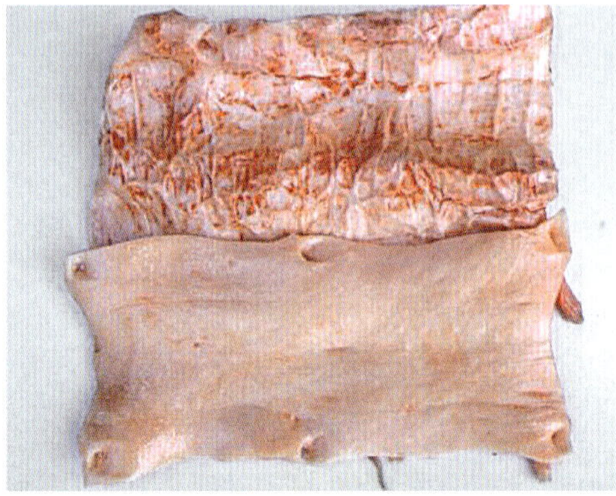

Infolge übermäßiger Aufnahme von Goldhafer entstandene Verkalkung der inneren Aortenwand (oben). (© Johann Gasteiner)

Konservierungsart: Durch Heuwerbung wird der Gehalt an Vitamin D im Goldhafer vermindert, geringgradig auch nach Silagebereitung. In grünem Zustand findet sich der höchste Gehalt an Vitamin D im Goldhafer.

Rationsgestaltung: Durch Beifütterung goldhaferfreier Rationskomponenten (Raufutter von goldhaferfreiem Grünland, Kraftfutter) kann die Belastung gesenkt werden. Ca- und P-reiche Minerallecksteine dürfen während einer Goldhaferbelastung nicht angeboten werden.

Alter der Tiere: Jüngeren Tieren wird eine höhere „Resistenz“ gegenüber dem Goldhafer zugesprochen. Da die Krankheitserscheinungen der Kalzinose jedoch erst nach Monaten oder Jahren ausgebildet werden, ist diese Aussage zu überdenken.

Weiters zu berücksichtigende Faktoren sind die Dauer und Kontinuität der Goldhaferverfütterung, der Gehalt an Goldhafer in der Ration sowie die tatsächlich aufgenommene Menge an Goldhafer.

Zusammenhänge zwischen Erkrankungsgrad an Kalzinose (schwach, mittel, stark), Goldhaferanteil in der Ration (%) und Dauer der Verfütterung in Monaten.

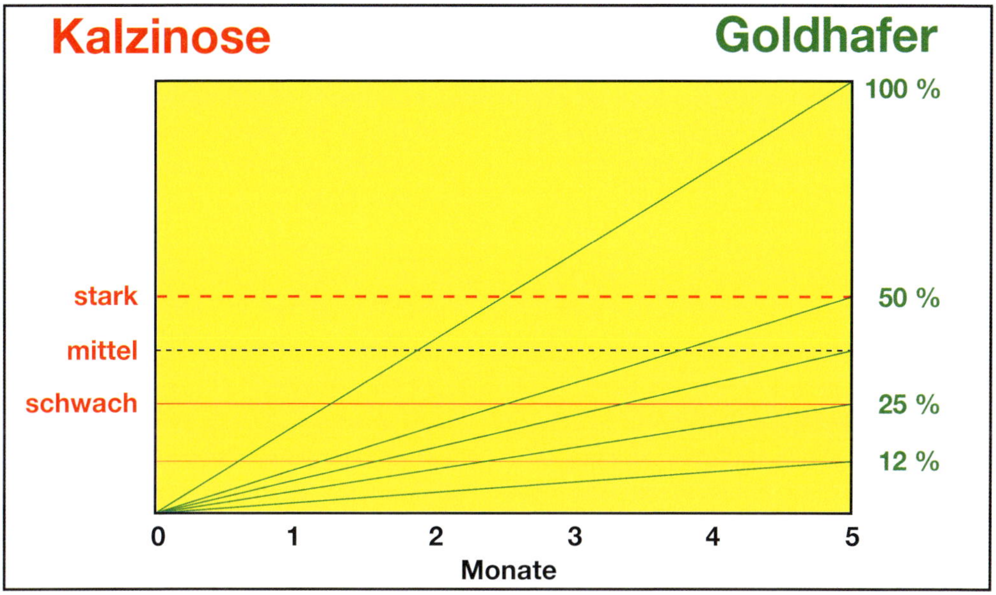

(© Archiv Autoren)

Diagnose

Für die Diagnose der Kalzinose geben der Vorbericht und die klinische Untersuchung entsprechende Hinweise, welche durch weitere Untersuchungen bestätigt bzw. entkräftet werden müssen. Der Schweregrad des klinischen Erscheinungsbildes der Kalzinose ist vom Verkalkungsgrad der inneren Organe abhängig und kann durch Haltungsbedingungen (Anbindehaltung, einstreulose und harte Liegeflächen), inadäquate Mineralstoffversorgung (Kalzium- und Phosphorüberversorgung), aber auch durch Stoffwechselstörungen und Unterversorgung mit Spurenelementen (Selenmangel) verstärkt, verschleiert oder vorgetäuscht werden. Erst sehr ausgeprägte Fälle von Kalzinose sind durch den klinischen Untersuchungsgang eindeutig als solche diagnostizierbar.

Eine Pflanzenanalyse der Grundfuttermittel gibt weitere Anhaltspunkte für eine Beteiligung des Goldhafers an Krankheitserscheinungen in Problembetrieben. Die Kenntnis des Anteiles von Goldhafer im untersuchten Futter erlaubt gewisse Rückschlüsse auf die von den Tieren tatsächlich aufgenommene Menge Vitamin-D-wirksamer Substanzen.

Die Bestimmung des Gehaltes an Kalzium und Phosphor im Blutserum kann zum Nachweis der Kalzinose herangezogen werden. Die Serum-Mineralstoffgehalte von Ca und P unterliegen jedoch jahreszeitlichen und fütterungs- sowie leistungsbedingten Einflüssen, sodass trotz Vorliegen von physiologischen Serum-Mineralstoffgehalten eine bestehende Kalzinose nicht mit Sicherheit ausgeschlossen werden kann.

Behandlung

Ausgeprägte Fälle von Kalzinose sind nicht heilbar, diese Tiere müssen geschlachtet werden. Durch tiergerechte Haltungssysteme können die Folgen gering- bis mittelgradiger Fälle von Kalzinose gemildert werden. Wichtig ist die sofortige Beendigung der Verfütterung von goldhaferhaltigem Futter.

Tierärztliche Tätigkeiten

Die Tiere von Kalzinose-Problembetrieben werden durch zusätzlich bestehende Krankheitsfaktoren besonders geschwächt. Eine optimale Versorgung mit Vitaminen bei gleichzeitiger Vermeidung der Gabe von Vitamin D und Spurenelementen sowie eine regelmäßige Entwurmung sind deshalb besonders wichtig.

Liegt der Goldhaferanteil generell über 20 %, sollten unbedingt Maßnahmen ergriffen werden, die die Tierbelastung vermindern und damit einen Krankheitsausbruch verhindern.

Vorbeugende Maßnahmen

1. Pflanzenbauliche Maßnahmen zur Reduktion des Goldhafers in den Pflanzenbeständen:

- Vermeidung einer Überdüngung mit Phosphat und Stickstoff,
- Bodenkalkung durchführen,
- Erhöhung der Schnittnutzung auf 4–6 mal/Jahr,
- Methoden der Grünlanderneuerung durch goldhaferfreies Saatgut (Übersaat, Nachsaat, Neuansaat).

2. Fütterungstechnische Maßnahmen zur Reduktion der Goldhaferbelastung:

- alle Maßnahmen zur Senkung des Goldhaferanteiles in der Ration (Zufüttern von goldhaferfreiem Grundfutter, Futter zukaufen, Kraftfuttereinsatz optimieren, Meiden belasteter Weiden, Heufütterung günstiger als Grassilage).
- Flächen, welche üblicherweise durch Mahd genutzt werden, sollten nur bei geringem Goldhaferbesatz nachgeweidet werden. Die Herbstweide birgt erhöhte Kalzinosegefahr, da der Gehalt an Goldhafer beim 2. und 3. Aufwuchs üblicherweise erhöht ist.
- Einsatz von Viehsalz und Vitaminen, Vermeiden von Minerallecksteinen und Vitamin-D-Gaben.

KUPFERVERGIFTUNG UND KUPFERMANGEL

Kupfer ist ein Spurenelement, das als Bestandteil von vielen Enzymen im Stoffwechsel sowie von Struktur- und Transport-Proteinen und Gerinnungsfaktoren lebensnotwendig ist. Häufiger als bei allen anderen Haustieren treten beim Schaf Störungen des Kupferstoffwechsels auf, was auf Schwierigkeiten in der Regulation des Kupferstoffwechsels und der Kupferspeicherung zurückgeführt wird.

Beim Schaf kann es bei Unterversorgung zu Kupfermangel oder bei Überversorgung recht leicht zu einer akuten oder chronischen Kupfervergiftung kommen, da die Kupfertoleranz der Schafe sehr gering ist.

Der Kupferbedarf beträgt etwa 0,1 mg pro Tag und kg Körpergewicht, was einem Kupferangebot von etwa 10 mg/kg Trockensubstanz (TS) in der Gesamtration mit einer Toleranzbreite von 5–15 mg/kg TS entspricht.

Rassenunterschiede

Kupfermangel kommt etwa ebenso häufig vor wie Kupfervergiftung. Hinsichtlich der Anfälligkeit für einen Kupfermangel bzw. für eine Kupfervergiftung gibt es neben individuellen Empfindlichkeiten auch starke Rassenunterschiede. In aufsteigender Reihenfolge besteht die Gefahr einer Kupfervergiftung bei Merino-, Schwarzkopf-, Suffolk-, Milch- und Texelschafen. Infolgedessen sind Merinoschafe eher für einen Kupfermangel, dagegen Texelschafe eher für eine Kupfervergiftung empfänglich. Grund dafür sind Unterschiede in der Kupferspeicherung.

Kupferstoffwechsel und -speicherung

Die Bindung des Kupfers an Transport- und Speicherproteine dient nicht nur der Kupferspeicherung, sondern ist auch ein Zellschutz, da freie Kupferionen Sauerstoff-Radikalbildner sind und dadurch zellschädigend wirken würden.

Sowohl bei der chronischen Kupfervergiftung als auch beim Kupfermangel sind die komplexen Aufnahme-, Transport- und Speichermechanismen des Kupfers von entscheidender Bedeutung. Das mit der Nahrung aufgenommene Kupfer wird nur scheinbar in annähernd gleicher Menge wieder über den Kot ausgeschieden. Tatsächlich besteht aber ein komplexer innerer Kupfer-Kreislauf, bei dem Kupfer im Magen und vorwiegend im Dünndarm freigesetzt und hauptsächlich von dort absorbiert und schließlich an Transportproteine gebunden wird. Über den Blutkreislauf gelangt das Kupfer in die Leber, wo es an weitere Transportproteine, Enzyme und Speicherproteine gebunden wird. Das die Leber verlassende Blut enthält nur wenig Kupfer, das der Kupferversorgung anderer Organe dient.

Bei der Kupferaufnahme spielen andere Mengen- und Spurenelemente eine wesentliche Rolle. Diese sogenannten Kupferantagonisten (Molybdän, Schwefel, Zink, Eisen, Kalcium, Cadmium) können aus dem Boden oder durch Düngung sowie durch industrielle Emissionen ins Futter gelangen und behindern durch Komplexbildung oder Konkurrenz zu Bindungsstellen die tatsächliche Kupferaufnahme.

Ein Molybdän- oder Schwefelüberschuss im Futter kann so einen Kupfermangel provozieren, obwohl eigentlich ein ausreichender Kupfergehalt im Futter vorliegen würde.

Kupfermangel

Kupfermangel äußert sich vor allem bei Lämmern nach unzureichender Kupferversorgung der Mutterschafe während der Trächtigkeit und führt zu schweren Entwicklungsstörungen des Zentralnervensystems, z. T. noch bei den ungeborenen Lämmern.

Die Kupferkonzentration in Blutplasma oder Milch korreliert nicht mit der aktuellen Kupferaufnahme und auch nicht mit übermäßiger Kupferspeicherung. Deshalb wird eine chronische Kupfervergiftung bei Mutterschafen weder vor noch nach dem Ablammen auf die Lämmer übertragen. Umgekehrt jedoch sinken bei chronischem Kupfermangel die Plasmakonzentrationen unter 5 µmol/l, sodass Kupfermangel um den Ablammzeitpunkt die Lämmer beeinträchtigt und es dabei zu schwersten Störungen kommt.

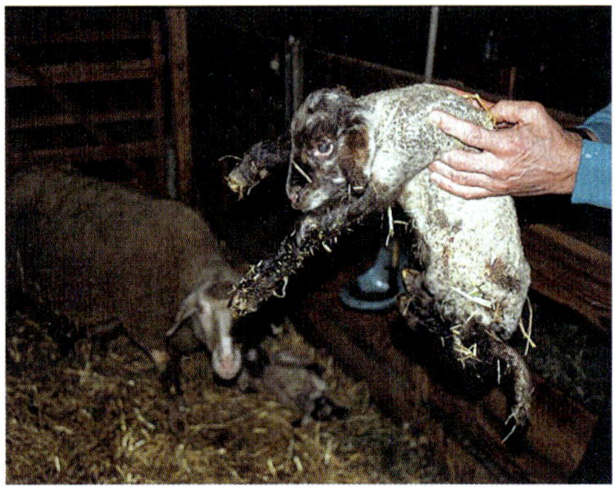

Kupfermangel führt bei Lämmern zu schweren Entwicklungsstörungen. (© Johann Gasteiner)

Kupfervergiftung

Eine akute Kupfervergiftung durch eine 100- bis 1000-fach über dem Bedarf liegende Dosis führt wie bei anderen Tierarten auch zu einer akuten hämorrhagischen Gastroenteritis (blutigen Magen-Darm-Entzündung) und tritt beim Schaf relativ selten auf.

Dagegen zeigt sich eine chronische Kupfervergiftung nach langfristiger Zufuhr 10- bis 50-facher Dosen bei älteren Schafen und Mastlämmern als schleichende Lebererkrankung. In Einzelfällen kommt es nach Monaten zu plötzlich einsetzender akuter Leberstörung und Zerfall von roten Blutkörperchen durch freiwerdendes Kupfer mit nachfolgender Gelbsucht.

Vorbeugende Maßnahmen

Mineralstoffmischungen oder mineralisierte Lecksteine für Rinder oder andere Tierarten dürfen Schafen nicht vorgelegt werden, da in diesen der Kupfergehalt für Schafe häufig zu hoch liegt und zu Kupfervergiftungen führen kann.

DIE ABLAMMUNG

Bei einer Trächtigkeitsdauer von 21–22 Wochen (abhängig von Rasse, Anzahl der Lämmer und der Nährstoffversorgung) kommt es 8–10 Tage vor der Ablammung zu äußeren Anzeichen der nahenden Ablammung, wie Schwellung der Zitzen und der Schamgegend, Einschießen der Milch und Absenkung/Lockerung der Beckenbänder.

Die Mutterschafe sondern sich von der Herde ab und sollten spätestens jetzt in eine separate, hygienische Ablammbucht gebracht werden.

(© Archiv Autoren)

Ablammungen im Freien bzw. auf der Weide sollten nur unter entsprechend günstigen Witterungsbedingungen stattfinden.

Nach einer Weitungsphase (2–4 Stunden), während der die Fruchtblase den Geburtsweg mechanisch weitet, kommt es zur Austreibungsphase. Das Austreiben der Frucht/Früchte ist üblicherweise binnen einer Stunde abgeschlossen. Die Nachgeburt sollte innerhalb von 3 Stunden abgehen. Sollte die Nachgeburt nicht binnen 12 Stunden abgegangen sein, so empfiehlt sich die Abnahme durch einen Tierarzt und eine antibiotische Behandlung zur Verhinderung einer Gebärmutterinfektion.

Als Anzeichen von Schwergeburten sind eine verzögerte Austreibungsphase, besondere Unruhe und Schmerzäußerungen und starkes, ergebnisloses Pressen zu werten. Die manuelle Geburtshilfe setzt Hygiene und entsprechende Erfahrung voraus, Empfehlungen hierzu finden sich unter alpinetgheep.com.

ERKRANKUNGEN BEI LÄMMERN UND JUNGTIEREN

Der Hypoglykämie-Hypothermie-Komplex neugeborener Lämmer

Der Hypoglykämie-Hypothermie-Komplex stellt eine der Hauptursachen der nicht infektiös bedingten Verluste von neugeborenen Lämmern dar. Durch eine zu geringe bzw. fehlende Kolostrumaufnahme in den ersten Lebensstunden bei gleichzeitig erhöhten Körperwärmeverlusten kommt es rasch zu einem akuten Mangel an Energie (Glukosemangel, Hypoglykämie) und zum starken Absinken der Körpertemperatur (Hypothermie).

Mangel an Kolostrum und feuchtkalte Witterungsbedingungen führen zum Absinken der inneren Körpertemperatur und zu vermehrten Lämmerverlusten. (© Armin Deutz)

Zusätzliche Faktoren wie Mehrlingsträchtigkeiten, Schwergeburten, nass-kalte Witterung, Krankheit des Muttertieres oder auch zu gering ausgebildete Lamm-Muttertier-Bindung können das Krankheitsbild auslösen oder auch verstärken. So kann ein Teufelskreislauf entstehen, an dessen Ende der Tod des Lammes durch Unterkühlung und Verhungern steht.

Krankheitsentstehung

Neugeborene Lämmer haben nur geringe Energiereserven in Form von Glukose im Blut sowie in Form von Glykogen (Speicherzucker) in der Leber und in der Muskulatur. Weitere, weniger rasch verfügbare Energielieferanten sind Körperfette und in geringerem Ausmaß auch Proteine.

Die neugeborenen Lämmer sind deshalb auf eine rasche Versorgung mit hochwertigem Kolostrum angewiesen.

Die Glukose dient den Körperzellen als Energielieferant, gleichzeitig entsteht auch Wärme, die zur Aufrechterhaltung der physiologischen Körpertemperatur lebensnotwendig ist.

Während der physiologische Blutzuckerspiegel bei Lämmern über 3,3 mmol/l liegt, sinkt dieser Wert bei hypoglykämischen Lämmern auf Werte unter 3 mmol/l ab.

Das Lamm hat zum Zeitpunkt der Geburt eine innere Körpertemperatur, die auch der Temperatur in der Gebärmutter entspricht (38,5 °C – 39,5 °C). Das Lamm kommt jedoch „vollständig durchnässt" zur Welt, und durch das Abtrocknen an der Luft wird dem Körper Verdunstungswärme entzogen, sodass das Lamm an der Körperoberfläche stark abkühlt. Die physiologische innere Körpertemperatur beträgt bei Lämmern 38,5 °C – 39,5 °C, bei einer Körpertemperatur von 38,5 °C – 37 °C spricht man von hypothermisch und unter 37 °C ist das Tier hochgradig hypothermisch.

Der Hypoglykämie-Hypothermie-Komplex stellt eine multifaktoriell bedingte Erkrankung dar, wobei einzelne Faktoren oder Umstände zur Auslösung der Erkrankung genügen oder sich gegenseitig verstärken können. Mit dem Absinken der inneren Körpertemperatur kommt es bei dem betroffenen Lamm zu einem Rückgang oder vollständigen Fehlen der Sauglust und zu einem herabgesetzten/fehlenden Bewegungsdrang. Die eigene Wärmeproduktion geht weiter zurück, und die Prognose verschlechtert sich stündlich.

Mögliche Auslöser des Hypoglykämie-Hypothermie-Komplexes:

- untergewichtige Lämmer, oftmals bereits mit verminderter Vitalität, besonders gefährdet sind Lämmer aus Mehrlingsträchtigkeiten oder Schwergeburten,
- Lämmer mit Atemnotsyndrom, Fruchtwasseraspiration, Blutübersäuerung, Mangel an Surfacant-Faktor (mangelnde Lungenreife),
- kalte Witterung (‹ 10 °C) und Wind bzw. Zugluft, Regen- oder Schneefall,
- Milchmangel des Muttertieres (infolge Verwurmung, Stoffwechselerkrankung, Euterentzündung),
- Lämmer mit akuten Nabel-, Darm-, Lungen- oder Gelenksinfektionen,
- angeborene Stoffwechselerkrankungen (Kupfermangel, Selenmangel, Anämie),
- Unfähigkeit des Lammes, Milch aufzunehmen oder zum Euter zu gelangen (Sehnenverkürzungen an den Gliedmaßen, Missbildungen),
- gestörte Lamm-Muttertier-Beziehung („Verstoßen" des Lammes),
- extensives Aufzuchtverfahren, schlechte Haltungsbedingungen, bauliche Mängel und mangelhaftes Management (fehlendes Engagement bei der Tierbeobachtung).

Krankheitssymptome

Die betroffenen Lämmer stehen oder liegen zumeist abseits der Herde und zittern stark. Die Lämmer sind schwach und haben eine gesenkte Kopf-Hals-Haltung. In Abhängigkeit vom Schweregrad der Erkrankung reagiert das Tier weniger stark oder gar nicht mehr auf äußere Reize, weist kaum noch Reflexe auf und scheint in einen Dämmer- oder Schlafzustand zu verfallen. Die Sauglust sowie der Schluckreflex sind oftmals bereits vollständig aufgehoben. Aus diesem

Grund haben derart erkrankte Lämmer zumeist auch eine feucht-nasse Maulgegend bzw. verstärkten Speichelfluss.

Die Messung der inneren Körpertemperatur im Rektum ergibt subnormale Werte (unter 38 °C) und ermöglicht damit bereits eine Verdachtsdiagnose. Auf eine Blutuntersuchung zur Bestimmung des Blut-Glukosegehaltes wird unter praktischen Verhältnissen oftmals aus zeitlichen und wirtschaftlichen Gründen verzichtet.

Behandlung

Initial bewährt sich, insbesondere bei ausgeprägten Fällen von Hypothermie, eine intraperitoneale und subkutane Injektion einer körperwarmen, 10%igen Glukoselösung. Aufwendiger, jedoch auch wirkungsvoller ist der Einsatz einer Dauertropfinfusion. Neben diesen tierärztlichen Maßnahmen sollte körperwarme Muttermilch über eine Schlundsonde verabreicht werden (10 ml/kg Körpergewicht). In schweren Fällen von Hypothermie sollte das Kolostrum vorerst durch Gaben einer 20 %igen Glukoselösung ersetzt werden und ebenfalls im körperwarmen Zustand über eine Sonde eingegeben werden.

Als begleitende Maßnahme muss das erkrankte Lamm in eine angenehm temperierte Umgebung gebracht werden, wo es zugfrei und trocken ist. Ein Stallabteil ist entsprechend tief einzustreuen, und mithilfe einer Wärmelampe gelingt es dann zumeist, die innere Körpertemperatur des Lammes wieder anzuheben.

Einsatz der Schlundsonde beim Lamm

Bei dieser Tätigkeit ist ein Helfer von großem Nutzen. Das Lamm wird fixiert, indem es vom Helfer zwischen den Knien „eingeklemmt“ wird. Der Kopf des Lammes darf nicht seitwärts gebogen werden und auch nicht zu stark gestreckt werden. Die feine Sonde (Durchmesser etwa bleistiftdick) wird in das Maul eingeführt und über der Zunge mit sanftem Druck nach hinten geleitet. Die Sonde soll ohne nennenswerten Widerstand über die Speiseröhre in die Vormägen geschoben werden können. Die Wegstrecke, welche die Sonde eingeführt werden muss, kann man sich vor Beginn der Tätigkeit herausmessen, und sie entspricht ziemlich genau dem Weg von der Maulöffnung bis knapp hinter das Ellbogengelenk. Man kann sich diese Strecke auf der Sonde markieren.

Gelangt die Sonde in die Luftröhre, so kann außen an der Sondenöffnung ein atemsynchroner Luftzug bemerkt werden. Abwehrbewegungen des Lammes und Husten können, müssen aber nicht vorkommen, und ihr Fehlen liefert daher keinen eindeutigen Hinweis für den richtigen Sitz der Sonde. Vor dem Entfernen der Schlundsonde sollte kurz hineingeblasen werden, um Reste daraus zu entfernen, dann wird das Ende der Sonde abgeknickt und die Sonde wird wieder herausgezogen.

Es gilt zu bedenken, dass das Eingießen von Milch in die Lunge wahrscheinlich das Todesurteil für das Lamm darstellt. Das Setzen der Schlundsonde sollte unter Anleitung eines Tierarztes erlernt werden.

Nabelentzündung

Durch bakterielle Infektion (Streptokokken, *Arcanobacterium pyogenes*, Nekrobakterien, Coliforme und Clostridien) des

Nabels Neugeborener kommt es zu einer Entzündung des Nabelstumpfes. Die Erkrankung tritt bei Sauglämmern auf und kann zu empfindlichen Schäden (Kümmern) und zu gehäuften Todesfällen führen.

Krankheitssymptome

Erkrankte Lämmer zeigen verminderte bis aufgehobene Sauglust und Kümmern. Der Bauch ist aufgezogen und der Rücken wird gekrümmt, aber zumeist liegen die erkrankten Lämmer in zusammengekauerter Haltung. In Abhängigkeit von der Immunitätslage des betroffenen Tieres (Kolostrumversorgung) sowie von der Art der Erreger gibt es milde bis perakute Verlaufsformen mit plötzlichen, manchmal sogar seuchenhaften Todesfällen infolge „Blutvergiftung" (Septikämie).

Das Krankheitsbild kann auch durch „Streuung" der Erreger über den Nabelstrang, aber auch über den Blut- oder Lymphweg kompliziert werden. Infektionen der Leber (Abszesse), Gelenke (Arthritis) bis hin zu Bauchhöhlenentzündungen und Nierenschäden können die Folge sein. Bei streuenden Infektionen in die Gelenke (Polyarthritis) kommt es zu Schwellungen im Gelenksbereich, Schmerzhaftigkeit und ausgeprägter Lahmheit. Diese komplizierten Fälle können auch durch eine intensive Behandlung zumeist nicht mehr geheilt werden.

Behandlung und vorbeugende Maßnahmen

Erkrankte Tiere müssen tierärztlich behandelt werden, wobei die Prognose bei unkomplizierter Nabelentzündung als günstig einzustufen ist. Mit Fortdauer der Erkrankung sowie nach Streuen der Infektion verschlechtert sich die Prognose rasch.

Die Vorbeugung beginnt mit Hygiene, laufender Desinfektion von Ablammbuchten und des Lämmerstalles sowie konsequentem Einstreuwechsel. Ein gutes Stallklima, optimal genährte Mutterschafe und hygienische Maßnahmen während der Ablammmung müssen unbedingt berücksichtigt werden.

Der Nabelstumpf neugeborener Lämmer ist mit einer Jodtinktur oder ähnlichen Präparaten zu behandeln, auf Problembetrieben ist diese Behandlung am 2. und 3. Lebenstag zu wiederholen. Durch die frühzeitige und mehrmalige Versorgung der Lämmer mit Kolostrum werden sie mit Abwehrstoffen versorgt.

Durchfall bei Lämmern

Lämmer können bereits ab dem 3. Lebenstag an Neugeborenendurchfall erkranken. Die überwiegende Mehrzahl von Durchfällen bei Lämmern ist infektiös bedingt, wobei Diätfehler (mangelnde Kolostrumversorgung, zu hohe Tränkemengen) und Hygienemängel sehr oft den Grundstein für das Kippen der Darmflora darstellen. Erst dieses Kippen der Darmflora ermöglicht es den Durchfallerregern, sich im Darm massiv zu vermehren. Durchfallerkrankungen treten vielfach bestandsweise gehäuft auf und können schwere Verluste (Kümmerer, Todesfälle) verursachen.

Auch verschiedene Umweltfaktoren, wie mangelhafte Hygiene in den Bereichen Ablammung, Aufstallung und Tränkung, aber auch Vitamin- und Spurenelementmangel oder Überbelegung haben bei der Krankheitsentstehung eine entscheidende Bedeutung.

Durchfallerreger bei Lämmern

Als Erreger von Durchfällen können sowohl Viren (am häufigsten werden Rota- und Coronaviren festgestellt) als auch Bakterien (*E. coli*, Salmonellen und Clostridien) in Form von Einzel- oder Mischinfektion eine Rolle spielen.

Bei Lämmern ab einem Alter von etwa drei Wochen, speziell aber in der Umstellungsphase zum Absetzen der Milchtränke können auch Kokzidien (einzellige Darmparasiten) die Verursacher von schwerwiegenden, oftmals blutigen Durchfällen sein.

Die Kokzidiose tritt vielfach in der Phase des Absetzens auf und kann durch eine parasitologische Kotuntersuchung erkannt werden.

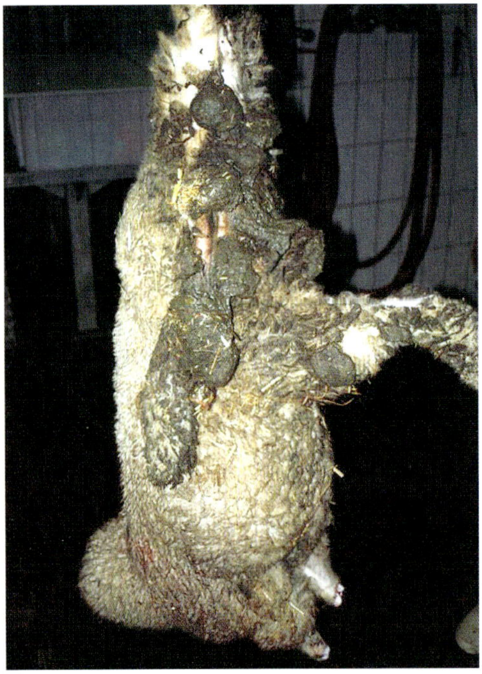

Diätfehler und Hygienemängel sind die häufigsten Ursachen für Durchfall bei Lämmern.

(© Johann Gasteiner)

Krankheitssymptome

Erkrankte Lämmer leiden unter starkem, stinkendem Durchfall, wobei dem dünnflüssigen Kot auch Blut, Teile der Darmschleimhaut und Fibrinfetzen beigemengt sein können. Aufgrund der raschen Austrocknung des Körpers (Exsikkose) kommt es zu einer starken Kreislauf- und Nierenbelastung. Die Hautelastizität des Lammes vermindert sich dramatisch.

Durch die starken Elektrolyt- und Pufferverluste kommt es zu einer raschen Übersäuerung des Organismus, und gleichzeitig besteht akuter Blutzuckermangel. Die Tiere sind matt, schwach und haben eingesunkene Augäpfel. Im weiteren Krankheitsverlauf zeigen die Lämmer Trinkschwäche, eine herabgesetzte innere Körpertemperatur, Mattigkeit, Schwäche und Festliegen (aufgrund der Blutübersäuerung).

Der Durchfall führt zu einer starken Schädigung der Darmschleimhaut und wichtiger innerer Organe wie der Nieren. Infolge der allgemeinen Schwächung kann es zu weiteren Komplikationen kommen. Infektionen des Atmungstraktes (Bronchitis, Lungenentzündung), aber auch Erkrankungen des Nabels und der Gelenke treten bei durchfallkranken Lämmern viel häufiger auf.

Nachweis der Durchfallerreger

Für die Behandlung eines an Durchfall erkrankten Einzeltieres ist ein Versuch der Abklärung der Ursache (Erregerisolierung) aus wirtschaftlicher Hinsicht nicht unbedingt sinnvoll. Bei bestandsweise gehäuftem Auftreten von Durchfällen und bei Tierverlusten sollten jedoch Kotproben von mehreren erkrankten Lämmern durch den Tierarzt zur Untersuchung an ein geeignetes Labor gesendet werden. Dort werden virologische, bakteriologische und parasitologische Untersuchungen durchgeführt. Es ist jedoch zu beachten, dass die wichtigsten viralen Erreger, die zumeist ursächlich für den Durchfall verantwortlich sind, nur für wenige Tage nach dem Krankheitsausbruch nachweisbar sind.

Aus der Farbe des Durchfalles oder auch der Kotkonsistenz kann weder auf die Durchfallursache noch auf den Erreger geschlossen werden.

Behandlung

Bei starkem Durchfall können Lämmer täglich eine Flüssigkeitsmenge von bis zu 20 % ihrer Körpermasse verlieren. Die Behandlung hat daher, unabhängig von der Durchfallursache, vorrangig das Ziel, den Verlust von Flüssigkeit, Elektrolyten, Puffersubstanzen und Nährstoffen wieder auszugleichen.

Bei einer bestandsweisen Häufung von Durchfallerkrankungen sowie bei Lämmern mit Trinkschwäche und gleichzeitig bestehendem Durchfall ist in jedem Fall möglichst rasch ein Tierarzt beizuziehen. Mittel- bis hochgradig erkrankte Lämmer können nur durch tierärztliche Behandlung (Infusionen) gerettet werden.

Der Einsatz von „durchfallstopfenden" Präparaten kann durchaus als ergänzende Maßnahme angesehen werden, um den Durchfall zu lindern. Die Wiederherstellung der normalen Kotkonsistenz („Heilung des Durchfalles") kann aber letztlich nur vom Organismus selbst ausgehen. Wichtigste Maßnahmen bleiben deshalb immer der Flüssigkeits- und Elektrolytersatz sowie die Blutpufferung, damit das Lamm bei Kräften bleibt.

Neben der konsequenten Kolostrumversorgung hat auch die Kolostrumqualität (Gehalt und Zusammensetzung der Abwehrstoffe) einen bedeutenden Einfluss auf die Gesundheit des Lamms.

Durch Einfrieren von Kolostrum älterer Mutterschafe in Plastikbehältern hat man bei Bedarf immer Biestmilch bester Qualität zur Hand, um die Lämmer optimal zu versorgen (z. B. bei Krankheit oder auch nach Tod des Muttertieres).

Kokzidiose

Kokzidiose wird durch mikroskopisch kleine, einzellige Parasiten (Kokzidien), welche im Magen-Darm-Trakt leben, hervorgerufen. Die Kokzidiose bei kleinen Wiederkäuern kann durch verschiedene Kokzidien der Gattung Eimeria ausgelöst werden.

War die Kokzidiose früher vor allem als Weidekrankheit bekannt und gefürchtet, so ist sie heute auch eine bedeutende Erkrankung in der Lämmermast und in der Aufzucht. Wahrscheinlich sind 100 % aller Schafe (aller Wiederkäuer) mit den verschiedensten Arten von Kokzidien infiziert. In erster Linie kommt es jedoch fast nur bei Lämmern im Alter von etwa 3–12 Wochen zu klinischen Krankheitserscheinungen der Kokzidiose, vereinzelt aber auch bei Jungtieren bis zum Ende des ersten Lebensjahres.

Krankheitssymptome

In typischen Fällen beginnt Kokzidiose mit gestörter Fress- bzw. Sauglust und weichbreiigem Kot, der bald dünnbreiig-wässrig und stinkend wird. Mit Fortdauer der Erkrankung finden sich im Kot auch Schleim- und Blutbeimengungen. Abmagerung, Untertemperatur, Schwäche, Austrocknung, Bauchschmerzen und Todesfälle (5–15 % der erkrankten Lämmer verenden) sind die weiteren Folgen von Kokzidiose. Lämmer, welche die Erkrankung überstanden haben, können sehr leicht zu Kümmerern werden. Die wirtschaftlichen Schäden sind bei dem Bestandsproblem Kokzidiose beträchtlich, und so sind permanent vorbeugende Maßnahmen sinnvoller als die verschiedenen Reaktionen auf Krankheitsfälle.

Behandlung und vorbeugende Maßnahmen

Als typische parasitär bedingte Faktorenkrankheit stellen die Immunitätslage des Wirtstieres, die Hygiene und der Infektionsdruck, die Haltung und Stallung, das Management sowie die Fütterung wesentliche Weichen, ob Kokzidiose in einem Bestand ausbricht oder nicht. Neben einer wiederkäuergerechten Versorgung mit Raufutter ist eine entsprechende Versorgung mit den Vitaminen A, D und E von größter Bedeutung für die Krankheitsresistenz von Jungtieren.

Als weitere Möglichkeit der Bekämpfung stehen eine ganze Reihe Chemotherapeutika zur Verfügung. Durch den breiten Einsatz dieser kokzidiostatisch wirksamen Chemotherapeutika wurde in den letzten Jahrzehnten teilweise sehr erfolgreich versucht, diese Problematik in den Griff zu bekommen.

Rachitis (Knochenweiche)

Diese auf eine unzureichende Phosphor-Versorgung und chronischen Vitamin-D-Mangel zurückzuführende Erkrankung heranwachsender Schafe führt zu einer mangelhaften Verknöcherung des Skeletts. Auch durch eine übermäßige Calzium-Versorgung der Jungtiere (z. B. alleinige Gaben von Futterkalk) und krassen Lichtmangel (Fehlen von UV-Licht in besonders dunklen Stallungen) kann Rachitis ausgelöst werden.

Krankheitssymptome

Bei Jungtieren mit Rachitis finden sich typische und schmerzhafte Veränderungen im Gliedmaßenbereich, wie harte Verdickungen/Auftreibungen in der Umgebung von Gelenken, Fassbeinigkeit, Säbelbeinigkeit, Überköten sowie ein erhöhtes Auftreten von Knochenbrüchen. Neben verschiedenen Graden der Störung des Gangbildes treten bei Tieren mit Rachitis zumeist auch Lecksucht und Kümmern auf.

Vorbeugende Maßnahmen

Nur durch den regelmäßigen Einsatz einer entsprechend vitaminisierten Mineralstoffmischung bei Jungtieren und einer tiergerechten Haltung (gute Lichtverhältnisse) kann Rachitis vermieden werden.

Bei noch säugenden Lämmern ist, insbesondere in Problembetrieben, der Einsatz einer Spurenelement- und Ca-betonten Mineralstoffmischung erforderlich, da über die Milch genügend Phosphor aufgenommen wird. Werden jedoch nicht mehr säugende Jungtiere lediglich mit ausgewachsenem Heu versorgt und wird auf eine adäquate Mineralstoffversorgung verzichtet, so ist mit dem Auftreten von Rachitis zu rechnen. Der oft fehlende/geringe Kraftfuttereinsatz in der Schafhaltung verschärft diese Problematik, da das Getreide im Kraftfutter ein wichtiger P-Lieferant für die Tiere ist. Diese Tiere sind mit einer entsprechend P-betonten Mineralstoffmischung zu versorgen.

AUSZUG AUS DEM TIERSCHUTZ

EINGRIFFE

Die Anwendung von Gummiringen, Ätzstiften und Ätzsalben ist verboten.

Schafe: Zulässige Eingriffe dürfen nur durch einen Tierarzt oder eine sonstige sachkundige Person durchgeführt werden.

Zulässige Eingriffe sind:

- Das Kupieren des Schwanzes, wenn die Lämmer nicht älter als drei Tage sind oder der Eingriff durch einen Tierarzt nach wirksamer Betäubung durchgeführt wird und entweder höchstens ein Drittel oder im Falle einer tierärztlich bestätigten betrieblichen Notwendigkeit bei weiblichen Lämmern, die für die Zucht vorgesehen sind, höchstens die Hälfte des Schwanzes entfernt wird und der Eingriff durch scharfes Abtrennen erfolgt.

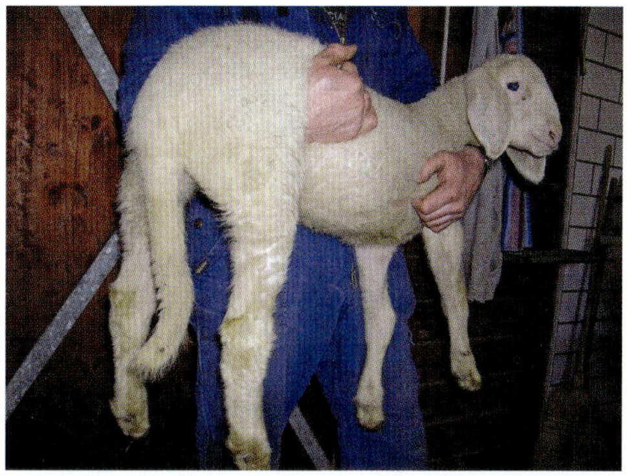

Nur unter Einhaltung bestimmter Bedingungen ist das Kupieren des Schwanzes bei Lämmern erlaubt. (© Archiv Autoren)

- Die Kastration, wenn der Eingriff durch einen Tierarzt oder einen Viehschneider, der dieses Gewerbe auf Grund der Gewerbeordnung rechtmäßig ausübt, nach wirksamer Betäubung durchgeführt wird.

TIERSCHUTZGERECHTES TÖTEN VON SCHAFEN

In der Schaf- und Ziegenhaltung kommt es immer wieder vor, dass sich ein Tier verletzt bzw. schwer erkrankt. Die daraus resultierenden rechtlichen Fragen, wie „Darf oder muss der Tierhalter das erkrankte Tier töten, wie hat das zu geschehen bzw. welche Form der Tötung ist erlaubt?“, sollen im folgenden Beitrag näher beschrieben werden.

Grundsätzlich ist zwischen der Schlachtung (Tötung eines Tieres durch Blutentzug und nachfolgende Ausweidung zum Zwecke der Fleischgewinnung) und der aus anderen Gründen erfolgenden Tötung eines landwirtschaftlichen Nutztieres zu unterscheiden.

Die anzuwendende Rechtsgrundlage zur bestehenden Thematik findet sich in den jeweiligen nationalen Tierschutzgesetzen sowie Schlachtverordnungen. Die folgenden beispielhaften Angaben beziehen sich nur auf landwirtschaftliche Nutztiere in Österreich.

Leiden Tiere an einer Erkrankung oder weisen sie eine Verletzung auf, so besteht für den Tierhalter unter Bedachtnahme eines zumutbaren Aufwandes grundsätzlich eine Behandlungspflicht. Der zumutbare Aufwand für diese Behandlung obliegt einem fachlichen Urteil (Tierarzt). Zur Beurteilung der Zumutbarkeit einer Behandlung kommen jedoch bei landwirtschaftlichen Nutztieren im Vergleich zu Heimtieren in größerem Maße auch ökonomische Überlegungen zum Tragen.

Erfolgt die Tötung eines landwirtschaftlichen Nutztieres zu einem anderen Zweck bzw. aus einem anderen Beweggrund als dem der Schlachtung (und folglich Fleischgewinnung), so muss diese Tötung also durch einen vernünftigen Grund gerechtfertigt sein.

Weder eine mutwillige Tötung ohne vernünftigen Grund (z. B. Wut, Sadismus, Lust am Töten) noch eine Tötung eines lediglich überzähligen Tieres sind erlaubt. So liegt auch für die Tötung von Jungtieren (z. B. männliche Ziegenkitze aus Milchziegenbeständen), für die im Rahmen einer intensivierten Haltungsform keine Verwendung besteht, kein vernünftiger Grund vor.

Auch die routinemäßige Tötung von Neugeborenen unter einem bestimmten Geburtsgewicht bzw. von Jungtieren unter bestimmten Tageszunahmen ist als unzulässig zu betrachten. Im Einzelfall ist eine Tötung jedoch dann gerechtfertigt, wenn der Zustand des Tieres offensichtlich mit Schmerzen oder Leiden verbunden ist bzw. wenn ein erkranktes Tier eine konkrete und besondere Infektionsgefahr für andere Tiere darstellt.

Unter dem Aspekt der Leidensverkürzung ist es jedoch geboten, kranke oder verletzte landwirtschaftliche Nutztiere, die nicht mehr behandelbar sind bzw. deren Behandlung einen für den Tierhalter unzumutbaren finanziellen Aufwand darstellen würde, unabhängig von ihrer möglichen Verwertbarkeit unverzüglich zu töten. Es besteht also in diesem Fall sogar Tötungspflicht aus dem Prinzip der Leidensverkürzung.

Eine zulässige oder gar gebotene Tötung eines landwirtschaftlichen Nutztieres darf auch von einer anderen Person als von einem Tierarzt durchgeführt werden. Jede Tötung muss unter Vermeidung nicht notwendiger Belastungen für das Tier durchgeführt werden. Es ist die für die jeweilige Tierart am besten geeignete Methode der Tötung zu wählen.

Werden dem Tier im Zusammenhang mit der nicht fachgerechten Tötung Belastungen wie Leiden, Schäden, schwere Angst oder Schmerzen zugefügt, so erfüllt das den Tatbestand der Tierquälerei.

Der Tötung muss eine vollständige Betäubung (Herstellen von Bewusstlosigkeit) vorausgehen. Der Eintritt der Bewusstlosigkeit ist an folgenden Anzeichen zu erkennen: vollständige Erschlaffung des Tierkörpers,

Verlust des Lidschlussreflexes, Ausfall der Atmung und keine Aufstehversuche bzw. keine gerichteten Bewegungen mehr. Die Handlungen sind rasch und fachgerecht auszuführen. Trotz ordnungsgemäßer Betäubung sind aber auch noch bei Tieren in Bewusstlosigkeit Ruderbewegungen und Muskelkrämpfe möglich.

Die Betäubung kann durch Bolzenschuss, Elektrobetäubung sowie bei Tieren bis 10 kg Körpergewicht auch durch Kopfschlag mit einem entsprechenden Gegenstand herbeigeführt werden. Das Schleudern des zu tötenden Tieres gegen eine Wand, Kante oder den Boden stellt keine adäquate Betäubungsart oder gar Tötungsart dar. Unmittelbar im Anschluss an die Betäubung ist die fachgerechte Tötung durchzuführen. Als Tötungsverfahren für landwirtschaftliche Nutztiere zulässig sind die Tötung durch Injektion (nur durch den Tierarzt), das Entbluten, die Rückenmarkzerstörung nach Bolzenschussbetäubung, der Kugelschuss (ohne vorherige Betäubung) sowie die elektrische Herzdurchströmung.

Tötung von Schafen

Kleine Wiederkäuer werden durch den Bolzenschuss betäubt und durch Entbluten oder mit dem Rückenmarkzerstörer getötet. Rückenmarkzerstörende Tötungsverfahren dürfen bei Tieren, die der TSE-Untersuchungspflicht unterliegen, nicht angewendet werden.

Der Bolzenschussapparat wird bei hornlosen Schafen in der Mitte der Verbindungslinie zwischen den Vorderseiten der Ohransätze, senkrecht zur Schädeldecke, angesetzt. Der Schuss erfolgt in Richtung des Kehlkopfes. Bei gehörnten Schafen und Ziegen liegt der Ansatz hinter der Hornbasis in der Kopfmitte. Der Schuss zielt in Richtung Zungenbasis/Unterkieferwinkel. Der Schnitt zur Entblutung erfolgt von unterhalb eines Ohres zum anderen Ohr, die Schnitttiefe reicht bis zur Unterseite der Halswirbelsäule. Zur Tötung kann auch ein Rückenmarkzerstörer verwendet werden. Auch die Anwendung von elektrischem Strom durch aufeinanderfolgende Kopf- und Herzdurchströmung ist beim kleinen Wiederkäuer zulässig.

Tötung von Lämmern

Es wird mit einem geeigneten Gegenstand (z. B. Rundholz, Hammer, stumpfe Seite der Axt) ein kräftiger Schlag vor dem Ohransatz ausgeführt. Die Bewusstlosigkeit des Tieres aufgrund der Gehirnerschütterung muss unmittelbar einsetzen. Auch bei Jungtieren ist in jedem Fall ein Kehlschnitt zur Entblutung zu setzen. Alternativ können auch Jungtiere durch den Bolzenschuss betäubt und danach durch Entbluten oder Rückenmarkzerstörung getötet werden.

Zusammenfassung

Die Tierhalter haben eine besondere Verantwortung für ihre Tiere, und auch für die Gesellschaft stellt sich die vorgestellte Thematik als besonders sensibel dar. Das Wohlergehen des lebenden Tieres muss als oberstes Ziel des Tierhalters gelten. Behandlungen erkrankter Tiere sind frühzeitig und fachgerecht einzuleiten.

Wer ein Tier unter nicht behebbaren, erheblichen Schmerzen und Leiden dahinvegetieren lässt, handelt ebenso tierschutzwidrig wie jemand, der ein Tier ungerechtfertigt tötet (BAUMGARTNER et al. 2006). Der Tierhalter kann auch nicht über das Leben seiner landwirtschaftlichen Nutztiere willkürlich verfügen.

Eine Tötung zu einem anderen Grund als dem der Fleischgewinnung muss gerechtfertigt sein. Ausschließlich ökonomische Beweggründe stellen keinen Rechtfertigungsgrund für das Töten von Tieren dar. Eine Tötung, der immer eine Betäubung vorauszugehen hat, ist in jedem Fall fachgerecht und rasch auszuführen. Dabei ist die für die jeweilige Tierart schonendste Methode auszuwählen.

Im Zweifelsfall sollte immer ein Tierarzt hinzugezogen werden. Damit wird eine Entscheidung für oder gegen eine Tötung bzw. auch die Tötungsart in dessen fachliche Kompetenz übertragen.

ÜBERWACHUNG DER SCHAFGESUNDHEIT

Schafhalter sollten regelmäßig die Gesundheit der Herde und von Einzeltieren überwachen. Kriterien dafür sind u. a. die Beurteilung von bzw. die Beobachtung auf

- Ernährungszustand,
- Körperhaltung, Reaktionen auf Betrachter bzw. Artgenossen,
- Wollkleid, sichtbare Verletzungen,
- Lautäußerungen,
- Körperöffnungen, Augen- bzw. Nasenausfluss, Husten, Niesen, Durchfall,
- zentralnervöse Symptome (z. B. Torkeln, Im-Kreis-Gehen).

Ernährungszustand

Bei schlechtem Ernährungszustand sind besonders die Knochen der Schulter, des Beckens, die Dorn- und Querfortsätze der Wirbelsäule und die Rippen deutlich sichtbar bzw. durch die Wolle tastbar. Die Ursachen für einen schlechten Ernährungszustand können neben Futtermangel auch Verletzungen oder Krankheiten sein.

Die Gesundheit der Herde und auch der Einzeltiere ist regelmäßig zu überwachen. (© Archiv Autoren)

Zu den vielschichtigen Ursachen des Kümmerns und Abmagerns bei Schafen zählen vor allem Parasitosen, chronische Infektionskrankheiten, Verdauungsstörungen, Fremdkörper, Zahnanomalien, Zahnverlust, Krankheiten des Bewegungsapparates, Stress (extern oder innerartlich), Vitamin- und Mineralstoffmangel, Mehrlingsgeburten oder Tumore, die jeweils in unterschiedlichen Altersgruppen auftreten.

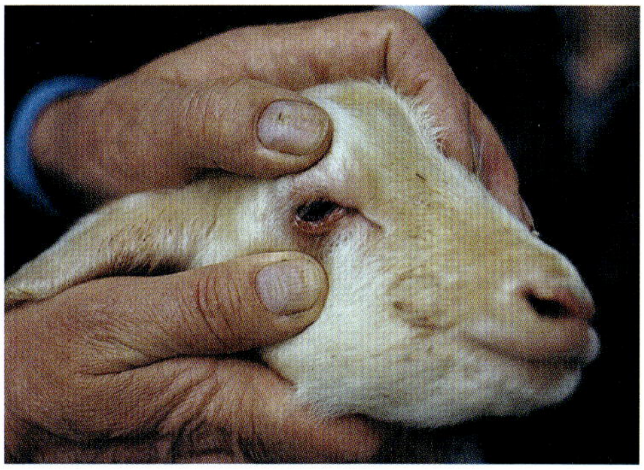

Untersuchung auf Blutarmut. (© Johann Gasteiner)

Eine Hauptursache für ein Kümmern – besonders von Jungschafen und überalterten Stücken – sind Parasitosen. Seltener als Parasitosen sind bakterielle und virale Infektionskrankheiten wie z. B. Pseudo- und Paratuberkulose, Tuberkulose oder bakterielle Leber- oder Lungenentzündungen.

Ursachen von Verdauungsstörungen sind überwiegend Fütterungsfehler, Durchfälle treten aber auch bei der Futterumstellung im Frühjahr auf. Fütterungsfehler, verdorbene oder nicht wiederkäuergerechte Futtermittel führen zu Verdauungsstörungen, die von Durchfällen und auch Abmagerung begleitet sein können. Fremdkörper (Plastikfolien oder -sackerln, Silofolien, Heuballenschnüre ...) können Passagehindernisse in den Vormägen darstellen und somit ein Kümmern hervorrufen.

Auch Zahnanomalien oder hochgradiger Zahnabschliff bzw. -verlust können bei alten Tieren zu Problemen bei der Futteraufnahme und beim Kauen führen.

Krankheiten des Bewegungsapparates, wie Gelenksentzündungen oder Auswachsen der Klauen, behindern erkrankte Tiere bei der Futteraufnahme sowie bei der Behauptung an Fütterungen bzw. im Rudel und führen daher zu Abmagerung.

Besonders beim Auftreten mehrerer ungeklärter Fälle von abgemagerten oder kümmernden Stücken muss es im Interesse des Schafhalters liegen, entsprechende diagnostische Schritte einzuleiten und die Ursachen zu ergründen.

Bei Vorliegen von ansteckenden Krankheiten besteht letztlich auch eine Infektionsgefahr für den übrigen Schafbestand oder möglicherweise für andere Haustiere. Einige Krankheiten sind auch anzeigepflichtig bzw. auf den Menschen übertragbar.

Körperhaltung, Reaktionen auf Menschen bzw. Artgenossen

Auffällige Körperhaltungen, wie ein gekrümmter Rücken, ein aufgezogener Bauch oder abnorme Haltung des Halses bzw. von Extremitäten können Hinweise auf Verletzung, Parasitenbefall, Missbildungen oder Krankheiten sein. Bei auffälligem Gang (z. B. Lahmheit, Torkeln) ist an Verletzungen, andere (fieberhafte) Krankheiten, aber auch an Vergiftung zu denken. Ebenso ist auffälliges Verhalten gegenüber dem Beobachter, der Umgebung oder gegenüber anderen Tieren zu registrieren.

Wollkleid, sichtbare Verletzungen

Chronische Krankheiten verursachen auch Veränderungen des Wollkleides. Außenparasiten verursachen Juckreiz und somit oft sichtbare Scheuerstellen.

Die Diagnose von Woll- und Hautveränderungen ist nicht immer leicht zu stellen, da Außenparasiten im dichten Wollkleid oft nicht so leicht entdeckt werden und andererseits Haar- und Hautveränderungen natürlich auch Symptome innerer Erkrankungen sein können. Die häufigsten Haut-/Haarveränderungen werden durch Ektoparasiten hervorgerufen; Haarveränderungen meist durch das Kratzen und Reiben an Gegenständen infolge des durch die Parasiten hervorgerufenen Juckreizes. Zusätzlich sind befallene Tiere unruhig, trippeln umher, Schütteln mit dem Kopf und haben natürlich weniger Zunahmen als gesunde Vergleichstiere.

Eine Diagnose von Hauterkrankungen ist entweder durch das Vorhandensein von sichtbaren Ektoparasiten (wie Schaflausfliegen oder Zecken) am Tier oder durch eine mikroskopische Untersuchung eines Hautgeschabsels (z. B. bei Räude) bzw. durch eine feingewebliche Untersuchung eines Hautschnittes zu stellen.

Körperöffnungen, Augen- bzw. Nasenausfluss, Husten, Niesen, Durchfall

Beispielsweise führen Verletzungen, Fremdkörper oder Krankheiten zu sichtbarem Speichelfluss im Maulbereich oder Infektionen zu Augen- und Nasenausfluss, Lungenentzündungen oder Lungenwürmer zu Husten sowie staubiges Futter zu Niesen.

Ursachen von Durchfall

Durchfall fällt entweder direkt beim Absetzen des Kotes oder an der verschmutzten Umgebung des Afters bzw. durch verschmutzte Sprunggelenke auf. Durchfall ist ein häufig zu beobachtendes Symptom nicht nur bei Tieren, sondern auch beim Menschen. Dennoch sind die Zusammenhänge über Ursachen, Infektionsmöglichkeiten, Auswirkungen auf den Verdauungstrakt sowie Gegenmaßnahmen häufig unbekannt. Die vielfältigen Ursachen von Durchfällen bei Schafen listet folgende Tabelle auf:

Ursachen von Durchfall bei Schafen.

1. eigenständige Magen-Darm-Entzündung bei Parasitenbefall mit Magen-Darm-Würmern, Pansenübersäuerung (Getreidefütterung) oder Magen-Darm-Versandung,

2. eigenständige Darmentzündung bei auf den Darm beschränkten Parasitosen (z. B. Strongyloidose, Kokzidiose), bakteriellen oder viralen Darminfektionen (z. B. Paratuberkulose), verdorbenem (z. B. verschimmeltem) oder stark mit Sand verunreinigtem Futter, Giftaufnahme, abnormer Fett-/Milchsäurevergärung (v. a. bei handaufgezogenen Jungtieren),

3. nicht eigenständige (symptomatische) Darmentzündung bei bakteriellen oder viralen Allgemeininfektionen,

4. nicht eigenständige (symptomatische) Störungen der Darmfunktion bei chronischer Kreislauf- oder Niereninsuffizienz, Bauchfellentzündung,

5. Durchfall ohne krankhafte Ursache bei Aufnahme von sehr jungem Gras (Frühjahr!), größeren Mengen Rübenblättern oder anderen laxierenden Futtermitteln.

Normalerweise ist der an den Labmagen anschließende Dünndarm („Leerdarm“) beim Wiederkäuer nur wenig, der Dickdarm mäßig bis gut gefüllt, wobei die Konsistenz des Darminhaltes in Richtung Dickdarm zunimmt.

Der Darm kann entweder selbstständig erkranken oder ist bei einer Reihe von Organ- oder Allgemeinerkrankungen symptomatisch mitbeteiligt. Häufig wird der Darm in Erkrankungen der Vormägen miteinbezogen, was z. B. bei den fütterungsbedingten Vormagenstörungen (Pansenübersäuerung, Pansenfäulnis) der Fall ist.

Durchfall entsteht grundsätzlich entweder aufgrund einer zu raschen Passage des Magen-Darm-Inhaltes durch den Verdauungstrakt (durch verstärkte Darmbewegungen oder Entzündungen) oder infolge gestörter Wasserresorption aus dem Darminhalt und damit fehlender Eindickung des Kotes im Dickdarm.

Neben den damit verbundenen Nährstoffverlusten ist besonders bei Jungtieren häufig der Flüssigkeitsverlust lebensbedrohend.

Viele der aufgezählten Ursachen sind nicht oder nur in beschränktem Maße zu bekämpfen, dennoch soll versucht werden, den Auslöser zu finden. Eine der Hauptursachen von Durchfällen, nämlich Fütterungs- und Futterfehler, sind bei wiederkäuergerechter Fütterung leicht zu vermeiden.

ZOONOSEN

Zoonosen sind Krankheiten und Infektionen, die auf natürliche Weise zwischen Wirbeltieren und Menschen übertragen werden. Landwirte und Tierärzte zählen zu den exponierten Berufsgruppen.

Allgemeine Vorsichtsmaßnahmen

- Einhaltung hygienischer Grundsätze beim Umgang mit Tieren und Lebensmitteln tierischer Herkunft,
- Verzicht auf nicht durchgegartes Fleisch und Rohmilch zumindest für abwehrgeschwächte Personen,
- Vorsichtsmaßnahmen gegen Schmierinfektionen (Kinder – Streichelzoo!),
- verstärkte epidemiologische Untersuchungen, Kooperation Human- und Veterinärmedizin,
- differenzialdiagnostische Berücksichtigung von Zoonosen bei Erkrankung von Personen aus prädisponierten Gruppen,
- keine Hysterie oder unsachliche Medienarbeit.

Vorsichtsmaßnahmen für Landwirte

- Arbeitsschutz durch Beachtung hygienischer Grundregeln,
- besondere Vorsicht bei der Geburtshilfe
- Vorsicht bei Aerosolbildungen durch Druckreiniger (Stallreinigung: Mundschutz, Schutzbrille),
- Wundversorgung vor Tierkontakten
- vorbeugende Impfungen (z. B. USA – Leptospirosen!),
- Schadnagerbekämpfung,
- besondere Risikobereiche: Mist, Jauche, Gülle, Geburtshilfe, Staub- und Wasserdampfbildungen, nicht entwurmte (streunende) Katzen und Hunde am Bauernhof.

Zwischen Schafen und Menschen übertragbare Krankheiten (Zoonosen).

Zoonose	Übertragung auf den Menschen insbesondere durch
Borreliose (Lyme-Borrelliose)	Zecken, andere Arthropoden
Brucellose	Lebensmittel, Kontakt
Campylobacteriose	Lebensmittel, Kontakt
Chlamydien-Infektion	Kontakt (z. B. Geburtshilfe)
Dermatophilose	Kontakt (Arthropoden?)
Frühsommer-Meningo-Enzephalitis	Zecken (Rohmilch)
Hautpilzerkrankungen	Kontakt, Gliederfüßler
Fasziolose	Lebensmittel (z. B. Brunnenkresse)
Leptospirose	Kontakt (Urin)
Listeriose	Lebensmittel (Kontakt)
Louping-ill	Kontakt
Milzbrand	Kontakt (Tierfelle, -häute, -wolle)
Pastereurellose	Kontakt (z. B. Biss bei Untersuchung)
Q-Fieber	Kontakt, Aerosol (Staub von Zeckenkot)
Rotlauf	Kontakt (Wunde)
Salmonellose	Lebensmittel
Scheinräude (*Sarcoptes ovis*)	Kontakt
Staphylokokken-Infektion	Kontakt, Lebensmittel
Streptokokken-Infektion	Kontakt, Lebensmittel
Tollwut	Kontakt
Toxoplasmose	Lebensmittel
Tuberkulose	Kontakt, Lebensmittel (Rohmilch)
Tularämie	Kontakt, Arthropoden

LITERATURVERZEICHNIS

BARILE, M. F., Del GIUDICE, R. A., TULLY, J. G. (1972): Isolation and Characterisation of Mycoplasma conjunctivae sp. N. from sheep and goats with Keratoconjunctivitis. Infect. Immun. 5, S. 70–76.

BARTRAM, P. A., GLENN, J. S., LASSLO, L. L. (1992): Colostral transfer of Bacteroides nodosus antibodies in sheep. JAVMA 201, S. 445–448.

BAUMGARTNER, W., LOIBL, A. (1986): Erkrankungen bei Schaf und Ziege, Bd. 1: Die Bedeutung der Schaf- und Ziegenzucht in Österreich. Wien. Tierärztl. Mschr. 73, S. 358–362.

BEHRENS, H., GANTER, M., HIEPE, T. (2001): Lehrbuch der Schafkrankheiten. Parey Buchverlag Berlin.

BEHRENS, H. (1987): Lehrbuch der Schafkrankheiten. 3. Aufl. Verlag Paul Parey, Berlin u. Hamburg.

BEHRENS, H., SCHEELJE, R., WASZMUTH, R. (1983): Lehrbuch der Schafzucht. 6. Aufl. Verlag Paul Parey, Berlin u. Hamburg.

BELLOF, G. (2008): Leistungsgerechte Fütterung von Schafen bei angepasstem Kraftfuttereinsatz. Tagungsband 5. Fachtagung für Schafhaltung, LFZ Raumberg-Gumpenstein.

BUCHGRABER, K. (2018): Zeitgemäße Grünlandbewirtschaftung. 3., völlig neu bearb. Aufl. Leopold Stocker Verlag, Graz u. Stuttgart.

BULGIN, M. S., LINCOLN, S. D., PARKER, C. F., SOUTH, P. J., DAHMEN, J. J.,

LANE, V. M. (1988): Genetic-associated resistance to footrot in selected targhee sheep. JAVMA 192, S. 512–515.

DAWSON, M., DONE, S. H., VENABLES, C., JENKINS, C. E. (1990): Maedi-Visna and sheep pulmonary adenomatosis: a study of concurrent infection. Brit. Vet. J. 146, S. 531–538.

DEINHOFER, G. (2008): Geburtshilfe beim kleinen Wiederkäuer (online unter alpinetgheep.com).

DEINHOFER, G. (2009): Schriftenreihe zur Tiergesundheit, Teil 7: Eutergesundheit, und Teil 8: Geburt und Geburtshilfe. Österreichischer Bundesverband für Schafe und Ziegen und LFI.

DEUTZ, A., GASTEINER, J., OBRITZHAUSER, W. (2016): Die häufigsten Nutztierkrankheiten. Vorbeugen, Erkennen, Heilen. Leopold Stocker Verlag, Graz u. Stuttgart.

DEUTZ, A. (2008): Schafe und Ziegen – tierärztliche Stiefkinder? Vet Journal 61, 1/08, S. 18–22.

DEUTZ, A., GASTEINER, J. (2008): Blauzungenkrankheit bei Schaf und Ziege. Schafe aktuell, Heft 3, S. 7–8.

DEUTZ, A., GASTEINER, J. (2008): Brucellosen beim kleinen Wiederkäuer. Schafe aktuell, Heft 1, S. 7–8. Heft 4, S. 7–8.

DEUTZ, A., GASTEINER, J. (2007): Neue Entwurmungsstrategien bei Schafen und Ziegen. Schafe aktuell, Heft 3, S. 7–8.

DEUTZ, A., OFNER, E., GASTEINER, J. (2007): Anforderung an die Haltung von Schafen und Ziegen. Schafe aktuell, Heft 1, S. 7–8.

DEUTZ, A., GASTEINER, J. (2006): Zoonosen bei Schafen und Ziegen. Schafe aktuell, Heft 3, S. 7–8.

DEUTZ, A., GASTEINER, J. (2006): Klimawandel und Krankheitsverbreitung. Schafe aktuell, Heft 1, S. 7–8.

DEUTZ, A., GASTEINER, J. (2005): Maedi-Visna und Caprine Arthritis-Enzephalitis (CAE) bei Schafen und Ziegen. Schafe aktuell, Heft 3, S. 7–8.

DEUTZ, A. (2004): Ansteckende Blindheit (infektiöse Keratokonjunktivitis) bei Schafen. Schafe aktuell, Heft 2, S. 7–8.

DEUTZ, A.; GASTEINER, J. (2004): Abortusfälle aufklären. Schafe aktuell, Heft 4, S. 7–8.

DEUTZ, A., GASTEINER, J. (2003): Der Zellgehalt von Schaf- und Ziegenmilch. Schafe aktuell, Heft 1, S. 7–8.

DEUTZ, A., GASTEINER, J. (2003): Aktuelles zur Moderhinke. Schafe aktuell, Heft 3, S. 7–8.

DEUTZ, A., GASTEINER, J. (2002): Lungenadenomatose bei Schafen – häufiger als angenommen? Schafe aktuell, Heft 1, S. 7–8.

DEUTZ, A., GASTEINER, J. (2001): Euterentzündungen beim Schaf – Grundlagen, Milchverluste, Heilungsraten. Schafe aktuell, Heft 3, S. 7–8.

DEUTZ, A., SPERGSER, J., FREI, J., ROSENGARTEN, R., KÖFER, J. (2004): Nachweis von Mycoplasma conjunctivae in zwei Schafbetrieben – Klinik, Diagnostik und Ausbruchsepidemiologie. Vet. Med. Austria/Wien. Tierärztl. Mschr. 91, S. 152–157.

DEUTZ, A., OBRITZHAUSER, W. (2003): Eutergesundheit und Milchqualität. Krankheiten erkennen, vorbeugen, behandeln. Leopold Stocker Verlag, Graz u. Stuttgart.

DEUTZ, A., HÖNGER, D., HINTERDORFER, F. (2001): Nachweis von Lungenadenomatose bei Schafen in der Steiermark. Wien. Tierärztl. Mschr. 88, S. 266–271.

DEUTZ, A., PLESS, P., KÖFER, J. (1999): Untersuchungen roher Kuh- und Schafmilch auf humanpathogene Keime. Ernährung – Nutrition 23, S. 359–362.

DEUTZ, A., PLESS, P., WAGNER, M., LEHNER, A., DENGG, J. (1998): Untersuchungen zu humanpathogenen Keimen in Schaf-Tankmilchproben. 39. DVG-Arbeitstagung vom 22. bis 25. September, Garmisch-Partenkirchen, S. 391–395.

DEUTZ, A., SCHUH, M., PLANNER, G., FUCHS, K. (1995): Milchverluste durch chronische Mastitiden und Sekretionsstörungen sowie Therapieerfolge bei Milchschafen. Wien. Tierärztl. Mschr. 82, S. 346–350.

DEUTZ, A., PERNTHANER, A., SCHLERKA, G., BAUMGARTNER, W. (1990): Untersuchungen über den Zellgehalt der Milch und die Verbreitung bakteriell bedingter Euterentzündungen in niederösterreichischen Schaf- und Ziegenherden. Wien. tierärztl. Mschr. 77, S. 70–77.

DURAN, S. P., MANZANO, J. V., VALERA, R. C., MACHOTA, S. V. (1990): In-vitro antimicrobial susceptibility of Bacteroides and Fusobacterium isolated from footrot in goats. Brit. Vet. J. 146, S. 437–442.

EGERTON, J. R., RAADSMA, H. W. (1991): Breeding sheep for resistance to footrot. In: Breeding For Disease Resistance in Farm Animals (Hg.: OWEN, J.B., AXFORD, R. F. E.), S. 347–370.

EGERTON, J. R., RAADSMA, H. W. (1993): Unresolved questions about footrot eradication. Wool Technology and Sheep Breeding 41, S. 99–107.

FERRIER, G. R., BODWITCH, L. C., MAKIN, T. J. (1992): On-farm methods for assessing zinc sulfate concentrations in footbaths. Australian Journal of Experimental Agriculture, S. 32, 15–17.

FÜRST-WALTL, B. (2006): Aufzuchtindex – ein wichtiges Selektionskriterium. 4. Fachtagung für Schafhaltung, LFZ Raumberg-Gumpenstein.

GASTEINER, J., DEUTZ, A. (2007): Verluste bei neugeborenen Lämmern durch Unterkühlung und Blutzuckermangel. Schafe aktuell, Heft 2, S. 7–8.

GASTEINER, J., DEUTZ, A. (2008): Zinkmangel bei Schafen und Ziegen. Schafe aktuell, Heft 4, S. 7–8.

GASTEINER, J., DEUTZ, A. (2007): Tierschutzgerechtes Töten von Schafen und Ziegen. Schafe aktuell, Heft 4.

GASTEINER, J., DEUTZ, A. (2006): Listeriose beim kleinen Wiederkäuer. Schafe aktuell, Heft 4, S. 7–8.

GASTEINER, J., DEUTZ, A. (2006): Erkrankung durch Harnsteine bei Schaf- und Ziegenböcken. Schafe aktuell, Heft 2, S. 7–8.

GASTEINER, J., DEUTZ, A. (2005): Eperythrozoonose – eine seltene Schaf- und Ziegenkrankheit. Schafe aktuell, Heft 1, S. 7–8.

GASTEINER, J., DEUTZ, A. (2005): Allgemeines zur Vorbeugung von Krankheiten in der Schaf- und Ziegenhaltung. Schafe aktuell, Heft 4, S. 7–8.

GASTEINER, J., DEUTZ, A. (2005): Vitamin E- und Selenmangel bei Schafen und Ziegen. Schafe aktuell, Heft 2, S. 7–8.

GEISEL, O., GINDELE, H. R., SCHRAMM, V. (1973): Zum Vorkommen der Lungenadenomatose der Schafe in Bayern. Tierärztl. Umschau 28, S. 334–338.

GLYNN, T. (1993): Benign footrot – an epidemiological investigation into the occurrence, effects on production, response to treatment and environmental factors. Aust. Vet. J. 70, S. 7–12.

GROGONO-THOMAS, R., WILSMORE, A. J., SIMON, A. J., IZZARD, K. A. (1994): The use of long acting oxytetracycline for the treatment of ovine footrot. Brit. Vet. J. 150, S. 561–568.

HORN, F. (2008): Zuchtprogramm des Österreichischen Bundesverbandes für Schafe und Ziegen.

HÖNGER, D. (1988): Serologische Querschnittsuntersuchung auf Antikörper gegen Parainfluenza-3-, Respiratory Syncytial-, Border Disease- und Maedi/Visna-Virusinfektion bei Schafen in Österreich. Diss. Vet. Med. Univ., Wien.

HUNT, J. D. JACKSON, D. C., BROWN, L. E., WOOD, P. R., STEWART, D. J. (1994): Antigenic competition in a multivalent foot rot vaccine. Vaccine 12, S. 457–464.

JONES, G. E. (1991): Infectious keratoconjunctivitis. In: MARTIN, W. B., AITKEN, I. D. (Hg.): Diseases of Sheep, Blackwell Scientific Publications, Oxford, S. 280–283.

KORTT, A. A., RIFFKIN, M. C., FOCARETA, A., STEWART, D. J. (1993): Amino acid sequence of extracellular acidic protease V5 of Dichelobacter nodosus, the causative organism of ovine footrot. Biochemistry and Molecular Biology International 29, S. 989–998.

KORTT, A. A., CALDWELL; J. B., LILLEY, G. G., EDWARDS, R., VAUGHAN, J., STEWART, D. J. (1994): Characterisation of a basic serine proteinase (pI 9.5) secreted by virulent strains of Dichelobacter nodosus and identification of a distinct, but closely related proteinase secreted by benign strains. Biochemical Journal 299, S. 521–525.

LEITOLD, B., SCHULLER, W, (1988): Die Maedi-Visna-Erkrankung des Schafes, Übersichtsreferat. Wien. Tierärztl. Mschr. 75, S. 144–152.

LENGERKEN G. v., ELLENDORF, F., LENGERKEN, J. v., (2006): Tierzucht. Landwirtschaftliches Lehrbuch, Eugen Ulmer Verlag, Stuttgart.

LEY, S. J., LIVINGSTON, A., WATERMAN, A. E. (1991): Effects of chronic lameness on the concentrations of cortisol, prolactin and vasopressin in the plasma of sheep. Vet. Rec. 129, S. 45–47.

LEY, S. J., WATERMAN, A. E, LIVINGSTON, A., PARKINSON, T. J. (1994): Effect of chronic pain associated with lameness on plasma cortisol concentrations in sheep: a field study. Res. Vet. Sci. 57, S. 332–335.

LIU, D., ROYCROFT, C., SAMUEL, J., WEBBER, J. (1994): A retrospective study of clinical and laboratory characteristics of ovine footrot. Vet. Microbiol. 42, S. 373–381.

MARSHALL, D. J., WALKER, R. I., COVENY, R. E. (1991): Protection against ovine footrot using a topical preparation of zinc sulphate. Aust. Vet. J. 68, S. 186–187.

MARSHALL, D. J., WALKER, R. I., CULLIS, B. R., LUFF, M.F. (1991): The effect of footrot on body weight and wool growth of sheep. Aust. Vet. J. 68, S. 45–49.

MAYR, A., EISZNER, G., MAYR-BIBRACK, B. (1984): Handbuch der Schutzimpfungen in der Tiermedizin. Verlag Paul Parey, Berlin u. Hamburg.

MENDEL, C. (2008): Praktische Schafhaltung. Eugen Ulmer Verlag, Stuttgart.

MORE, S. J. (1993): Some perceptions of footrot eradication in north western New South Wales. Wool Technology and Sheep Breeding 41, S. 388–393.

NATTERMANN, H., BARWISCH, R., BRIEDERMANN, L. (1991): Untersuchungen zum Einfluß der Moderhinke auf das Klauenhornwachstum bei Schaf und Mufflon (Ovis ammon musimon). Monatshefte für Veterinärmedizin 46, S. 471–473.

NATTERMANN, H., BARWISCH, R., BRIEDERMANN, L. (1993): Experimentelle Reproduktion von Moderhinke bei Merinofleischschafen unter Verwendung von Bacteroides-nodosus-Isolaten vom Mufflon (Ovis ammon musimon). Monatshefte für Veterinärmedizin 48, S. 651–655.

NICOLET, J., FREUNDT, E. A. (1975): Isolation of Mycoplasma conjunctivae from chamois and sheep affected with keratoconjunctivitis. J. Vet. Med. B 22, S. 302–307.

OFNER-SCHRÖCK, E., SCHRÖCK, E. et al. (2020): Selbstevaluierung Tierschutz – Handbuch Schafe. 3., überarb. u. akt. Aufl. Wien (online unter tierschutzkonform.at).

ÖKL (2006): Stallbau für die Schaf- und Ziegenhaltung. Landtechnische Schriftenreihe 228.

PERNTHANER, A., DEUTZ, A., SCHLERKA, G., BAUMGARTNER, W. (1991): Untersuchungen über den Zellgehalt in Schaf- und Ziegenmilch. Tierärztl. Praxis 19, S. 612–616.

PIRIZ, S., CUENCA, R., VALLE, J., VADILLO, S. (1992): Susceptibility of anaerobic bacteria from animals with ovine footrot to 28 antimicrobial agents. Antimicrobial Agents and Chemotherapy 36, S. 198–201.

PUSTERLA, N., BRAUN, U., GREST, P., OSSENT, P. (1995): Ein Fall von Lungenadenomatose bei einem Schaf – Diagnose durch Lungenbiopsie unter Ultraschallkontrolle. Tierärztl. Umschau 50, S. 340–343.

RAADSMA, H. W., EGERTON, J. R. (1993): Current research on an alternative footrot control strategy. Wool Technology and Sheep Breeding 41, S. 21–28.

RASHID, M. (1991): Comparison of treatments for ovine footrot. IAR Newsletter of Agriculture Research 6, S. 4–5.

RAUER, Georg (2020): „Was tun, wenn große Beutegreifer zuschlagen?“. Schafe und Ziegen aktuell, Nr. 4/2020.

RINGDORFER, F., HAMBRUSCH, J., GAHLEITNER, G., BÖHM, M., KIRNER, L., STRIEDER, A. (2019): Wirtschaftlichkeit in der Schafhaltung. Österreichischer Bundesverband für Schafe und Ziegen, Wien.

RINGDORFER, F., ILLMAYER, S. (2009): Wirtschaftliche Schafhaltung. Broschüre des Österreichischen Bundesverbandes für Schafe und Ziegen, Wien.

ROLLE, M., MAYR, A. (1984): Medizinische Mikrobiologie, Infektions- und Seuchenlehre. 5. Aufl. Verlag Ferdinand Enke, Stuttgart.

SALMAN, M. D., DARGATZ, D. A., KIMBERLING, C. V., ELLIS, R. P. (1988): An economic evaluation of various treatments for contagious foot rot in sheep using decision analysis. JAVMA 193 (2), S. 195–204.

SCHOLAUT, W., WACHENDÖRFER, G. (1992): Handbuch der Schafhaltung. 5., überarb. Aufl., DLG-Verlag Frankfurt (Main).

SCHULZ, L. C., SOMOZA, A., WEILAND, F. (1965): Zum Auftreten und zum Tumorcharakter der enzootischen Lungeadenomatose des Schafes. Dtsch. Tierärztl. Wschr. 72, S. 458–461.

SEDLMEIER, H., SCHIEFER, B., JAKOB, H. (1966): Zum Vorkommen der Lungeadenomatose bei Schafen in Bayern. Dtsch. Tierärztl. Wschr. 73, S. 422–430.

STRITTMATTER, K. (2003): Schafzucht. Eugen Ulmer Verlag, Stuttgart.

TONTIS, A., ZWAHLEN, R. (1984): Weitere Fälle von respiratorischen Slow-Virus-Erkrankungen (Lungenadenomatose und Maedi) bei Schafen in der Umgebung von Bern. Schweiz. Arch. Tierheilk. 126, S. 305–311.

WAGNER, P., DEUTZ, A., FUCHS, K., MÜLLER, M., SCHULLER, W., KÖFER, J. (2005): Seroepidemiologische Untersuchungen zur Verbreitung von Chlamydia psittaci und Coxiella burnetii bei Schafen und Ziegen in der Steiermark. Vet. Med. Austria/Wien. Tierärztl. Mschr. 91, S. 114–118.

WEISS, J., PABST, W., STRACK, K.E., GRANZ, S. (2005): Tierproduktion. 13., überarb. Aufl., Parey Verlag, Stuttgart.

WHITTINGTON, R. J. (1995): Observations on the indirect transmission of virulent ovine footrot in sheep yards and its spread on unimproved pasture. Aust. Vet. J. 72, S. 132–134.

WHITTINGTON, R. J., NICHOLLS, P. J. (1995): Grading the lesions of ovine footrot. Res. Vet. Sci. S. 58, S. 26–34.

Aus unserem Programm

ISBN 978-3-7020-1449-0

ISBN 978-3-7020-1593-0

ISBN 978-3-7020-1768-2

ISBN 978-3-7020-1512-1

Leopold Stocker Verlag

Graz – Stuttgart

www.stocker-verlag.com